WALTER HESS

# AUS DER BETRIEBSPRAXIS DES DRUCKGEWERBES UND DER PAPIERVERARBEITUNG

Unter Mitarbeit namhafter Berufspraktiker

Mit fünfzehn als organisatorische Hilfsmittel
erprobten Vordrucken aus der Praxis des Verfassers
und 26 Tafeln

3. verbesserte und vermehrte Auflage

TECHNISCHER VERLAG HERBERT CRAM
BERLIN 1961

Printed in Germany



Satz und Druck: F. A. Günther & Sohn A.-G., Berlin SW 61

# Inhaltsverzeichnis

# Der 3. Auflage zum Geleit

Jeder, der irgendwelche Beiträge in einer Zeitung bzw. der Fachpresse veröffentlicht und sich somit dem Forum der Öffentlichkeit stellt, der sollte nicht nur stark sein im Geben — man verzeihe diesen sportlichen Ausdruck — sondern auch im Nehmen.

Leider hatten sich in der 2. Auflage dieses Werkes einige wenige Schnitzer eingeschlichen, die leicht ein falsches Bild in der technischen Auswertung des Inhalts hätten geben können. Diese Kleinigkeiten sind in dieser neuen Auflage „flurbereinigt", die textlich eine wesentliche Ergänzung und dadurch eine Erweiterung des Inhalts erforderlich gemacht hat besonders für den papiertechnischen Teil.

Die verkauften Exemplare der ersten beiden Auflagen sind immerhin ein sprechender Beweis für das Bedürfnis eines solchen Werkes, das als eine Frucht der Praxis zu betrachten ist und dessen Inhalt auf jahrelangen reichen Erfahrungen des Verfassers und seiner Mitarbeiter beruht, die alle Berufsfachleute sind.

Obwohl der Titel in seiner ursprünglichen Form vertretbar war, habe ich ihn auf die liebenswürdige Anregung des Verlegers einer bekannten Fachzeitschrift für die Papierherstellung nicht nur grammatikalisch richtiger, sondern für die Allgemeinheit auch verständlicher umbenannt in seiner jetzigen Form.

Der sichtbare Erfolg für den Verleger eines Fachbuches ist der schnelle Absatz eines Verlagswerkes. Das ist auch zugleich Dank und Anerkennung der Leser für den Autor, für dessen bestimmt nicht mühelose, immer aber fleißige Arbeit, der in jedem Falle, ganz abgesehen von geldlichen Aufwendungen für die Beschaffung geeigneten Materials einen großen Aufwand erfordert an Optimismus seitens des Herausgebers.

In den Vorworten zur ersten und zweiten Auflage ist alles gesagt, was den Zweck der Herausgabe dieses Fachbuches kennzeichnet. Es sei mir gestattet, auf Grund meiner jahrzehntelangen Erfahrungen und als Herausgeber mehrerer praktischer Handbücher für die Papierverarbeitung und der -veredelung einmal einige Kritiken der Fachpresse herauszustellen zu den voraufgegangenen beiden Auflagen.

Sie sind aus der Fülle der positiven Besprechungen der in- und ausländischen Fachzeitschriften herausgegriffen, von denen insgesamt einige Dutzend vorliegen.

Sie sollen den Lesern einige Besprechungen vor Augen führen, die sich auf den Inhalt der bisherigen Ausgaben beziehen.

Berliner Typographische Gesellschaft Heft 2, 1954:

„Das vorliegende Buch ist ein großangelegtes Vademecum der gesamten Betriebspraxis, welches kaum ein Gebiet ausläßt, das den Druckfachmann interessiert."

Der Polygraph,
Allg. Anzeiger für die gesamte Druckindustrie, Heft 17, 1954:

„Eine Fülle von praktischen Ratschlägen und Anregungen vermittelt diese Neuauflage dem Papierfachmann. Die Unterteilung ist klar und übersichtlich. Der papiertechnische Teil spricht den Lagerverwalter und -arbeiter an. Der fachtechnische Teil sagt dem Papierverarbeiter Grundsätzliches über verschiedene Möglichkeiten der Papierveredelung. Der Anhang über neuzeitliche Werkstoffe interessiert praktisch alle im Papierfach Tätigen. Ein handliches Nachschlagewerk von praktischem Wert."

Druck und Papier, Zentralorgan der Industriegewerkschaft Druck und Papier, Stuttgart, Heft 18, 1957:

„Das Buch ist zur beruflichen Weiterbildung für viele junge Leute, die nach dem Kriege in der Druck- und Papierverarbeitung beschäftigt werden, unentbehrlich. Das ganze ist ein Nachschlagewerk nicht nur für den Fachmann, sondern auch für unseren Nachwuchs, dem hier eine Vielzahl von praktischen Erfahrungen übermittelt wird."

Der Druckspiegel,
Fachzeitschrift für das graphische Gewerbe, Heft 2, 1955:

„Die Bedeutung der Fachliteratur, von erfahrenen Praktikern verfaßt, ist unumstritten. Die Lücke, die heute zwischen alten, erfahrenen Facharbeitern und jungem Nachwuchs besteht, wird immer größer. Die Wissens- und Erfahrungsvermittlung wird mit dem zunehmenden Ausscheiden der Älteren immer problematischer. Es ist daher zu begrüßen, wenn von einem bereits vor dem Kriege erschienenen Fachbuch eine verbesserte und auf den heutigen Stand der Dinge ergänzte Neuauflage erscheint . . ."

Die vorstehend zum Abdruck gekommenen wenigen Auszüge aus den Besprechungen mögen genügen, um den Wert des vorliegenden Buches zu kennzeichnen.

Die Leser werden sich nach erfolgter Durcharbeit des Textes selbst ein Urteil bilden über den Wert der in diesem praktischen Handbuch niedergelegten Erfahrungen.

Drei Auflagen sind immerhin ein unwiderlegbarer Beweis für die Bedeutung und die Notwendigkeit eines Fachbuches für die eigene Praxis.

Es gereicht mir als Sachbearbeiter zur Freude, daß ich auch diese 3. Auflage noch selbst überarbeiten und gestalten konnte, und ich wünsche ihr eine ebenso gute Aufnahme wie sie die beiden vorangegangenen Auflagen gefunden haben.

Mit der Überschreitung des biblischen Alters soll man sich nach fast 58 Jahren beruflicher Tätigkeit als Autor freuen über den Erfolg der geleisteten Arbeit in der weisen Erkenntnis der unsterblichen Worte:

„Und wenn es köstlich gewesen ist,
dann ist es Mühe und Arbeit gewesen . . .“

Berlin, 1961

Walter Heß

## Aus dem Vorwort zur 1. Auflage

Die Kenntnis der Betriebspraxis ist für die Leitung eines jeden gewinnbringenden Fabrikationsunternehmens eine unerläßliche Vorbedingung. Diese Art der literarischen Erschließung, die doch die Grundlage ist für jeden organisatorischen Aufbau betriebstechnischer Einrichtungen, ist bisher in der Fachliteratur der Papierverarbeitung sehr spärlich vertreten.

Ich war einige Jahrzehnte hindurch in führenden Großbetrieben der chromolithographischen Verlagsanstalten als Fachkaufmann beruflich tätig und darf mich an Hand meiner in der Praxis gesammelten vielseitigen Erfahrungen in technischer als auch in kaufmännischer Beziehung wohl als berufen betrachten, ein solches Werk aus der Praxis für die Praxis zu schaffen.

Das hierauf aufgebaute Werk ist nicht nur für den berufstätigen Fachmann anregend geschrieben, sondern es ist ganz besonders für den Nachwuchs bestimmt, um nicht etwa an Hand grauer Theorie, sondern durch literarische Auswertung praktischer Erfahrungen einen brauchbaren Nachwuchs erziehen und diesem das Verständnis für die wirtschaftlichen und betriebstechnischen Erfordernisse in der Papierverarbeitung erschließen zu helfen.

Es ist natürlich unmöglich, in einem Buch selbst den kleinsten Vorgang des täglichen Geschehens zu schildern. Es liegt mir daran, zur Ertüchtigung und Heranbildung des Nachwuchses nur die Hauptsachen zu behandeln, um nicht über Belanglosigkeiten zu schreiben, sondern diese nur soweit zu erörtern, als sie für das Allgemeinverständnis der technisch-organisatorischen Verrichtungen unbedingt im Rahmen organisatorischer Maßnahmen erforderlich erschienen.

Sollten wirklich einige Dinge von minderer Bedeutung in nicht ausreichender Weise Berücksichtigung gefunden haben, so mag die Vielseitigkeit der in dieser Niederschrift behandelten Gebiete diesen Mangel ausgleichen.

Ein Mensch kann nicht alle Gebiete, und mögen sie auch nur in einem beschränkten Wirkungskreis liegen, beherrschen. Es soll auch als richtig gelten, daß das aussichtsreichste Gebiet stets das Spezialfach ist; dennoch ist das Erweitern der Kenntnisse und damit des Gesichtskreises stets für jeden von ideellem und schließlich auch von materiellem Nutzen durch das Aufrücken in gehobene Stellungen.

Die einzelnen Abschnitte aus der Betriebspraxis sollen in ihrer Gesamtheit eine geschlossene Kette von Umständen darstellen, deren einzelne Glieder dem Fachkaufmann zwar alltägliche Erscheinungen sind; aber darum gerade, weil wir ihnen ständig begegnen, am ehesten die Möglichkeit in sich schließen, nicht ihrer Bedeutung gemäß gewürdigt und demzufolge als etwas Nebensächliches betrachtet zu werden.

Mit Rücksicht auf die notwendigen Beschränkungen, die der Raum für diese Darstellungen erfordert, um im Rahmen des Gebotenen das Wesentlichste und Wichtigste zu behandeln, können diese hier niedergelegten Ratschläge nicht den Anspruch machen auf eine erschöpfende Ausführlichkeit.

Es wird zuweilen für besondere Fälle eine gewisse „Umwertung der Werte" in den hier niedergelegten Anregungen notwendig erscheinen. Es steht in dem Belieben des einzelnen, entsprechend den Erfordernissen seines eigenen Wirkungskreises aus den fachlichen Darstellungen für sich insofern brauchbaren Nutzen zu ziehen, als er das für die eigene Berufsarbeit Verwertbare in Form von *Anregungen* für seine eigene Berufsarbeit *praktisch und nutzbringend auszuwerten* verstehen muß. Anregungen lassen sich stets auf Grund praktischer Erprobung in jedem Geschäftsbetrieb mit Erfolg nutzbar machen.

Meine Niederschriften wollen Wege und Ziele weisen zu einer erfolgreichen Arbeitserleichterung durch Maßnahmen betriebstechnischer Art. Ich habe einige Hilfsmittel der Alltagspraxis, soweit sie sich im praktischen Geschäftsleben als brauchbar erwiesen haben, in den Text eingeflochten, die ein ergänzender Bestandteil der Betriebsorganisation geworden sind.

Dieses Buch ist für Fachleute und solche Mitarbeiter bestimmt, die willens sind, zuzulernen aus den Erfahrungen anderer. Es bringt u. a. eine Auslese berufskundlicher, betriebswirtschaftlicher und -technischer Abhandlungen über Materialeinkauf und -verwaltung, über das Papier als Werkstoff, seine Pflege, Aufbewahrung, Behandlung, Veredlung, Warenherstellung, Lagerhaltung sowie praktische Organisationsfragen in den papierverarbeitenden Betrieben.

Insbesondere ist der papiertechnische Teil von Interesse für den Leser, doch auch der fachtechnische gibt dem Papierverarbeiter manche wertvolle Anregung zu praktischer Nutzanwendung.

Berlin, Ende 1938. *Der Verfasser.*

## Aus dem Vorwort zur 2. Auflage

Wir haben in der Nachkriegszeit keinen Überfluß an brauchbaren Fachbüchern von Autoren geschrieben aus der Praxis für die Praxis. Die gediegene frühere Fachliteratur ist zum Teil durch Kriegseinwirkung vernichtet worden. Das vorliegende Fachbuch war lange vergriffen. Es ist aus Interessentenkreisen immer wieder verlangt worden. Nun liegt es in verbesserter und auch textlich vermehrter 2. Auflage vor.

Die letzten Jahre haben keine nennenswerten maschinellen Neuheiten hervorgebracht; wurde doch innerhalb der nationalsozialistischen Wirtschaftsführung alles nur Mögliche aus den alten Maschinen, wie auch aus den Menschen herausgeholt, ohne vorsorgend für eine geeignete Instandsetzung bzw. Überholung, oder gar an eine Neuergänzung des Maschinenparkes zu denken. Das hätte sich ohnehin bei einem normalen Ablauf der Dinge bitter gerächt. Heute ist diese Prognose allerdings gegenstandslos, da all die schönen Druckpressen und Verarbeitungsmaschinen bis auf wenige Prozent der Gesamtmenge als Trümmer unter Trümmern lagen. Gewiß, man hat versucht zu retten, was nur irgendwie zu retten war. Ganz allmählich wird auch wieder ein Ingangkommen zu erzielen sein, wenn auch allerdings unter großen materiellen Opfern für die Wiederinstandsetzung der zum Teil ausgeglühten Wracks, soweit eine solche sich überhaupt noch lohnt. Er wurden etwa 75 Prozent des Neuwertes aufgewendet, um überhaupt wieder die Voraussetzung für die Instandsetzung einer Schnellpresse zu erfüllen, je nach Umfang der erkennbaren Schäden.

Ein ungewöhnlicher Wagemut, verbunden mit dem festen Willen des Wiederaufbaues, wenn auch die Betriebe selbstverständlich nur eine verminderte Kapazität aufweisen, ist unverkennbar vorhanden. Aber nicht nur der Wille allein ist ausschlaggebend für ein erfolgreiches Gelingen, sondern erst Taten garantieren den Erfolg.

Sehr viele Facharbeiter sind nicht wiedergekommen aus dem Kriege, andere sind in fremde Berufe hinübergewechselt, sie sind umgeschult worden für wichtigere Mangelberufe. Es dürfte aber noch ein guter Stamm vorhanden sein, auf dem neue Zweige aufgepfropft werden müssen, auch durch ein sachgemäßes Anlernen eines fachlichen Nachwuchses, allerdings unter Überwindung wesentlich größerer Schwierigkeiten, als wir sie früher kannten. Aber eines Tages, wenn auch langsam, werden die

Schwierigkeiten überwunden werden, und es wird eine neue Generation heranwachsen.

Die Hauptsache ist, daß der schwierigste Engpaß, die Rohstoffrage, zunächst einmal überwunden wird. Wenn die Deckung des regulären Bedarfes an den erforderlichen Papiermengen sich wieder einigermaßen eingespielt haben wird, dann wird unser graphisches und papierverarbeitendes Gewerbe wieder die Rolle spielen als Kulturträger wie vor 1933 zum Segen der Menschheit. Sie wird sie getreulich nicht nur verwalten, sondern ihren Ruf festigen nach jeder Richtung hin, ihn weiter ausbauen, durch immer neue fachliche Großtaten auf dem Gebiet der Kunst der Vervielfältigung, und in der Schaffung von Erzeugnissen der Papierindustrie, wie sie völlig in unserer Vorstellungswelt aufgegangen sind mit Bezug auf die Bedarfsdeckung für Gebrauchsgegenstände für unser tägliches Leben, die wir als kleine kulturelle Ausdrucksmöglichkeiten auch ferner nicht missen möchten.

Im großen Ganzen ist die 2. Auflage dieses Fachbuches gegenüber der ersten Fassung textlich wenig verändert worden. Es waren dafür aber, ergänzt durch den Teil „Neuzeitliche Werkstoffe für das Druckgewerbe", diese Ergänzungen notwendig als Frucht gewonnener Erkenntnisse aus der Praxis.

So mag dann die 2. Auflage dieses Fachbuches hinausgehen zu den dafür interessierten Lesern, die berufen sind, nicht nur die Räder der Maschinen wieder in Gang zu bringen, sondern die auch selbst, bildlich gesprochen, Bausteine zusammentragen werden, um aus den Ruinen wieder ein stolzes Gebäude aufzurichten.

Segen sei der Mühe Preis!

Berlin, Ende 1953. *Der Verfasser.*

# AUS DER BETRIEBSORGANISATION

## Einführung in die Betriebsbuchführung

Wir wollen uns einführend einige Vorschläge dienen lassen über die Betriebsbuchführung, wie sie sowohl vom kaufmännischen als auch vom technischen Standpunkt betrachtet beachtenswert erscheinen dürfte.

Wie eigentlich ermittelt wird, wann ein Nachdruck knapp werdender Warenposten vorzunehmen ist, das hier näher auszuführen, dürfte zu weit führen, da jede größere Anstalt ein anderes „System" hat. Jedes gilt natürlich als das bessere, und doch haben fast alle vielfach das eine gemeinsam — die Schwerfälligkeit. Diese Schwerfälligkeit geht vorschriftsmäßig alle Instanzen durch und endigt erst mit der Ausgabe der Druckauflage für die weitere Verarbeitung.

Das *Druckauftragsbuch* ist notwendig für die Eintragungen in der Lagerkartei und ist als die Geschäftsbibel anzusprechen, da es über alle Fragen der Auftragsbearbeitung Aufschluß gibt. Selbstverständlich kann das von mir entworfene Schema nach Belieben und nach eigenen praktischen Erfahrungen und Zweckmäßigkeitsgründen in der Praxis noch weiter ergänzt und ausgestaltet werden.

Es genügt meist ein Sammelbuch, in welches jede Druckarbeit genau in allen Einzelheiten eingetragen wird. Daneben müssen Höhe der Auflage, Papiersorte, Format und Zuschuß genau vorgeschrieben sein, und auch die Bestellaufgabe selbst darf an Klarheit nichts zu wünschen übrig lassen mit Bezug auf etwaige Beschriftung.

Aus diesem alles umfassenden Sammelbuch werden die Kopien an den einzelnen Drucker sowie für die Umdruckerei ausgeteilt, und zwar am zweckmäßigsten in Buchform. Es ist höchst unstatthaft, alles auf Zetteln zu schreiben, da solche leicht verlorengehen, jedenfalls auch nicht die handliche Übersicht bieten wie ein geheftetes Buch.

Um nun zu ermitteln, welcher Drucker diese oder jene Arbeit auf der Maschine hat, muß ein entsprechender Vermerk in das Sammelbuch gemacht werden, da besonders in größeren Druckereien nicht jeder Drucker erst gefragt werden kann, was für eine Arbeit er hat. Da selbst das Durchblättern eines solchen Sammelbuches unter Umständen nicht ganz mühelos ist, empfiehlt sich für die wöchentliche Terminverfolgung das Anlegen einer Liste, in welcher die notwendigen Mitteilungen in Form eines Auszuges enthalten sind. Datum der Bestellung, Höhe, Art

| Datum | Auftrags-Nr. bzw. Nr. der Auftragstasche | Kennzeichnung der Druckauflage*) | Bogenzahl der Auflage | Druckzuschuß | Angaben über Papier bzw. Karton | | | bezogen am: | Verausgabte Papiermenge Abgabezettel Nr.*) | Bemerkungen bezüglich weiterer Verarbeitung |
|---|---|---|---|---|---|---|---|---|---|---|
| | | | | | Nr. | Sorte | Lieferant | | | |
| | | | | | | | | | | |
| | | | | | | | | | | |
| | | | | | | | | | | |
| | | | | | | | | | | |
| | | | | | | | | | | |

*) Eine genaue Angabe aller auf dem Auflagebogen untergebrachten Warennummern nebst Nutzenzahl (Auflagenhöhe sowie Papierangaben dürfen selbstverständlich nicht fehlen) ist aus dem gesondert geführten Druckauflagebuch zu entnehmen, das notwendig ist neben dem Druckeinteilungsbogen sowohl für den Umdrucker als auch für die Lagerbücher und die Statistik.

| Disponiert für Maschine Nr. | Name des Druckers | Auflagendruck | | Farbenzahl | | Ausgabedatum der Auflage zur weiteren Verarbeitung | Zählergebnis der Auflage | Kontrolle durch: |
|---|---|---|---|---|---|---|---|---|
| | | Beginn | Ende | mit Bronze | ohne Bronze | | | |
| | | | | | | | | |
| | | | | | | | | |
| | | | | | | | | |
| | | | | | | | | |
| | | | | | | | | |
| | | | | | | | | |

und Nummer der Auflage; dann darf natürlich der Name des Druckers, dessen Maschinennummer oder sonst eine Kennzeichnung nicht fehlen, wo die Arbeit im Maschinensaal zu finden ist. Alle sonstigen Bemerkungen sind je nach Notwendigkeit der Erfordernisse der Praxis in das Belieben des einzelnen gestellt. Angebracht ist es, das Datum der Inangriffnahme der Auflage zu verzeichnen, eventuell dabei zu vermerken, wieviel Farben, ob Bronze oder eine Extrafarbe in der Auflage enthalten sind. Dadurch kann leicht ein Überblick für die ungefähre Fertigstellung der Auflage geschaffen werden, wenn sich auch solche auf den Tag nicht, mit Rücksicht auf unvorhergesehene Zwischenfälle, voraussehen läßt, da man, besonders im Flachdruckgewerbe, etwaige Schäden an der Maschine, Platzen der Steine, Stumpfwerden und demzufolge das Neuherstellen des Umdrucks u. a. m. bekanntlich nicht im voraus ermessen kann.

Daher sollen auch bindende Liefertermine niemals zu kurz bemessen werden, weil immerhin mit unvorhergesehen auftretenden Schwierigkeiten der vorgenannten Art gerechnet werden muß.

Erfolgt jedoch eine Vorausbestimmung der Lieferung, so ist es gut, solche ebenfalls in dem genannten Auszug zu vermerken, um ermessen zu können, ob gegebene Versprechen auch termingemäß erfüllt werden können. Als unterstützende Kontrolle über den jeweiligen Stand der Arbeiten empfiehlt es sich, wenigstens für große Betriebe, durch einen oder mehrere Beauftragte jeden Tag in dem Maschinensaal abfragen zu lassen, was für den übernächsten Tag an Druckformen gebraucht wird, damit an dem voraufgehenden der betreffende Umdruck der Farbplatten hergestellt werden kann.

Für jede Verlagsnummer sollten diejenigen Anstalten, welche nicht den Vorzug haben, kein oder ein nur sehr geringes Lager zu halten, ein Konto führen, in welches Zugang und Abgang des Bogenbestandes der Auflagen genau verzeichnet werden und so der jeweilige Lagerbestand sofort zu ermitteln ist. Auch ergibt sich für den kaufmännischen Teil die Möglichkeit, eine gewisse Erleichterung zu schaffen, da hierdurch statistische Berechnungen über die Höhe der hergestellten Mengen rechnerisch fast mühelos zu schaffen sind, ohne erst Spezialbücher zu deren Ermittlung führen zu müssen.

Geordnete Betriebsbuchführung ist in technischen Betrieben unbedingt zu fordern, welche neben Übersichtlichkeit vor allem zweckdienlich und so wenig wie möglich umständlich gehalten sein soll.

Um nun zu ermitteln, wann eine Ergänzung ausgegangener Waren vorzunehmen ist, soll erwähnt werden, daß damit nicht gewartet werden sollte, bis das Lager einer Verlagsnummer vollkommen geräumt ist, sondern es sollte die statistische Auswirkung immer so rechtzeitig erfolgen, um jederzeit prompt liefern zu können und die technische Herstellung so vorzubereiten, daß alle Bedingungen für zweckmäßiges Disponieren zur rechtzeitigen Warenergänzung erfüllt sind. Der Betrieb darf bei richtiger Verteilung der Arbeitsaufträge nicht einmal überlastet und dann wieder stilliegen, sondern es muß für ausreichende, möglichst gleichmäßige Beschäftigung in allen Abteilungen gesorgt werden, sofern nicht besondere Umstände, die in der Geschäftslage selbst liegen, solche Möglichkeiten überhaupt ausschalten.

Durch eine ordnungsgemäße Warenstatistik wird sich sehr leicht ermitteln lassen, wann eine Ergänzung vorzunehmen ist, so daß unter normalen Verhältnissen eine prompte Erledigung der vorliegenden Aufträge möglich sein wird.

Wir werden neben diesen Hinweisen nunmehr auch der kaufmännischen Seite des Geschäftsbetriebes noch kurz unser Interesse zuwenden. Es ist doch so naheliegend, für Erleichterungen innerhalb des eigenen Betriebes in weitestem Maße besorgt zu sein, wenigstens was die schriftliche Kontrolle der Anfertigung betrifft.

Gerade in der papierverarbeitenden Industrie liegt dieser Gedanke nahe, weil man es so bequem hat, bei jeder Gelegenheit die Einrichtungen des eigenen Betriebes zu nutzen durch Schaffung von Hilfsmitteln an Listen und Büchern jeder Art. Die praktische und dauerhafte Beschaffenheit auch inbezug auf die äußere Form solcher Hilfsmittel, die dem täglichen Bedarf dienen, ist zwar zu empfehlen, doch auch nur soweit, als es unbedingt notwendig erscheint.

Die Herstellung dieser Hilfsmittel stellt sich auf der Buchdruckpresse verhältnismäßig billig, unter der Voraussetzung, daß es sich um angemessene Mengen für längeren Bedarf ausreichend handelt. Einfacher Schwarzdruck, wie ihn auch Anstalten mit Steindruckbetrieb durch die Autographien leicht selbst herstellen können, ist noch dadurch in puncto Selbstkosten herabzumindern, als solche Artikel auf Handpressen herzustellen sind, zu denen kleine Steine verwendet werden.

Durch den Umdruck auf dem Stein bei bester Ausnutzung selbst größerer Papierformate, sind die Herstellungskosten sehr gering. Solche Vorteile sollten stets nach Möglichkeit beachtet und genutzt werden für die organisatorischen Hilfsmittel des inneren Betriebes durch den autographischen Umdruck.

Wenn eine Auflage drucktechnisch hergestellt ist, so ist sie damit bekanntlich noch lange nicht fertig. Es beginnt jetzt erst die Verarbeitung derselben durch Schaffung übersichtlicher Arbeitserleichterungen mit ihren große Erfahrung erfordernden Voraussetzungen.

Es ist Bedingung, nicht nur gute Ware zu liefern, sondern auch den kaufmännischen Teil nicht zu vernachlässigen. Um auch noch nach längerer Zeit zu wissen, was diese oder jene Auflage ergeben hat, hebe man stets einen Originalbogen von der Auflage als Rücklage auf. Es ist das auch besonders für solche Fälle zu empfehlen, in denen verschiedene Textaufdrucke (wie z. B. bei Plakaten, Glückwunsch- und Postkarten) auf dem Bogen stehen, da bei einer Nachprüfung die Muster erfahrungsgemäß schwer auffindbar sind. Diese Bogen müssen aber so aufgehoben werden, daß man sie bei Bedarf auch zur Hand hat, um damit nicht, wie es meist der Fall ist, gerade das *nicht* zu finden, was man schnell braucht, um Nachforschungen anzustellen.

Es muß ein Verzeichnis geschaffen werden, in welchem in arithmetischer Reihenfolge ein Nachweis über die geordneten Bogen geführt wird. Auch da leistet ein gewissenhaft geführtes Druckbuch gute Dienste. Die Bogen können entweder numeriert werden, oder aber sie werden nach Artikeln geordnet und in Regale eingereiht, an deren Außenseite das auf Täfelchen übersichtlich geschrieben steht, was sie an Inhalt bergen.

Übersichtlichkeit und Ordnung zu halten, ist erste Bedingung; sie muß aber auch mit Sauberkeit verbunden sein, dann erst wird jeder auch mit Lust und Liebe an die Arbeit gehen und nicht entmutigt werden durch unnützen Aufenthalt beim Suchen; denn „Zeit ist Geld".

Die technische Druckereibuchführung für den Fabrikationsbetrieb, die doch ganz wesentlich von der kaufmännischen abweicht, sollte nur Fachleuten übertragen werden, da anderes damit betrautes, insbesondere technisch unerfahrenes Personal, sich durch seine verständliche Unerfahrenheit nur zu leicht breitschlagen lassen kann, eine Auflage zu früh zur Verarbeitung herauszugeben. Alles braucht für die Herstellungsstadien eine angemessene Zeit, nicht zum mindesten eine Druckauflage mit vielen bunten Farben. Wie sieht z. B. eine Auflage aus, die von der Presse gleich auf die Talkumiermaschine genommen wird! Abgesehen von dem Zusatz von Trockenstoffen ergeben sich erfahrungsgemäß durch zu frische Verarbeitung einer Druckauflage die verschiedensten Mißstände. Daher heißt es sorgfältig Buch führen, wann die Auflage von der Maschine kommt und soweit vorgeschritten ist, um mit deren weiterer Aufarbeitung zu beginnen, damit bei etwaiger nachträglicher Beanstandung über zu frische Verarbeitung mit den erforderlichen Daten als Unterlage gedient werden kann.

Es ist unzweckmäßig, große Auflagen mit Texten (Schriften, Jahreszahlen usw.) irgendwelcher Art durchdrucken zu lassen. Solche lassen sich nachträglich noch in den verschiedensten Verfahren *aufbringen* (durch Aufdruck, Prägen, Spritzen usw.), *niemals aber gänzlich fortbringen.* Selbst Überdruck ist nur ein unvollkommenes Hilfsmittel, denn der meist in Deckfarben und in Doppelgang der Farbwalzen auf der Maschine überdruckte Text wird mehr oder weniger stark durchscheinen, selbst wenn der Überdruck unter Ausnutzung aller technischen Kenntnisse vollzogen wird. Da die überdruckten Felder nicht leer bleiben, sondern mit einem anderen Text (wie beispielsweise bei Kalendern mit geänderten Jahreszahlen) bedruckt werden, der zudem häufig noch geprägt wird, so besteht die Aussicht, das größere Übel durch das kleinere zu ersetzen.

In solchen Fällen muß *sogleich* den zuständigen Abteilungsleitern die Anweisung gegeben werden, die nicht mehr gewünschten Texte usw. sofort aus der Prägeplatte sowie der dazugehörenden Matrize entfernen zu lassen. In hundert gegen einen Fall kann behauptet werden, daß sonst die Mühe des Überdruckes hinfällig gemacht wird, weil bei einer falschen Disposition — die nach alter Erfahrung immer dann einsetzt, wenn besonderer Wert darauf gelegt wird, sie auszuschließen — zweifellos mit den nicht geänderten Platten geprägt werden würde. Erhält das Arbeitspersonal nicht auch die nötigen Anweisungen in besonderen Fällen, so wird erfahrungsgemäß einfach blindlings darauf los gearbeitet.

Es ist unvermeidlich, selbst bei der sorgfältigsten Disposition, daß ein Teil der aufgearbeiteten Ware unverkäuflich am Lager bleibt. Über das Abstoßen solcher Restposten wollen wir uns noch nähere Angaben dienen lassen.

Ein sehr großer Fehler mit weittragenden Folgen wirtschaftlicher Art ist es, zu große Warenposten im chromolithographischen Verlagsgeschäft auf Lager arbeiten zu lassen. Es gehört ein umsichtiges Dispositionstalent dazu, um die Warenerzeugung in die richtigen Bahnen zu lenken. Allein durch vorsichtiges Disponieren werden Anfertigung und Absatz in einem richtigen Verhältnis zueinander stehen und für das Unternehmen durch kluge und umsichtige Lagerhaltung Nutzen abzuwerfen.

Im allgemeinen wird es gut sein, mit dem Ausbieten der dem Ausverkauf unterstellten Artikel nicht gar zu lange zu säumen. Daher heißt es auch hier planmäßig vorgehen, was durch gewissenhafte Bearbeitung aller für derartige Käufe interessierter Firmen am Platze oder auswärts durch persönlichen Besuch seitens der eigenen Vertreter oder Reisenden unter Vorlage der Muster oder durch schriftliche Bemusterung unter Beischluß entsprechender Anpreisungen vorgenommen werden sollte.

Es ist jedenfalls besser, die Bestände zum Inventurpreis, zuweilen wohl auch mit einem geringen Verlust abzustoßen, als sie unnütz lange liegen zu lassen. Der Erlös dafür ist stets nutzbringender als das endlose Liegenlassen. Die Ware verliert von Jahr zu Jahr an Verkaufswert und ist schließlich überhaupt nicht mehr loszuschlagen.

Um das sich ansammelnde Lager nicht zu stark anschwellen zu lassen, ist es daher notwendig, von Zeit zu Zeit die übriggebliebenen Artikel der abgelaufenen Jahrgänge dem Ausverkauf zu unterstellen durch Anschluß der Ausverkaufsjahrgänge an die erscheinende neue Kollektion. Auch kann das Ausbieten durch getrennte Bemusterung erfolgen an die für solche Waren besonders interessierten Firmen unter entsprechendem Preisnachlaß oder Einräumung von Rabattsätzen, die größer sein müssen als die auf die Artikel der laufenden Erzeugung.

Es wird sich indessen nicht empfehlen, die letzte Kollektion sofort nach Erscheinen neuer Muster durch die Unterbietung der Preise dem Ausverkauf zu unterstellen, weil es sonst leicht vorkommen könnte, daß die Abnehmer mit ihren Einkaufsdispositionen diesen Umständen Rechnung tragen, indem sie mit der Deckung des Bedarfs an Neuheiten warten und dadurch dann billiger einkaufen und zu liefern in der Lage sind als die, welche die Ware zu ihrem marktgängigen Verkaufspreis erstanden haben. Selbstredend darf bei einem Anstellen derartiger Reste nur mit solchen Firmen gerechnet werden, die nach sicheren Erfahrungen für Abnahme von Warenposten zu höheren sogenannten regulären Preisen nicht zu haben sind, um wie gesagt, nicht das laufende planmäßige Geschäft zu stören.

Weitgehende Preisnachlässe sind nur möglich durch die alljährlich vorzunehmenden Abschreibungen, die auf alle liegengebliebenen Artikel annähernd gleichmäßig verteilt werden. Es ist dieser Modus zur Erlangung befriedigenden Erlöses das einzige Mittel, wenn nicht eine bestimmte Absicht vorliegt, gewisse Artikel zu ganz besonders günstigen Bedingungen abzustoßen.

Die Preise müssen so gestellt werden, daß die Gängigkeit der einzelnen Artikel der laufenden Kollektionen, die den gleichen Charakter tragen, nicht dadurch ungünstig beeinflußt wird.

In solchen Fällen ist es, wie bereits angeregt, besser, den Verkauf für eine gewisse Übergangszeit ganz zu unterlassen. Um für die unausbleiblichen Verluste wenigstens einen Gegenwert zu haben, sollten die ermäßigten Preise wenn nicht bei Räumung des gesamten Lagers, so doch wenigstens geschlossener Partien einzelner Nummern oder zum mindesten größerer Partien derselben in Anwendung kommen, weil sich bei der Zersplitterung in kleinere Posten unverkennbar eine Beeinträchtigung des laufenden Geschäfts bemerkbar machen würde.

Bei Abnehmern geringerer Warenposten sollten die von der Verkaufsleitung festgesetzten Preise auch erlöst werden, ohne besondere Zugeständnisse finanzieller Art zu machen. Erst bei größeren Bezügen können sie der abgenommenen Mengen entsprechend stärker verringert werden. Es erscheint angebracht und muß der Geschicklichkeit der Verkäufer überlassen werden, bei kleineren Abschlüssen die festgesetzten

Preise sogar selbst gefühlsmäßig entsprechend zu erhöhen, da sich besonders niedrig bemessene Preise ausnahmslos für *gänzliche Räumung* einer bestimmten Warengattung verstehen sollten.

Sofern es sich um besonders hartnäckige Ladenhüter handelt, erscheint es angebracht, um sie schließlich überhaupt abzusetzen, auch ein weniger günstiges Limit eines interessierten Käufers anzunehmen. Im allgemeinen sollten größere Warenposten möglichst geschlossen abgestoßen werden, auch wenn den Abnehmern weitgehende Zugeständnisse gemacht werden. Das Zersplittern in kleine Posten bringt schon deshalb wenig Gewinn, weil die damit verbundene Arbeitslast und Expeditionskosten gegenüber dem normalen Verkauf gleich groß sind und trotzdem nur eine unbedeutende Entlastung für den Abgang vom Warenlager bedeuten.

Es soll nicht unversucht bleiben, wenigstens die reinen Selbstkosten (sog. Inventurwert) zu erzielen. Bare Zuschüsse zu leisten in Form von unberechneter Emballage, Fracht und Zollspesen wird man ernsthafterweise keinem Verkäufer zumuten können.

Größere Zugeständnisse zu machen empfiehlt sich dann, wenn die Warenposten in der Inventur restlos oder bis zu einem Bruchteil ihres Wertes abgeschrieben sind, so daß sich der Verkauf solcher Waren, sofern es sich um belangreiche Posten handelt, doch immer noch einen, wenn auch geringen, Gewinn für das Geschäft bedeutet, weil sich die Gesamtumsatzziffer entsprechend erhöht. Nicht selten wird es bei großen nachbestellten Posten zuweilen möglich sein, sogar noch einen Nachdruck vorzunehmen, was um so mehr lohnend ist, als bei besonders gut eingeführten Artikeln die Selbstkosten an Lithographie, Herstellung und Plattenmaterial längst abgegolten sind.

Um zu vermeiden, daß sich die Kunden die besten Sachen zu den ermäßigten Preisen heraussuchen und die älteren Jahrgänge unberücksichtigt lassen, sollten die Bestände in der Weise ausgeboten werden, daß der höchste Rabatt auf die ältesten Jahrgänge gewährt wird, der sich für die neueren entsprechend mindert und dadurch für diese einen günstigeren Erlös gewährleistet. Dem Verschleudern marktgängiger Ware wird dadurch ein Riegel vorgeschoben.

## Organisatorische Hilfsmittel in einzelnen Abteilungen

Wie in jeder Abteilung, so ist auch in der Expeditionsleitung das erste Erfordernis für die Abwicklung der täglichen Geschäftsvorkommnisse *eine übersichtliche Organisation,* deren Zügel in einer Hand liegen müssen. Klarheit und Ordnung in allen Dingen werden die nicht immer leichten Verrichtungen durch eine übersichtliche Lagerbuchführnug wesentlich fördern.

Dispositionstalent neben individuellen praktischen Organisationskenntnissen werden den verantwortlichen Leiter selbst einer großen Expedition instand setzen, alles reibungslos abzuwickeln. Ich will versuchen, einen kurzen Einblick zu gewähren in einen Expeditionsbetrieb. Ich will mich dabei auf die rein kaufmännischen Erfordernisse für die Einteilung der Geschäftsfälle auf organisatorischer Grundlage beschränken.

*Die eingehende Post.* Nach Austeilung der Post und nachdem diese in das Posteingangsbuch eingetragen ist, wird sie in die Hände des Expeditionsleiters gelangen. Es empfiehlt sich, den Eingang hier ebenfalls zu buchen und dabei die entsprechenden Kontrollvermerke zu machen für die weitere Bearbeitung bzw. Austeilung an andere Abteilungen. Das Ergebnis ist die jederzeit mögliche Übersicht über die täglich einlaufenden Geschäftsfälle bei gleichzeitiger Kontrolle für die prompte Erledigung.

*Die Fabrikation.* Bei Eingang der Aufträge sind die Verkaufsergebnisse sämtlich *täglich* in die Statistik einzutragen, und zwar in eine solche, die zugleich den Tageseingang mit der Umsatzkontrolle verbindet und zugleich als

*Verkaufsstatistik* dient. Von dieser letzteren erfolgt dann der Übertrag in die Anfertigungslisten oder in ein dazu bestimmtes Buch, da ja nicht immer gleich fehlende Mengen ergänzt, sondern aufgesammelt werden, bis sich eine Neuanfertigung lohnt. Es gibt eine Reihe von Fabrikaten, deren Anfertigung sich in geringen Mengen lohnt, wie beispielsweise gespritzte Artikel, konfektionierte Waren, handgemalte Karten, also allerlei Erzeugnisse, die entweder im eigenen Betrieb oder teilweise außer dem Hause angefertigt werden.

Nun kommen wir zu den Artikeln der Eigenfabrikation.

Wie nun ermittelt wird, welches Neuanfertigungsquantum erforderlich ist, unter Berücksichtigung etwa in Aufarbeit befindlicher Posten, ergibt das Vertrautsein mit der Statistik in Verbindung mit dem Lagerbuch.

Ist die Ware fabrikatorisch soweit hergerichtet, daß sie sich dem Endstadium der Fertigstellung nähert, dann ist die *Beschriftung der Auflage* zu berücksichtigen, sofern es sich um Erzeugnisse handelt, die so in den Handelsumlauf kommen. Diese Textbeschriftung ist besonders wichtig, da es sehr unvorteilhaft ist, kleine Warenposten mit Aufdrucktexten versehen zu lassen, wenn sie sich womöglich durch häufigere Nachaufträge wiederholen und durch nachträgliches Aufbringen mehrfache Maschineneinrichtungskosten für die maschinelle Aufbringung der Texte im Hoch- oder Flachdruck erforderlich sind.

*Statistische Erhebungen und Nachkalkulationen* der Selbstkosten lassen sich leicht an die gemachten Bestellungen anschließen, nur müssen die für die Anfertigung erforderlichen Berechnungen seitens des technischen Personals stets gewissenhaft auf den dafür auszugebenden Berechnungszetteln, auch Tagesarbeitszettel genannt, ausgefüllt und dem Betriebsbüro dann überwiesen werden zur weiteren Auswertung der festgestellten positiven Zeiten produktiver Arbeitsleistung für den jeweiligen Auftrag.

Über den Stand der vorliegenden Aufträge in den einzelnen Betriebsabteilungen führe man am besten gesonderte Terminaufstellungen ähnlich nachstehendem Muster, das für die besonderen Bedürfnisse einer bestimmten Abteilung gedacht ist.

| Datum des Auftrags-einganges | Bezeichnung der Arbeit | Nr. der Auftrags-tasche | Menge | Wohin geht die Ware? | Termin-angabe | Liefer-vermerke |
|---|---|---|---|---|---|---|
| | | | | | | |

Erwähnenswert ist auch der *Papierabgabezettel*, der für die Ausgabe der benötigten Planopapiere an die Druckersäle ein Erfordernis ist und dessen gewissenhafte Ausfüllung nicht nur dem Papierschneider eine Anweisung gibt für die Weiterbehandlung des Schneidegutes, sondern dessen genaue Ausfüllung ganz besonders erforderlich ist für den *Papierverwalter*, der danach dann seine Lagerkartothek bzw. das Papierlagerbuch auf dem laufenden hält.

| Papierbezugschein | | |
|---|---|---|
| Druckauftrag: .................................... | | Nr. der Auftragstasche: |
| .................................... | | .................... |
| Bogenmenge: | Sortenbezeichnung: | Format: |
| .................... | .................... | ..........×.......... |
| Lieferant: | | |
| Datum der Ausgabe: | | Unterschrift: |
| .................................... | | .................................... |

Ein sehr wichtiges Erfordernis in jedem gut geleiteten Betrieb ist die Frage der Papiereingangs- und Ausgangskontrolle.

Kommt eine Sendung vom Großhändler herein für einen bestimmten Auftrag, in größeren Betrieben werden von verschiedenen Lieferfirmen bestimmt mehrere Sendungen am Tage angeliefert werden für die Heranarbeitung von Kundenaufträgen, so empfiehlt es sich, auf das oberste Paket einen bei der Papierbestellung bereits auszufertigenden Verwendungszettel zu kleben.

Der Inhalt gibt Aufschluß über alle wissenswerten Fragen: Lieferant, Sorte, Format sowie die näheren Angaben, für welche Arbeit das Papier bestimmt ist (siehe Vordruck).

Papierqualität ............................................................

Format ........................................ Gewicht ........................ g/qm

bestellt am ........................................ eingegangen am ........................................

Lieferfirma ............................................................

Bestellfirma ............................................................

Art der Drucksache ............................................................

Berlin, .................................. 19 ....... Ausgefertigt von: ........................................

Soll die Papiersendung zur Verarbeitung aufgeschnitten werden, empfiehlt es sich, einen Papierabgabezettel auszufertigen, für den ebenfalls ein Vordruck hier abgebildet ist.

Diese Abgabezettel wandern nach dem Schneiden der Planobogen an den Papierlagermeister, der sie für seine Papierkartei auswertet, die stets auf dem laufenden gehalten werden muß, damit sich jeder schnell und zuverlässig darüber unterrichten kann, was von den einzelnen Sorten noch am Lager ist.

Das zu wissen ist notwendig, um bei Neueingängen von Bestellungen sofort feststellen zu können, ob eine Ersatz- bzw. Ergänzungsbestellung aufgegeben wurde. Aus der Papierkartei sind alle erforderlichen Angaben sofort zu ersehen: Lieferant, Grammgewicht per Quadratmeter, Format, Bogenpreis, Preis für 1000 Bogen (evtl. auch unterteilt für kleinere Mengen) und evtl. jeweiliger Verwendungszweck unter Angabe der Nummer der Auflage, für die die angelieferte Menge bestimmt ist.

| Sortenangabe des Papiers: | | | | | | | Raum für eiine anzuklebende Qualitätsprobe | | | |
|---|---|---|---|---|---|---|---|---|---|---|
| EINGANG | | | | | | | ABGANG | | | |
| Dat. | Lieferant | Bogenzahl | Format | g/qm | Vorgesehen für Auftrag | Auftraggeber | Dat. | Bogenzahl | Vorgesehen für Auftrag | Bemerkungen |
| | | | | | | | | | | |

Vordruck einer Papierkarteikarte zum täglichen Gebrauch

| Papiersorte | g/qm | Format | Lagervorrat im Hause | Speditionslager Ausweichlager | Disponiert für | Lieferfirma | In Anfertigung | | |
|---|---|---|---|---|---|---|---|---|---|
| | | | | | | | kg | Bogen | Bestimmt für Auflage |
| | | | | | | | | | |
| | | | | | | | | | |
| | | | | | | | | | |
| | | | | | | | | | |
| | | | | | | | | | |
| | | | | | | | | | |
| | | | | | | | | | |
| | | | | | | | | | |
| | | | | | | | | | |
| | | | | | | | | | |
| | | | | | | | | | |

Kartei für verlagerte Papiersendungen

**Papierbestellung**

Eingang: ______________________________

Bogenzahl: ______________________________

Sorte: ______________________________

Papierformat: ______________________________

Lieferant: ______________________________

Disponiert für: ______________________________

Abgang: ______________________________

Bei Auslagerung größerer Mengen (Anfertigungen), die nicht im eigenen Betrieb nach Fertigung eingelagert werden können empfiehlt sich das von mir in der Praxis erprobte Schema, dessen Benutzung sofort ein klares Bild ergibt, um den jeweiligen Stand der vorhandenen oder disponierten Menge für bestimmte Verwendungszwecke feststellen zu können.

## Organisatorische Maßnahmen für besondere Fälle

Es ist selbstredend dafür Vorsorge zu treffen, daß besonders wichtige Fälle, die zur bestimmten Zeit erledigt werden müssen, im Drange der Geschäfte nicht in Vergessenheit geraten. Wir haben Notizblätter und Zettel, für die Kartothek werden „die Reiter" in bestimmter Form und Farbe entsprechend gesteckt, wir haben für lange laufende Arbeitsvorgänge Terminmappen, Terminkalender, Kalender mit Notizraum und manche andere Hilfsmittel mehr.

Zettel sollten stets zusammengeklammert gehalten werden, denn nur zu leicht kann so ein Blatt in Verlust geraten, das dem Gedächtnis eine Nachhilfe sein sollte. Für besonders dringende Fälle, hinsichtlich deren Erledigung man sich stets am besten auf sich selbst als auf die Erinnerung anderer Beauftragter verläßt, habe ich mir früher einen entsprechend kenntlich gemachten Zettel in Augenhöhe vom Schreibtisch aus sichtbar angebracht.

Auch im schriftlichen Verkehr lassen sich Vorkehrungen treffen zur Kenntlichmachung besonderer Dringlichkeit oder Wichtigkeit. Wir sahen das beispielsweise im Privatleben bei den *dringenden* Telegrammen auf der Post, die einen kleinen knallroten Papierstreifen am Kopfende trugen und sich somit unter großen Mengen ähnlicher Vordrucke als besonders beachtenswert dem Bearbeiter kenntlich machten.

Im praktischen Geschäftsleben ist das zu erreichen durch Verwendung von Vordrucken mit entsprechendem andersfarbigem Aufdruck als die Papierfarbe, und zwar als Längs- oder Querstreifen über die ganze Druckfläche oder nur über eine Ecke in Form eines mehr oder minder breiten Bandes, durch farbig bedruckte Ränder u. a. m.

Für den letzten Fall wird das Hervorheben besonders wichtiger Stellen durch Unterstreichen (ganz besonders auch mit andersfarbiger Tinte oder Farbstift) genügen. Für besonders dringliche Sachen aber werden weitergehende Vorkehrungen getroffen werden müssen.

Im Schriftwechsel hat sich die Verwendung der verschiedenen Papierfarben für bestimmte Gelegenheiten, gewisse Abteilungen oder sonstige Zwecke ebenfalls eingeführt.

Filiale London z. B. hat grundsätzlich blauen Briefbogen, New York grüne usw. Für jeden Geschäftsfall, sofern er einen umfangreichen Schriftwechsel erfordert, sollte nur immer ein Blatt verwendet werden, weil das die Übersichtlichkeit fördert und auch zur rascheren Erledigung wesentlich beiträgt. Nun können natürlich auch die Farbenabstufungen auch für bestimmte Geschäftsfälle eingeführt werden. Aufträge werden auf weißem Papier (schon der besseren Lesbarkeit halber), Bestellungen auf rosa, Reklamationen auf gelbem Papier zu erfolgen haben.

Sogleich nach Entnahme dieser Schriftstücke aus dem Umschlag werden sie für die betreffenden Abteilungen zurechtgelegt nach Erledigung der üblichen Behandlung (Eintragung in das Tagesjournal, Kundenkartothek, Bestellkarte), um dann in Umlauf gesetzt zu werden.

### *Die Verfügung über das Schneidegut*

Es sei auch noch auf eine weitere Fehlerquelle hingewiesen. Das ist der häufig zu beobachtende Mangel an zielklaren Angaben mit Bezug auf das Schneiden bzw. die weitere Verarbeitung der einzelnen Nutzen.

Nicht in allen, sogar häufig nur in wenigen, Fällen geht das vom Großhändler angelieferte Papier nach Entfernung der Umhüllung in den Druckersaal zur weiteren Bearbeitung. Nur zu häufig muß der Planobogen durchgeschnitten, geviertelt oder sonstwie auf Formate geschnitten werden, wie sie der betreffende Auftrag erfordert.

Um zu vermeiden, daß das Papier auf Grund irgendeines mündlichen Mißverständnisses voreilig „verschnitten" wird, sei es stets Prinzip, nur *schriftliche Anordnungen* zu treffen für die weitere Verarbeitung.

Sofort bei der schriftlichen oder fernmündlichen Bestellung einer bestimmten Papiersorte bei irgendwelchen Lieferanten — ich nehme Anfertigungen dabei aus — wird ein kleiner Laufzettel ausgeschrieben, der eine vierfache Aufgabe erfüllt und dazu dient:

1. die Eintragung im Papierbestellbuch vorzunehmen;
2. die *Buchbinderei* über den Verwendungszweck zu unterrichten;
3. die Zettel können, da sie linksseitig perforiert sein sollen, auf das oberste Paket der Papierlieferung angeklebt werden;
4. kommen sie nach Erledigung des Schneidevorganges von der Buchbinderei gleichzeitig als Begleitzettel in die Druckerei, um Rückfragen zu vermeiden, für welchen Auftrag das zugeschnittene Papier bestimmt ist.

Über die *Ausführung dieser Anlagezettel* sei folgendes gesagt:

Die textliche Fassung geht aus dem hier beigegebenen Schema hervor, gedruckt auf farbigem gummiertem Papier, soll der Papierlaufzettel nach Erledigung eventuell rückseitig auf die Arbeitstasche zu Kontrollzwecken aufgeklebt werden. Er kann auch auf ein Blatt Papier aufgeklebt werden und wird als Beleg in den Vorgang eingereiht, der in die Arbeitstasche hineingehört.

**Besteller:** ........................................ Datum: ..................

Auflage beträgt: ........................................ Format: ..................

Das Papier wird geliefert von: ........................................

Es sind bestellt am: ........................................

.................. Bogen im Format: ..................

Bemerkungen: ........................................

........................................

........................................

........................................

*Die Lagerbuchführung und das Warenlager*

Wenn wir uns die alljährlich zur Veröffentlichung der Jahresberichte unserer industriellen Unternehmungen betrachteten, fanden wir zur Zeit einer Konjunktur und das wird sich auch immer wiederholen —, daß in der Bilanz des Wirtschaftsunternehmens eine oft mehr oder minder große Summe für das vorhandene Warenlager eingesetzt ist.

Natürlich ist es für die Geschäftsleitung stets am vorteilhaftesten, wenn die einlaufenden Aufträge so beschaffen sind, daß die gesamte Leistungsfähigkeit an Menschen und Maschinen kaum genügt, ausschließlich die Bestellungen rechtzeitig ausführen zu können. Dadurch bleibt dann gar keine Zeit übrig, größere Posten auf Lager zu arbeiten, was der Fall sein müßte, wenn der Betrieb nicht ausreichend beschäftigt ist.

Die gesündeste Art des Geschäftsbetriebes wird nun allemal die sein, *möglichst wenig* auf Lager zu arbeiten, wodurch natürlich die Ertragsfähigkeit des Unternehmens ungemein gefördert wird. Jedenfalls ist das für die Dispositionstalente der betreffenden Firmen kein besonderes Ehrenzeugnis, wenn sich das Warenlager alljährlich automatisch vergrößert.

Nicht in allen Fällen wird aber ein zu großes Lager auf eine mangelhafte Disposition zurückzuführen sein, da kein Mensch bei Vorausbestimmung der Lagermengen im voraus wissen kann, wie sich die Nachfrage nach den einzelnen Artikeln anlassen wird. Man kann wohl an Hand statistischer Nachweise die Gängigkeit eines Artikels auf Grund der Verkäufe einer oder mehrerer abgelaufener Geschäftsperioden mit mehr oder minder annähernder Sicherheit vorausbestimmen. Nach diesem Ergebnis können dann auch die Dispositionen über anzufertigende Mengen ähnlicher Warengattungen getroffen werden.

Unvorhergesehene Zufälligkeiten lassen natürlich selbst sorgfältigste Vorausberechnungen in die Brüche gehen, doch mit solchen Möglichkeiten in dem Rechenexempel der kaufmännischen Erwerbstätigkeit von Anfang an als mit einer bekannten Größe zu rechnen, wäre wohl etwas kleinlich, da solche Ereignisse meist schon lange vorher in der Luft liegen und den immer rechnenden und berechnenden Kaufmann zur Vorsicht mahnen sollten. Im allgemeinen wird es ein Vorteil sein, sofern die Herstellung der Erzeugnisse in größeren Mengen erforderlich erscheint, diese nicht ausschließlich für einen bestimmten Zweck herzurichten.

Ein großer Teil von Artikeln dient mehr als einem solchen und ist, wenn neutral aufgemacht, den verschiedenen Verwendungsmöglichkeiten entsprechend dienstbar zu machen. Selbst alte Ware läßt sich immer noch einmal für irgendwelche besonderen Zwecke verwenden, nur müssen stets neue Zusammenstellungen durch Wechseln der Ausstattung und sonstige Anpassungsmöglichkeiten geschaffen werden, um damit ganz neue eigenartige verkaufsfördernde Wirkungen zu erzielen, da auf diese Weise neuartige Handelsartikel geschaffen werden.

Doch gar zu kleinlich darf ein weitsichtiger Fabrikant nicht sein, da jedes Unternehmen mit einem gewissen Prozentsatz an Ausfall nicht ertragfähiger Mengen rechnen muß.

Auch als Ersatz für ausgegangene Lagerware wird sich hier und da der Bestand an Nummern älteren Datums als nützlich erweisen, um eingegangene Verpflichtungen in bezug auf Lieferung geschlossener Kommissionen zu vorbestimmten Zeiten prompt erfüllen zu können. Damit soll nicht gesagt sein, unnötig lange allen unbrauchbaren alten Krempel aufzuheben.

Was unbrauchbar ist, soll ruhig den Weg alles Irdischen gehen, und zwar sobald als möglich. Schließlich bringt der Verschleiß der Abfälle immer noch einen wenn auch nicht gerade erheblichen Erlös. Um einen Überblick zu haben, sollte Ramsch überhaupt nicht aufbewahrt, sondern gleich zerrissen und in den Abfallkasten getan werden. Es ist neben der sorgfältigen Führung von Statistiken auch notwendig, eine genügende Auswahl der Erzeugnisse in Musterbüchern eingeordnet aufzubewahren, um an Hand derselben einen Beweis für die eigene Leistungsfähigkeit zu erbringen und zugleich einen Überblick über das bisher Geschaffene zu haben.

Die alljährlichen Inventuraufnahmen sollten möglichst von eingearbeitetem Personal gemacht werden. Da bei dieser Verrichtung doch meist die gesamten Vorräte einmal durchgezählt werden, empfiehlt es sich, von allen Nummern dabei gleichzeitig einige Stücke für Bemusterungen abzunehmen und zur Seite zu legen. Es ist eine Kleinigkeit, den Paketen eine verhältnismäßig geringe aber genügende Anzahl von Mustern zu entnehmen. Wenn auch die Reisenden, Agenten, Filialen u. a. stets Muster erhalten haben und in ihren Verkaufsräumen lose oder in Büchern führen, so kommt es doch zuweilen vor, daß ein Kunde hier und da die Anstellung irgendeiner Kollektion besonders verlangt. Auch werden oft einzelne Muster unansehnlich oder geraten, sofern sie lose gezeigt werden, in Verlust. Wer durch die Praxis geschult ist, der entnehme lieber einzelne Muster den Paketen, um sich nicht geschlossene Serien zu zerreißen. Tut er es dennoch, so lege er einen Zettel mit der entnommenen Nummer an die Stelle der Ware, um bei Weggabe einer geschlossenen Kollektion etwa fehlende Nummern dann an Hand der Belege ergänzen zu können.

Mit der Einführung dieser Rücklagen wird viel Zeit durch langes Suchen nach Mustern erspart, was sich besonders bei starker Belastung während der flotten Geschäftszeit auf die tägliche Zeiteinteilung ungünstig auswirkt.

Auf diese Weise erspart man sich das nachträgliche Aufreißen der geordneten und verschlossenen Pakete. Aufgerissene Pakete müssen stets gleich wieder verklebt werden, um ihr Verstauben zu vermeiden.

Das „Richten des Lagers“ ist eine recht lohnende Arbeit für die „stille Zeit“ und sollte stets mit Umsicht vorgenommen werden. Das ist auch die geeignete Zeit, sich für die „Saison“ vorzubereiten, damit dann alles glatt vonstatten geht. Nur ein durchaus instand gehaltenes, übersichtlich geordnetes Lager, nebst den dazu notwendigen „in Schuß“ gehaltenen Lagerbüchern oder Karteien, wird eine Gewähr dafür bieten, rasches, zweckmäßiges und sicheres Arbeiten zu ermöglichen und somit zu einer flotten Geschäftsabwicklung beizutragen.

Es ist zweckmäßig, Artikel, welche diese Art der Aufbewahrung vertragen, sofern sie nicht in Kartons aufbewahrt werden, in Packpapier einzuschlagen und die Enden desselben durch Klebung zu verschließen; das Verschnüren mittels Bindfaden ist durchaus nicht empfehlenswert, weil beim zu festen Anziehen desselben die Ware leicht Beschädigungen ausgesetzt ist.

Man findet es allgemein verbreitet, daß der Inhalt eines jeden Paketes durch Aufkleben eines mit entsprechender Aufschrift versehenen Aufklebeschildes gekennzeichnet wird, was auch für die äußere Aufmachung eines Warenlagers von Bedeutung ist. Die Wirkung wird noch erhöht durch deutlich geschriebene Zahlenaufklebezettel, zu deren Herstellung am besten die Rundschrift dient, sofern nicht gedruckte Etiketten mit entsprechender handschriftlicher Ausfüllung vorgezogen werden. Besser jedoch ist das Anschreiben der Inhalts-Nummern (nicht Stückzahl), da sich diese häufig ändert und hierüber ja die Aufnahmelisten (über die wir noch sprechen), bzw. die Lagerbücher Aufschluß geben, mit Farbstift, und zwar in großen und deutlich lesbaren Ziffern. Aufschablonieren tuts freilich auch, doch muß darauf gesehen werden, daß die Ziffern nicht verschmiert werden.

Zudem sollte jedes Warenregal fette Nummern erhalten, wir werden bei der Besprechung der Einrichtung des Lagerbuches sehen, wie richtig das ist. Auch ist es für das Personal, das die Waren entnimmt, sehr wichtig, wenn an der Querseite der Stellagen durch ein Plakat ersichtlich ist, welche Waren jeweils in den Gängen lagern. Es ist das natürlich nur möglich, wenn die einzelnen Waren Nummern führen, z. B. Regal I (Nr. 1700—1850), Regal II (Nr. 1851—1920) usw. Es erleichtern diese Angaben das langwierige Suchen nach bestimmten Warennummern.

Bei der Lagerung von flachliegenden Waren, wie etwa Planobogen von Bezugspapier, sollte zwischen je 25 oder 50 Bogen immer ein Zettel gesteckt werden, um die einzelnen Lagen zu kennzeichnen, sofern das nicht aus der äußeren Umhüllung schon hervorgeht; besonders häufig wird das Papier riesweise gepackt, und jedes durch eine Umhüllung kenntlich gemacht.

Die Regale zur Aufbewahrung aufgearbeiteter Waren sollen aus festem Holz bestehen, um auch einer größeren Belastung gewachsen zu sein. Da die Bodenbretter, besonders größere Flächen, bei andauernder Belastung tief durchbiegen, ist es von Anfang an empfehlenswert, starke Querleisten darunter zu nageln, die dann für die ganze Fläche einen genügenden Halt bieten.

Jedes Regal sowie jedes Fach sollen eine Nummer tragen, was wesentlich zur schnelleren Auffindung der gesuchten Ware beiträgt. In keinem Falle soll sie uneingepackt gelagert werden, weil sie durch die äußeren Einflüsse wie Licht, Staub, Hitze u. a. Schaden leidet. Im äußersten Falle lege man einen Bogen Papier als Oberflächen- sowie als Seitenschutz vor der Verstaubung darüber. Zweckmäßig ist es, auch für gewisse Fälle, besonders bei räumlich beschränkten Erzeugnissen (Reliefs, Bildern usw.), ein fertiges Stück der Ware an die Außenseite des Paketes zu kleben und mit entsprechender Nummer zu versehen, wie es bei Gratulations- und Postkarten, die zu 500 bis 1000 Stück gepackt werden, wohl ausnahmslos geschieht. Selbstredend schließt diese Einrichtung nicht jenes Erfordernis aus, auch die gleichen Muster noch im gesonderten Handmusterbuch des Abteilungsleiters zu führen.

Das Lager soll keineswegs als ein Abladeplatz betrachtet werden, das zur Aufbewahrung und Ablagerung alles nur Erdenklichen dient. Alle Artikel einer Gattung haben immer zusammen zu liegen, damit bei Räumung des Lagers bestimmter Nummern nicht noch an anderer Stelle untergebrachte Posten unberücksichtigt stehenbleiben, die dann später einmal „entdeckt" werden. In ordnungsgemäß geführten Lagerbüchern wird man allerdings leicht feststellen, welche Mengen stets vorhanden sein müssen, wodurch eine Gewähr für zuverlässiges Aufarbeiten vorhandener Mengen geboten wird. Wir wollen aber ehrlich sein: Wer möchte wohl in der kaufmännischen Praxis aus seiner Erfahrung heraus auf die unbedingte Verläßlichkeit der Buchungen (besonders in der Lagerabteilung, wo tagsüber sehr viel durcheinander kommt) restlos vertrauen?

Nur dadurch ist eine gewissenhafte Instandhaltung des Lagers gewährleistet, daß nicht jede beliebige Person demselben die zur Vervollständigung der Aufträge erforderlichen Mengen zu entnehmen berechtigt ist, ohne wenigstens geeigneten Ortes davon eine entsprechende Meldung zu machen.

Zweckmäßig wird es sein, diese durch Eintragung in ein eigens dazu bestimmtes Buch zu bewerkstelligen, aus dem dann die Übertragungen der Entnahme in das Lagerbuch gemacht werden. Für ordnungsgemäße Meldung der Zugänge muß selbstredend Sorge getragen werden, um stets ein klares Bild des Lagerbestandes zu haben. Wer da glaubt, daß die Lagerbuchführung etwas Gleichgültiges ist, der ist schwer im Irrtum. Auf einen durchaus ordentlichen Zustand der Lagerbuchführung in den Verlagsanstalten sollte unbedingt das größte Gewicht gelegt werden. Sie soll nicht nur übersichtlich angelegt werden, sondern auch allen Anforderungen neuzeitlicher Geschäftsführung entsprechen. Bei einem gut durchgeführten System wird die Einrichtung des Lagerbuches ein unentbehrliches Hilfsbuch. Wie nun ein solches Lagerbuch angelegt und geführt werden soll, wollen wir uns in seinen Grundzügen im nachstehenden vergegenwärtigen.

Um zu wissen, was die einzelnen Regale an fertiger Ware bergen, dient die Einrichtung des Lagerbuches. Dieses kann einen doppelten Zweck erfüllen. Einmal können Illustrationsabzüge der Ware, die aus Preisverzeichnissen entnommen sind, zu jeder Nummer geklebt werden, wodurch sie zugleich zu einem illustrierten Musterbuch ausgestaltet werden.

Die Lagerbücher lassen sich auch zu einer Art historischen Rückblicks auf die Entwicklung der einen Warenummer aus der anderen dadurch gestalten, daß neben der Warennummer auch die Entstehungsnummer aus einer anderen Warenkategorie gesetzt wird, und zwar aus einer anderen Warennummer oder unter Angabe der Arbeitsnummer, wie sie den damit betrauten Personen zur Kennzeichnung dient und bekannt ist. In großen Betrieben wird es notwendig sein, wenigstens von den gangbarsten Warengattungen je ein solches Verzeichnis zu führen. Doch sind das Erfordernisse, über welche die Praxis von Fall zu Fall entscheidet.

In dem Lagerbuch muß zunächst einmal die Warennummer zu finden sein. Wo für das gleiche Erzeugnis vielleicht nur in anderer Aufmachung auch verschiedene Nummern bestehen, sollten diese als Anmerkung ebenfalls beigesetzt werden, um eine schnelle Auffindung derselben zu ermöglichen. Für umfangreiche Erhebungen dieser Art wird die Anlage eines Inhaltsverzeichnisses zu empfehlen sein.

Neben der Warennummer hat die Nummer des Regals und des Faches in dem Lagerbuch zu erscheinen. Dann folgt der Bestand und der Raum für Zu- und Abgang.

| Waren Nr. | aus | Gleiche Ausstattung unter Nr. | Regal | Abgang | Zugang |
|---|---|---|---|---|---|
| Lagerbuch im Sinne beistehender Erläuterung | | | | | |

Eingegangene Nummern, d. h. solche, welche ausverkauft sind und von denen eine mögliche Neuanfertigung nicht mehr zu erwarten ist, sind als solche am besten durch einen entsprechenden Vermerk mit farbiger Tinte zu kennzeichnen. Da im Laufe einer jeden Saison natürlich nicht alle auf Lager gearbeiteten Warenmengen ausverkauft werden können, so wird, wenn nicht für rechtzeitiges Abstoßen von auf Lager genommener Waren gesorgt wird, im Laufe der Zeit das Lager vollgepfropft und die Inventur dadurch entsprechend belastet.

Neben möglichster Übersicht ist für Eintragungen von Warenposten durchaus zu empfehlen, stets nach den Originalbuchungen zu arbeiten, da Kopien nicht selten eingeschlichene und abgeschriebene Fehler enthalten können, die das ganze Bild verschieben.

In jedem Falle sollte man Kürzungen vermeiden und alle Notizen immer ausschreiben, weil erst durch die Vollständigkeit eine Gewähr für die Richtigkeit geboten erscheint und nicht nur dem besonders „Eingeweihten" die erforderliche Klarheit geben.

In den Lagerbüchern sollen Eintragungen möglichst nur mit Tinte gemacht werden, um Unleserlichkeit oder wohl gar Änderungen von unberufener Seite vorzubeugen. Bleistiftvermerke sollen sich stets nur auf Bemerkungen untergeordneter Art beschränken, die wohl für den Augenblick von Bedeutung, dann aber wieder entfernt werden können. Auf diese Weise wird man sich ein System schaffen, mit welchem man sich bei Aufwendung einiger Sorgfalt schnell und gerne vertraut machen kann und das zudem noch den Vorzug hat, durchaus praktische Vorteile in sich zu schließen.

Vor allem sind es die Lagerverzeichnisse der Vorräte, welche zu einer verhältnismäßig einfachen Abwicklung der Geschäfte viel beitragen können. Die Notwendigkeit dürfte einleuchten, die jeweils angeforderten Mengen darin in einer Rubrik hinter der Bestandsangabe mit Angabe des Tagesdatums und der Menge oder nur diese allein abzuschreiben und nach Erledigung zu streichen. Sofern die betreffende Nummer weitergeführt wird oder nicht, muß in irgendeiner Weise ein Vermerk darüber gemacht werden, daß eine Neuanschaffung vorgemerkt oder nicht mehr zu erwarten ist. Da solche nicht selten Fabrikationsnummern in der Reihenfolge des Eingangs tragen, wird das Beisetzen solcher ungemein viel zu Erleichterung beitragen. Selbstverständlich wird diese Art von Kontrolle nur dann von praktischem Wert sein, wenn die Buchungen stets sorgfältig am besten gleich nach Eingang der Bestellung gemacht werden. Ausverkaufte Nummern sollen sofort zur Kenntnis der dafür interessierten Personen gebracht werden. Es ist zweckmäßig, Sammellisten nach Gattung der Artikel geordnet anzulegen und in diese die betreffende fehlende Nummer einzutragen, sobald solche vom Lager als fehlend gemeldet wird. Je nachdem nun die Ermittlungen ergeben, ob noch Ware zum Aufarbeiten in Form von Planobogen vorhanden ist oder nicht, wird sich nach der Gängigkeit feststellen lassen, ob es sich um gutgehende, laufende oder dem Ausverkauf unterstellte Nummern handelt, und die weitere Behandlung solcher Eintragungen danach gestaltet.

Von Zeit zu Zeit wird es angebracht erscheinen, an Hand der Bücher bzw. durch Lageraufnahmen den Bestand festzustellen und Listen anzulegen, um sich für das Räumen von Warenposten entsprechend interessieren zu können, die das Lager unnötig belasten, sei es durch direkte Anstellungen an den Kundenkreis oder an die Agenten, Vertreter, Filialen usw. Gut geführte Lagerbücher werden eine dankenswerte Einrichtung zur schnellen Erledigung solcher Arbeiten sein.

Zunächst sollen solche Aufnahmen in mehreren Exemplaren (in Maschinenschrift mit Durchschlägen!) hergestellt werden, damit nicht nur der betreffende Reisende unterrichtet ist, sondern auch das Personal im Hause einen Beleg dafür hat, was angeboten wurde und an wen. Zweckmäßig wird es sein, in diese Liste, wenn angängig — es wird das nicht in allen Fällen ausnahmslos zu machen sein —, denjenigen Mindesterlös einzusetzen, unter den nicht heruntergegangen werden sollte.

Bezüglich des Mindesterlöses wird seitens der Verkäufer mit dem Handelshause von Fall zu Fall eine Verständigung möglich sein.

Solche Listen sind, wenn gewissenhaft geführt, eine große Erleichterung bei Inventuraufnahmen, da man schon das Endresultat der Lagerbuchbestände hat. Lageraufnahmen sollten nur von solchem Personal gemacht werden, das mit den betreffenden Artikeln genau vertraut ist. Als System wollen wir dabei als empfehlenswert festhalten:

Zunächst wird ein Schema gemacht, in das alle Materialien, die in Frage kommen, nach den Preisbüchern eingeschrieben werden. Ist schon eine gründliche Aufnahme gemacht worden, dann genügt es, nur die letzte Aufnahme wieder zu benutzen, unter entsprechender Ergänzung durch die neu hinzukommenden Warenerzeugnisse. Diejenigen Nummern, welche von der früheren Aufstellung in der Zwischenzeit ausverkauft wurden, fallen aus. Jedwede Bestandsaufnahme muß peinlich genau gemacht werden, es empfiehlt sich, für jede Abteilung bzw. Lagerraum eine Rubrik einzurichten für fertige Lager- sowie halbfertige Ware. Besonders bei Ausverkauf von geschlossenen Lagerposten soll besonderes Augenmerk darauf gerichtet werden, daß auch in der Tat der *gesamte* verfügbare Bestand weggegeben wird und nichts unberücksichtigt bleibt, was hernach nur noch reif ist für die Altpapierverwendung.

Um ganz sicher zu gehen, daß nichts übersehen wurde, auch vielleicht noch in Arbeit befindliche Posten, ist für jede der in Frage kommenden Abteilungen eine besondere Rubrik für fertige und halbfertige Ware einzurichten, die von der für die Führung verantwortlichen Person entsprechend ausgefüllt werden muß. Alle diese Bestände werden in einer

Schlußrubrik zusammengezogen und dann erst wird eine Reinschrift hergestellt. Selbstverständlich müssen derartige vorbereitende Aufnahmen sorgfältig aufbewahrt werden, um bei späterer Beanstandung bei Lieferung der Vorräte auf den schuldigen Teil zurückgreifen zu können.

Trotzdem sollte vielleicht halb- oder ganzjährig, am zweckmäßigsten an Hand der Inventuraufnahmen, eine Prüfung solcher Listen vorgenommen werden, um sich vor unliebsamen Enttäuschungen zu schützen. Zu diesem Zwecke sind Lageraufnahmen von Zeit zu Zeit zu machen, was sich an Hand ordnungsgemäß geführter Verkaufsbücher unter Nachprüfung der tatsächlichen Bestände leicht bewerkstelligen läßt. Vor allem muß nicht mehr Vorhandenes stets gleich abgestrichen werden, um stets ein klares Bild von dem vorhandenen Lagerbestand zu gewinnen. Es ist das für die rasche Abwicklung des täglichen Geschäftsverkehrs von großem Wert und erspart viel unnütze Zeitaufwendungen durch Neuaufnahme des vorhandenen Lagers.

Größere Verkäufe bzw. gänzliche Räumung des Lagers ist in diesen Listen entsprechend zu vermerken (in letzterem Falle durch Streichen mit Datumangabe). Um den gegenwärtigen Stand zu ermitteln und übersichtlich zu gestalten (sofern keine Aufnahme erfolgt), ist zeitweiliges Umschreiben solcher Aufnahmen unter Berücksichtigung der Änderungen zu veranlassen. Solche Listen bewahrt man in Mappen auf oder noch zweckmäßiger in Briefablegemappen, weil durch das mechanische Einspannen ein Verlorengehen einzelner Listen ausgeschlossen ist.

Betriebe, die für sehr viel verschiedene Artikel solche Listen einrichten, tun gut, sie zu numerieren. Zum Zwecke schnelleren Auffindens wird als Titelblatt ein laufend numeriertes Inhaltsverzeichnis eingeheftet.

Die Räumung des Lagers ist selbstredend entsprechend zu vermerken, und zwar am besten sofort, zum mindesten in ganz kurz bemessenen Zwischenräumen und an alle diejenigen Personen zu melden, welche die betreffenden Warengattungen freibleibend anbieten, wie beispielsweise auf der Reise befindliche Vertreter, Agenten, auswärtige Filialen u. a. m., und wömöglich auch den Hauptabnehmern gewisser Warengattungen, die laufend Aufträge geben, damit sie die Muster aus dem Verkauf ziehen können.

Vor allem empfiehlt es sich, sofern Waren an verschiedene Interessenten ausgeboten werden, nur sehr geringe Bestände, sagen wir nur bis 50 Stück, überhaupt nicht aufzunehmen, solche Restposten lassen sich am Ort oder in einem Sammelangebot zu annehmbaren Preisen abstoßen. Man erspart auf diese Weise unnötige Weggabe von Mustern.

Zum Schluß noch möge der Hinweis gestattet sein, daß es sehr unzweckmäßig ist, ein überaus großes Lager zu halten. Nur dasjenige Fabrikationsgeschäft kann auf gute Erfolge blicken, welches mit möglichst geringem Lager arbeitet, das stets genügt, um zur Vervollständigung des Bedarfes für eine angemessene Zeit zu dienen.

Wenn wir uns mit der Behandlung und Bearbeitung eingehender Aufträge befaßt und dabei gesehen haben, welche Sorgfalt erforderlich ist, so wollen wir uns zum Schluß gesagt sein lassen, daß auch für das Gegenteil entsprechend vorgesorgt werden muß, nämlich für das *Annullieren.*

Das Weiterverarbeiten von Warenposten, die später nicht abgenommen werden, ist einer der ungünstigsten Umstände, um die Inventur zu belasten, wenn nicht besonders glückliche Umstände ein anderweitiges Abstoßen als aussichtsvoll erscheinen lassen.

In jedem Falle müssen die Wünsche der Kundschaft, die auf eine Ablehnung der Warenabnahme hinzielen, sofern es sich um Neuanfertigungen handelt, welche größere Aufwendungen erfordern, *sofort* in allen entsprechenden Arbeitsabteilungen unzweideutig den damit beauftragten Personen möglichst schriftlich gegen Quittung zur Kenntnis gebracht werden, da mündliche Durchsagen leicht überhört und demzufolge nicht berücksichtigt werden könnten.

Für ein einwandfreies Arbeiten wird es vor allem Bedingung sein, etwaige Änderungen bzw. Verbesserungen an Aufträgen, Tarifen u. a. m. stets sofort nach Bekanntwerden, und zwar gründlich vorzunehmen. Damit ist eine Sache nicht abgetan, daß man persönlich davon Notiz nimmt. Meistens sind noch so und so viele andere Personen in großen Betrieben an der Fertigstellung einer eingehenden Bestellung beteiligt, die natürlich über jede Veränderung ebenfalls auf dem laufenden sein müssen.

Für solche Zwecke empfiehlt sich die Einführung eines Büchleins, in welches derartige Änderungen unter Datumsangabe eingetragen werden, deren Kenntnisnahme die Interessenten jeweilig durch Beisetzung ihrer Namensunterschrift nebst Datum bescheinigen müssen.

Ein Schmerzenskind im Expeditionswesen sind die „Retourwaren". Sofern solche nicht zum Zwecke der Ausbesserung eingehen, sondern in des Wortes eigenster Bedeutung als nicht angenommene Ware zu betrachten sind, sollen sie sofort nach Eingang auf ihre weitere Verwendbarkeit hin geprüft, bei Bedarf ausgebessert und dann wieder in das Lager eingereiht werden, um eine weitere Verwendung zu ermöglichen.

Hand in Hand damit muß eine entsprechende Verbuchung des Einganges im Lagerbuch vorgenommen werden, und um eine gleichlautende Buchung mit dem Kunden zu erzielen, sollte diesem der Empfang und die Rücknahme der Ware angezeigt werden, zugleich mit einer Gutschriftanzeige.

## Organisatorische Hilfsmittel für den Einkauf, die Materialverwaltung und Werkzeugpflege

### *Papiereinkauf und Lagerverwaltung*

Jeder Fachmann sollte zugleich ein praktischer Kaufmann sein. Diese Parole ist schon der Inhalt spaltenfüllender Artikel in der graphischen Presse gewesen, und man geht wohl nicht fehl, wenn man behauptet, daß kein Kenner einschlägiger Verhältnisse anderer Meinung sein könnte.

In großen Verlagsanstalten gibt es mehr oder minder zahlreiches kaufmännisches und technisches Personal, welches über alle Geschäftsvorfälle zu wachen hat und dessen Aufgabe es ist, rechtzeitig für Ersatz ausgegangener Materialien zu sorgen. Anders ist es schon in kleineren Betrieben, wo der Inhaber oder sein Stellvertreter zugleich sein eigener „junger Mann" und Disponent ist, dem die Verantwortung für die Gesamtarbeitsleistung zufällt, und das Gelingen des Geschäftes einzig und allein von seinen Maßnahmen abhängt.

Unternehmen, die längere Zeit bestehen und deren Inhaber über die nötigen Erfahrungen verfügen, werden auch zweckmäßige Mittel an der Hand haben, um sich vor unangenehmen Überraschungen zu schützen.

In dieser Abhandlung wollen wir einige Hinweise geben, wie man zweckmäßig disponieren sollte beim Einkauf von Papieren, denn damit beginnen die organisatorischen Vorarbeiten zur Betriebsführung. Es ist nicht zweckmäßig, für alle Lieferungen von Druck- oder sonstwelchen in großen Mengen benötigten Papiersorten nur immer einen Lieferanten zu haben, obwohl das auf den ersten Blick hin viel für sich hat, besonders hinsichtlich der qualitativen Beschaffenheit des Stoffes. Die Papiere nur von einer Fabrik werden die Verbraucher an die Eigenheiten derselben gewöhnen, doch bei Überlastung *einer* solchen Fabrik wird diese mit Bezug auf die Lieferung des Bedarfs schwerlich allen Anforderungen gerecht werden können, und dann sitzt der Verbraucher eines schönen Tages fest. Abgesehen davon ist es vom rein kaufmännischen Standpunkt durchaus notwendig, stets auch die Konkurrenz zu beschäftigen.

Ein guter Einkäufer muß vor allem seine Lieferanten kennen, ihre Preise einholen, um sich vor Übervorteilungen zu sichern und geeignetenfalls auch zu bestellen, um zu wissen, für welche Sorten er sich bei Bedarf am zweckmäßigsten an sie wenden kann. Es ist durchaus nicht gesagt, daß eine Chromopapierfabrik auch ebensogute Kunstdruckpapiere bzw. ungestrichene Papiere und Kartons fertigt. Da geht eben Probieren über Studieren; durch längeres Zusammenarbeiten zwischen Hersteller und Verbraucher wird es sich zeigen, ob die Ansprüche an die Leistungsfähigkeit hinsichtlich Menge und Güte der Erzeugnisse vollauf befriedigt werden. In jedem Falle soll der Verbraucher die ihm unterbreiteten Vorschläge der Papierfabrikanten nicht vor eingehender Prüfung schon als abgetan betrachten, da er bei der fortschreitenden Technik nicht im voraus wissen kann, ob sich nicht brauchbare Resultate durch eine Stoffänderung und damit zusammenhängende Verbilligung des Einkaufs — und mithin der Herstellung — erzielen lassen. Es bieten sich also Vorteile, welche für den *Kaufmann* nutzbringend sind.

Wie man umsichtig und zweckentsprechend disponieren kann, zugleich auch die Verwaltung und Instandhaltung des Materiallagers zu vereinen, wollen wir uns an einem organisatorischen Hilfsmittel vergegenwärtigen.

In dem Büro, im Lagerraum, eventuell auch in beiden, sollte sich eine für die gangbarsten Materialien angelegte Tabelle befinden, welche neben der Bezeichnung der Sorten und eventuell des Formates stets den Lagerbestand aufweist, den man zweckmäßigerweise am Ende jeder Woche ermittelt. Da es sich stets um mehrere Sorten Papier sowie Karton beim Verbraucher handeln wird, so schreibt man an der linken Seite aller Eintragungen das betreffende Tagesdatum der letzten Aufnahme und dann zeilenweise die ermittelten Bestände hinein. Bei Papier wird die Bogenstückzahl, bei anderen Materialien das Gewicht in Frage kommen. Geschieht das in Buchform, so sollen darin neben der Sortenbezeichnung und etwaigen weiteren eingehenderen Vermerken auch der Hinweis enthalten sein, für welchen Zweck und für welche Abteilung bzw. welchen besonderen Auftrag die Anschaffungen bestimmt sind.

Für die jeweiligen Ein- und Ausgänge schaffe man sich je ein Buch an, für letzteren Fall ist auch ein System der geblockten Material- bzw. *Papierabgabezettel* zu empfehlen. Diese sollen neben der Sortenbezeichnung, Format und Anzahl der Bogen auch den Hinweis enthalten, für welchen Zweck bzw. für welchen Drucker das Papier bestimmt ist. Um eine Kontrolle über den sachgemäßen Verbrauch zu ermöglichen, sollten solche Zettel ausnahmslos eine gewisse Zeit aufgehoben werden. Zu Kontrollzwecken werden die Summe der von den einzelnen Sorten ausgegebenen Papiere zusammengerechnet und durch Abzug von dem letzten Bestand festgestellt werden, ob der neu vorgetragene Posten den Tatsachen entspricht.

Solche Zettel werden gesammelt, Sortenweise zusammengelegt, die Endsumme bei jeder Abrechnung von dem jeweiligen Bestand in Abzug gebracht und der ermittelte Bestand dann neu vorgetragen.

Ein etwa festgestellter Fehlbetrag ist bald ermittelt. Die unberechtigte Weggabe von Papier vom Lager kann entsprechend nachgeprüft werden.

Besonders kann man dadurch unerlaubten Zuschüssen zur Anfertigungsauflage auf die Spur kommen, von denen an maßgebender Stelle nichts bekanntgegeben ist und die die Selbstkosten auf die Dauer sehr stark beeinflussen können.

Bei dem Fehlen dieser Kontrolle kann zuweilen der Nutzen einer Auflage stark beeinträchtigt werden, wenn sich jeder Drucker beispielsweise beliebige Nachlieferungen an Material geben lassen wollte, um möglichst seine volle Tageslieferung herauszuholen. Man darf jedoch nicht außer acht lassen, daß besser noch als lose Zettel Eintragungen in ein kleines Heft sind, weil dadurch die Möglichkeit des Abhandenkommens einzelner Stücke weniger wahrscheinlich ist. Sorgsames Aufbewahren solcher Zettel auch über den jeweiligen Abrechnungstermin hinaus ist ebenfalls nur zu wünschen, da man oft nach längerer Zeit noch einmal nachprüfen möchte, wieviel Zuschuß zu dieser oder jener Anfertigung gegeben wurde. Daher ist es empfehlenswert, solche Vermerke auch stets in diejenigen Bücher zu übertragen, in welche die Auflagen zur weiteren Bearbeitung eingetragen werden. Je nach Umfang des Betriebes wird eine solche Abrechnung wöchentlich oder 14tägig zu erfolgen haben. Will man den verfügbaren Bestand innerhalb dieser Zeit feststellen, so läßt sich das nach dem oben geschilderten Verfahren sofort ermitteln. Bedingung ist natürlich auch hier gewissenhaftes Arbeiten. Von Zeit zu Zeit sollte abweichend von der vorgeschlagenen Methode eine Lageraufnahme ähnlich der Inventur vorgenommen werden, unabhängig von den Eintragungen der Abrechnungstabellen, wodurch man zugleich ein zuverlässiges Bild gewinnen kann, ob die als vorhanden angenommenen Mengen auch in der Tat mit den vorhandenen übereinstimmen.

Nichts ist unangenehmer, als wenn mit dem Vorhandensein von Sorten gerechnet wird, bei deren Bedarf es sich schließlich herausstellt, daß sie nicht mehr oder in unzureichender Menge auf Lager sind. Es ist das eine Lage, welche für den Drucker recht unangenehm werden kann, besonders dann, wenn der Umdruck für eine oder mehrere Farben schon gemacht ist, die Vorarbeiten für die Fabrikation also schon über das Anfangsstadium hinaus vorgeschritten sind, und eine passende andere Arbeit nicht vorhanden ist. Bekanntlich kann nicht jeder Drucker auch jede Auflage ohne weiteres drucken.

Dadurch, daß man den jeweiligen Bestand eines Papierlagers, was sich ebensogut auch für jedes andere Materiallager sagen läßt, stets ohne große Vorarbeiten feststellen kann, läßt sich unter Vorausbestimmung der für die nächste Zeit, sagen wir drei bis vier Wochen, vorliegenden Druckaufträge ein klares Bild schaffen, welche Posten noch vom Lieferanten abgefordert werden müssen, um zur richtigen Zeit am rechten Platz zu sein.

Vom kaufmännischen Standpunkt haben wir noch auf etwas Wichtiges hinzuweisen:

Es hat sich in der Praxis bewährt und dient zu einer geordneten Abwicklung des Geschäfts, wenn die Hersteller von Papieren an diejenigen Abnehmer, mit denen sie in Geschäftsverbindung stehen, nach dem Umfang des laufenden Geschäfts wöchentlich oder in vierzehntägigem Turnus Lageraufstellungen über alles das senden, was noch auf Lager ist. Unter Hinzufügung der in der Zwischenzeit bestellten und abgenommenen Ware läßt sich ein zuverlässiger Überblick gewinnen über den vorhandenen Bestand und bietet neben praktischer Kontrolle über ausgehende Sorten zugleich eine sichere Unterlage für rechtzeitige Ergänzung knapp werdender Sorten durch zeitgerechte Verfügungen. Zur Vermeidung unnützer geldlicher Aufwendungen sollten nicht mehr Materialien eingekauft werden, als ausreichend für die Zeit erscheint, innerhalb welcher Ergänzungen ohne Schwierigkeit vorgenommen werden können. Selbstverständlich darf keine Geschäftsleitung so kleinlich sein, die Anschaffung von Materialien so einzuschränken, daß durch das Fehlen bzw. durch nicht rechtzeitigen Ersatz Stockungen eintreten.

Auf einer solchen Lageraufstellung sollte zunächst das Datum der Bestellung, dann das Quantum, schließlich die Sorte, das Format und, wenn es die Umstände erfordern, auch noch weitere Angaben verzeichnet stehen mit einer Hinzufügung, ob der Rohstoff zur Fabrikation noch in der Fabrik oder am Wohnort des Bestellers bei einem Spediteur eingelagert ist bzw. bei welchem. Das läßt sich ohne viel Schreiberei ganz leicht durch verabredete Zeichen, vielleicht durch Namensanfangsbuchstaben, bewerkstelligen. Die Lieferanten können die Ware nach deren Herausarbeitung in den meisten Fällen wegen Raummangel nicht bei sich behalten, sondern sind meist gezwungen, sie bei einem Spediteur am Wohnorte des Bestellers einzulagern. Dadurch gewinnen sie Raum für ihre anderen Erzeugnisse, und dem Abnehmer ist insofern gedient, als er bei Bedarf nur an den Fernsprecher zu gehen braucht, um vom Spediteur die Anlieferung der Ware zu verlangen.

Fertigstellungen herausgearbeiteter Papiere sollen von den Fabriken den Bestellern sogleich angezeigt werden und diese haben die Pflicht, solche auf den Lagerlisten zu vermerken, wodurch unnötige Anfragen über erfolgende Fertigstellung in Anfertigung befindlicher Sorten überflüssig werden.

In der Zwischenzeit verfügte Ware sollte als abgeliefert in den stets auf dem laufenden zu haltenden Lageraufstellungen, welche vom Warenempfänger peinlichst in Ordnung gehalten werden sollen, vorgemerkt und bei Auslieferung der Sendungen überhaupt auf der Liste gestrichen werden. Teillieferungen werden als solche durch Vermerk des gelieferten Quantums unter Beisetzung des Ablieferungsdatums bezeichnet, wodurch viel Zeit durch langes Nachsuchen erspart werden kann. Es wird dadurch das lästige und zeitraubende Durchsuchen der Rechnungen über bisher gelieferte Mengen vermieden.

Es kann vorkommen, daß es übersehen wurde, einen inzwischen eingegangenen Posten abzustreichen, mit dessen Vorhandensein noch gerechnet wird, obwohl er in Wirklichkeit längst verarbeitet ist.

Durch das System der Lagerlistenzustellung wird solchen Überraschungen wirksam vorgebeugt, da jedesmal die neu eingehenden Listen mit der letztgültigen verglichen werden müssen.

Dadurch kommt man Versehen sehr schnell auf die Spur und hat zudem eine bequeme Übersicht, ob die gelieferten Mengen den bestellten unter Hinzurechnung der gesetzlich festgesetzten Grenzen für Schwankungen bei Sonderanfertigungen entsprechen.

Durch Prüfung der Aufnahme und der Aufstellungen der Lieferanten läßt sich für die mit der Disposition betrauten Personen ein klares Bild des Lagerbestandes schaffen und Verfügungen je nach Maßnahme mit unfehlbarer Sicherheit treffen. Wenn solche Überblicke planmäßig geschaffen werden, ergeben sich daraus Vorteile sowohl für den Verbraucher als auch für den Fabrikanten. Dieser wird unter Umständen 14 Tage bis 3 Wochen vorher von der Dringlichkeit dieser oder jener Sorten in Kenntnis gesetzt werden können und kann sein Bestes tun, um seinen Abnehmer durch prompte Lieferung zu befriedigen.

Eingehende Sendungen sind sofort auf die Beschaffenheit des Inhalts und Übereinstimmung mit der Faktura hin zu prüfen, um nicht nur den handelsgesetzlichen Vorschriften zu genügen, sondern um damit auch dem eigenen Betriebe zu dienen, da für beanstandete Ware eventuell Ersatz auf diese Weise noch vor Bedarf der Ware zu beschaffen sein dürfte, wenigstens in den meisten Fällen. Eine gewissenhafte Nachprüfung ist unbedingt notwendig, um sich vor Schaden zu bewahren. Sehr zweckmäßig ist bei Lieferantenrechnungen die Einführung eines Nachschlagebuches, welches Preise für alle Materialien enthält. Die Anlage eines solchen bzw. die Einrichtung desselben wird von den praktischen Erfahrungen der die Kontrolle ausübenden Personen abhängen. Nicht jedes System wird für diesen Zweck passen, sofern aus der Lageraufstellung noch nicht ersichtlich ist, daß die Ware fertig ist oder sich in Arbeit befindet.

Die Rechnungsnachprüfung für eingehende Sendungen sollte in der Weise erfolgen, daß von den Rechnungen Zeichen und Herkunft von der kaufmännischen Leitung aus in ein dazu bestimmtes Eingangskontrollbuch eingetragen und bei Einlauf der Sendungen das Ergebnis der Prüfung am 1. und 2. Wahl sowie eventuell das Gewicht von der mit dem Auspacken betrauten Person genau festgestellt wird. Eine gewissenhafte Nachprüfung ist unbedingt notwendig, um sich vor Schaden zu bewahren.

Die unabhängig von der Originalrechnung erfolgte Eintragung wird mit der Berechnung des Lieferanten verglichen, wobei Nichtübereinstimmen sehr schnell festgestellt und zur Kenntnis der maßgebenden Stelle zur Veranlassung des weiteren gebracht werden kann. Auf diese Weise ist es auch unmöglich, Rechnungen zur Zahlung anzuweisen, deren berechnetes Gut womöglich noch gar nicht einmal angeliefert ist. Die Faktura wird mit dem Prüfungsvermerk für die Richtigkeit der Berechnung für die Lieferung versehen, und dann erst ist sie zur Buchung anzuweisen. Um aber nicht nur für die Technik nutzbringend zu arbeiten, sondern auch den kaufmännischen Teil nicht zu vernachlässigen, wird sich eine möglichst weitgehende Nachprüfung empfehlen. Es wird ein Nachschlagebuch eingerichtet, in welches alle für den Betrieb verarbeiteten

| Sorte | Format | Lieferant | in | Abschluß erfolgt | geliefert am | berechnet am | Preis DM | Preis Dpf. |
|---|---|---|---|---|---|---|---|---|
| | | | | | | | | |
| | | | | | | | | |
| | | | | | | | | |
| | | | | | | | | |
| | | | | | | | | |
| | | | | | | | | |
| | | | | | | | | |

Materiallieferungs- und Berechnungs-Kontrollbuch

**Lagerbestandsliste**

für die Firma: in Datum:

| Sorte | Format | bestellt am | fertiggestellt Menge | abgeliefert an | am | Bemerkungen |
|---|---|---|---|---|---|---|
| Holzfrei | 61×86 | 10. 1. 52 | 20 000 Bg. | | | mit 40 % ungebl. Cellulose |
| m'fein | 86×117 | 5. 1. 52 | 30 000 Bg. | | | wie am 10. 12. 52 gehabt |
| | | | | | | |
| | | | | | | |
| | | | | | | |
| | | | | | | |
| | | | | | | |
| | | | | | | |

Vordruck einer Lagerbestandsliste

| Datum der Bestandsaufnahme | Sorten-bezeichnung | Gewicht | Format | Lieferant | Menge | Sorten-bezeichnung | Format | Lieferant |
|---|---|---|---|---|---|---|---|---|
| 17. Jan. 1952 | Kunstdruck | 90 g | 70×100 | M. & Co. | | | | |
| | | | | | | | | |
| | | | | | | | | |
| | | | | | | | | |
| | | | | | | | | |

Wöchentliche Bestandsaufnahmeliste (zum Aushang bestimmt).

PAPIERSORTE: ..............................

| Datum der Aufnahme | Format | Gewicht (g) | Vorräte zur Verfügung | | Ballen-Nummern bei Sped.-Lagerung | Eingelagert bei Spediteur | Verwendungs-zweck | In Auftrag gegebene Neuanfertigungen | Bemerkungen |
|---|---|---|---|---|---|---|---|---|---|
| | | | auf Hauslager | auf Speditions- oder Lieferantenlager | | | | | |
| | | | | | | | | | |
| | | | | | | | | | |
| | | | | | | | | | |
| | | | | | | | | | |
| | | | | | | | | | |

Vordruck einer Papierbestands-Auskunftsliste.
Zu empfehlen ist die Benutzung von Karteikarten, und zwar für jede Lagersorte getrennt.

Sorten nach Datum der Bestellung, Art und Quantum des Stoffes unter Beifügung der Namen der Lieferanten eingetragen werden. Beisetzung des Preises schon in den Bestellscheinen erleichtert die Nachprüfung der Rechnungen bezüglich der Richtigkeit der in den Rechnungen angesetzten Preise. Etwaige Preisänderungen der Lieferanten müssen natürlich gewissenhaft sofort auch hier vorgenommen werden, andernfalls die Einrichtung wertlos ist. Derartige Anzeigen sollen nicht nur „zur gefl. Kenntnis" der Personen dienen, welche sie schwarz auf weiß in der Ankündigungen stehen sehen und sie dann mit dem üblichen Vermerk als erledigt versehen.

Aus dem Kontrollbuch werden die endgültig gelieferten, d. h. der einwandfreien wie der mit geringen Fehlern behafteten unter Preisnachlaß gelieferten immer aber noch bedingt verwendungsfähigen Warenmengen von 2. Wahl übertragen, ebenfalls stets unter Beisetzung des Tagesdatums der Lieferung.

Aus diesen Andeutungen ergibt sich mit Deutlichkeit die Notwendigkeit zur Führung notwendiger Hilfsbücher, ohne die es keine Organisation im Fabrikbetrieb für Warenerzeugung gibt.

Nur dann, wenn Hersteller und Verbraucher Hand in Hand gehen, wird sich eine angenehme Geschäftsverbindung schaffen lassen. Das sollten Fabrikant und Lieferant im eigenen Interesse beachten!

### *Das Platten- und Stempelbuch, ein Hilfsmittel zur Betriebsorganisation in Prägereien*

Wie der Kaufmann sich über seine Geschäftsvorgänge in seinen Büchern jederzeit Einblick verschaffen kann, so gibt es in den verschiedenen Industriezweigen der Papierverarbeitung gewisse Besonderheiten, die aus der eigenen Praxis heraus entstanden sind und dank ihrer Zweckmäßgkeit dazu dienen können, den Überblick über die vorhandenen Arbeitsmittel zu erleichtern. Eine solche organisatorische Maßnahme, wie sie in Betrieben mit umfangreicher Prägeeinrichtung anzutreffen sein sollte, ist das *Platten- und Stempelbuch.* Es dient dazu, über Vorhandensein, Zweck, Beschaffenheit usw. des Plattenmaterials jederzeit Aufschluß zu geben.

Um von Anfang an eine Übersicht zu gewinnen, welchen Bestand der Betrieb an Plattenmaterial für Prägezwecke hat — die wohl am meisten Anwendung findende Technik —, sei die Einrichtung und Führung eines Plattenbuches empfohlen. In dieses Buch wird jeder neuangeschaffte Stempel unter entsprechender laufender Nummer eingetragen, wobei die Art desselben, Material, Herstellungspreis, Verwendungszweck und Datum der Herstellung beigeschrieben wird. Sonstige Bemerkungen sollen in das Belieben oder das Erfordernis des

Geschäftsbetriebes gestellt werden. Gut ist es, um die Art des Stempels sofort erkennen zu können, eine kleine Skizze an Stelle der Bezeichnung zu setzen, weil durch das Betrachten solcher Kopien des Stempels dessen Verwendungszweck bedeutend besser in die Erinnerung gerufen wird.

Diese Einrichtung soll aber nicht jene Forderung ausschließen, von jedem Stempel sofort nach Einreihen in den Bestand einen negativen (schwarzen) Abdruck zu machen, sofern es sich um Reliefstempel handelt, andernfalls werden die positiven Abzüge den gleichen Zweck erfüllen. Die Hauptsache ist, daß man sofort erkennt, welchem Zweck der Stempel dienen soll.

Solche Abzüge sollen nun nicht nur aufgepappt werden und als Wandschmuck dienen, sondern ihre Verwendbarkeit läßt sich beträchtlich brauchbarer gestalten. Es hat sich in der Praxis bewährt, zum Zwecke des schnellen und zuverlässigen Auffindens Bücher anzulegen, in welche die Abdrücke mit den entsprechenden Nummern versehen eingeklebt werden, ähnlich wie in dem erwähnten Verzeichnis im Plattenbuch. Durch die Benutzung von Registerbüchern wird das Auffinden bestimmter Textstempel gleichfalls gefördert. Da das alphabetische Register für diesen Zweck als verfehlt zu betrachten wäre, muß es den besonderen Zwecken angepaßt werden, vielleicht durch Hinterkleben der Blätter mit Täfelchen, die einen entsprechenden Ausweis über den Inhalt der Seiten geben, wie beispielsweise „Glückwunschkartentexte deutsch, englisch, spanisch usw." Den gleichen Zweck wird man schließlich auch erreichen, wenn die Matrizen ebenfalls in kleinen, mit Aufschrift versehenen Kartons verstaut, in Fächern aufbewahrt werden. Dies aber ist insofern umständlich, als doch stets erst der Inhalt eines solchen Kartons aussortiert werden müßte, während fest aufgeklebte Abdrucke die Übersicht und das Auffinden des eingereihten Stempels erleichtern.

Derartige Bücher sollten stets in mehreren Exemplaren vorhanden sein. Eins davon muß an der Zentralstelle zu finden sein, um eine schnelle Auswahl treffen zu können. Ein Duplikatbuch, dessen Einrichtung dem Original in jeder Weise gleichkommt, sollte in den Abteilungen anzutreffen sein, welche die Stempel benötigen. Im Falle einer Bestellung braucht dann nur die Stempelnummer angegeben zu werden, um die Arbeit aufnehmen zu können.

Natürlich muß im Falle der Erweiterung der Kollektion durch neue Stempel die Sammlung sofort ergänzt werden, weil die sonst ungemein praktische Einrichtung durch die lückenhafte Durchführung illusorisch würde. Wir kommen nun zu der Behandlung der Stempel und wollen mit den Monogrammprägestempeln beginnen.

Vom Standpunkte des ordentlichen Fabrikanten betrachtet ist es zu empfehlen, bei jedem Stempel dessen laufende Nummer an der Vorderseite eingravieren zu lassen, sofern er räumlich beschränkt ist. Bei großen Platten ist das weniger ratsam, weil das Auffinden der kleinen Nummern nicht so einfach ist. Da hilft man sich, indem man die Plattennummern am besten mit einer roten — besonders wenn man die lokalen Verhältnisse, schlechte Beleuchtung u. a. in Betracht zieht —, jedenfalls aber leuchtenden Farbe an die Frontseite schreibt, wodurch ein Aufsuchen der Platten in den Regalen, die als Aufbewahrungsort dienen, bei der Instandhaltung der Lagerbücher in der Regel gefördert wird. Dieses mehr technische schließt nicht das kaufmännische Hilfsmittel aus, für den Praktiker ein Buch anzulegen, das die Nummer des Stempels, Material, Bezeichnung des Postens, Datum der Bestellung und Lieferung sowie den Preis enthält. Ein derartiges Buch ist als Nachschlagewerk zur Unterstützung der Arbeiten des technischen Personals unumgänglich notwendig.

Um nun hieraus auch praktischen Nutzen zu ziehen, sollte man die Matrize ebenfalls durch eine gleiche Aufschrift für ein bequemes Aufsuchen kenntlich machen. Von jedem Stempel sollte möglichst eine angeprägte Kontur (wo diese nicht vorhanden, ein Andruck, im äußersten Falle dürfte auch ein bereits geprägtes Muster genügen), in ein dazu bestimmtes Buch eingeklebt werden, dessen Einrichtung wesentlich einfacher sein kann, als wie wir es für die Aufnahme der Abdrücke von Textstempeln verlangen müssen, um bei Bedarf stets die gesuchte Auskunft darin finden zu können. Bei Monogrammstempeln wird zur Not auch eine Hammerskizze genügen, um etwa verlangte Stempel an Hand der Aufzeichnungen unmittelbar auffinden zu können.

In den soeben beschriebenen Sammelmappen sollte neben der Stempelnummer auch die aus der dazugehörigen Kontur ersichtliche Arbeitsnummer angegeben werden, weil dies das Auffinden von Nummern aus älteren Jahrgängen ungemein fördert. Sofern Warennummern bereits vorhanden sind, sollten auch diese neben der Angabe des betreffenden Jahrganges vermerkt werden. Es wird sich das in der Praxis als eine große Erleichterung bemerkbar machen. Mit kaufmännischer Promptheit durchgeführt, wird sich diese Einrichtung für jedes Unternehmen, das sich mit der Herstellung von Prägungen befaßt, als sehr zweckdienlich erweisen.

Im Falle des Abschleifens einer Platte ist es wünschenswert, das betreffende Datum möglichst groß und mit Farbstift einzuschreiben, damit kein Zweifel bestehen kann, daß die Platte nicht mehr vorhanden ist. Wo jegliche Weiterverwendung aussichtslos wird, wird wenigstens immer noch der reine Wert des Metalls zu erlösen sein. Auch finden sich hier und da einmal Liebhaber für derartige ausgediente Stücke, welche ganze Restbestände aufkaufen. Ob die nicht mehr verwendbaren Platten als Altmetall verkauft oder abgehobelt und neu graviert werden, hängt wohl ausschließlich von der Abnutzung bezw. der derzeitigen Stärke der Prägeplatten ab. Einmal entgeht sie jedoch nicht dem Los, „ausgedient" zu haben.

Die Vorbereitungen zum Zwecke des Abhobelns der Prägeplatten müssen mit besonderer Sorgfalt getroffen werden, um sich vor unliebsamen Enttäuschungen zu schützen. Diese bestehen darin, daß sich mehr oder minder große Warenbestände noch auf Lager befinden, die, wenn auch älteren Datums, sich schließlich in irgendeiner Form abgestoßen werden können, wenn die Platten noch vorhanden sind. Es ist zur Genüge bekannt, daß die weitaus meisten Luxusartikel, insbesondere Reliefplakate, Wandtaschen, Kalender, Rückwände, auf die Ausschmückung durch Reliefprägung zugeschnitten sind.

Um sich nun vor unliebsamen Enttäuschungen zu schützen, sollten zunächst von allen in Frage kommenden Nummern die Konturen, Andrücke oder Muster herausgelegt werden. Dann sollte eine Aufnahme des Lagerbestandes erfolgen, die hinter die zum Abschleifen bestimmte Nummern in ein eigens dazu bestimmtes Buch oder Liste eingesetzt wird. Von diesem Bestand sollte es, unter Einsichtnahme der letzten Verkaufsstatistiken, abhängig gemacht werden, ob die Platten endgültig ausgeschaltet werden sollen oder nicht. Im ersteren Falle muß in das soeben erwähnte Kontrollbuch das Datum eingesetzt werden, an welchem die Platte außer Kurs gesetzt wurde. Auf diese Weise — wenn die Aufnahme gewissenhaft gemacht wurde — wird sich so manche nachträgliche Überraschung vermeiden lassen.

Als ein Hilfsmittel zur Erleichterung in der Herausarbeitung gewisser Warengattungen, die auf dem Wege der Monogramm- und Tiefprägung hergestellt werden, empfiehlt sich die Anlage eines sogenannten Blockbuches. Von allen Stempelblöcken werden genaue Anprägungen gemacht, und zwar in solcher Größe, wie sie die Veranschaulichung der ganzen Stempelgröße bedingt. Unnötiges Fleisch an den Seiten wird direkt an der Prägung weggeschnitten und auf den Stempelabdruck dessen Nummer gesetzt. In ein nicht zu kleines, immerhin aber handliches Buch werden diese Abdrücke geklebt und darunter genügend Schreibraum gelassen. Dieser wird in der Weise benutzt, daß zunächst am Kopfe die Warennummer verzeichnet wird. Dann werden je nach dem Eingang der Aufträge die Endziffern der zu arbeitenden Posten eingesetzt unter Beifügung der Ordernummern. Daneben werden die zur Fabrikation mit dem betreffenden Stempel aufgegebenen Posten eingetragen. Ein Abschreiben der aus den Arbeitsräumen zurückempfangenen, fertig gearbeiteten Waren unter Beisetzung des Tagesdatums der Ablieferung ermöglicht eine unfehlbare Übersicht, welche Aufträge aus aufgearbeitetem Material erledigt werden können und was noch der Heranarbeitung bedarf.

Es läßt sich leicht berechnen, auf wie lange Zeit der Betrieb beschäftigt ist. Dadurch läßt sich ein zweckdienliches Mittel zur sachgemäßen Disposition in bezug auf Einteilung der Arbeit schaffen. Es sollte niemals an verkehrter Stelle gespart werden. Wenn der eine oder andere Verlagsartikel zu einem Schlager zu werden verspricht, so sollte möglichst bald eine Verdoppelung oder noch weitere Erhöhung des Plattenmaterials vorgenommen werden, um den gestellten Anforderungen bezüglich prompter und schneller Ablieferung der Ware Rechnung tragen zu können.

## *Stanzschnitte, Prägestempel und Platten — behandle sie pfleglich und bewahre sie auf!*

### *Ein Praktikum über die pflegliche Behandlung und sachgemäße Aufbewahrung von Stanzschnitten und Prägestempeln*

Wir werden aus kenntnisreichen Erfahrungen heraus einmal mit der Behandlung und Pflege von Werkzeugen der papierverarbeitenden Industrie einen Ausschnitt kennenlernen, der sich mit den betrieblichen Erfordernissen bei der Organisation der praktischen Arbeitsbetätigung mit Stanzmaschinen beschäftigt.

Dabei werden wir die Voraussetzungen kennenlernen bei der Ausübung des Stanzvorganges, die zu erfüllen erforderlich sind, für eine pflegliche Behandlung und die Aufbewahrung dieses hochwertigen Arbeitsmaterials.

*Materialpflege ist ebenso notwendig wie Maschinenpflege.* Sie ist in jedem Falle ein unabwendbares Erfordernis und eine betriebliche Notwendigkeit in jedem papierverarbeitenden Betrieb, auf die jeder Abteilungsleiter sein besonderes Augenmerk richten sollte.

Die Schonung des Arbeitsgerätes wird vorwiegend durch sachgemäße Arbeitsweise beim Stanzen erreicht. Zur Unterlage beim Stanzen bedient man sich entweder eines durch Eisenbänder zusammengehaltenen Holzklotzes (Hirnholz) oder einer Weichblechplatte oder schließlich sogenannter „Steinpappe“, die auch Stanzpappe genannt wird. Es ist dies eine außerordentlich harte Pappe, die in unterschiedlichen Stärken geliefert wird und die sich zu gedachtem Zweck sehr gut bewährt hat. Ihr Preis ist zwar etwas hoch, doch macht er sich durch die Ausdauer dieses Materials beim Stanzen wieder bezahlt. Neuerdings tritt auch Kunststoff in Erscheinung.

Damit nur ein mäßiger Verbrauch der Unterlage sowohl als auch eine Schonung des Schnittes erzielt werden soll, muß die Stanzmaschine so eingestellt oder betätigt werden, daß die Schnitte nicht zu tief in das Material eindringen. Denn je tiefer der Schnitt eindringt, um so eher wird er stumpf, die Unterlage durchschnitten und die Pappe zum ferneren Gebrauch unmöglich. Auch kann der Fall eintreten, daß der Schnitt ausbricht und die Arbeit des Stanzens unterbrochen werden muß, wodurch sich die Ablieferung verzögert, womöglich in unliebsamer Weise, wenn der Schnitt zur Reparatur nach außerhalb gegeben werden muß.

Damit der Schnitt beim Stanzvorgang leichter durch das auszustanzende Material dringt, wird er während des Stanzens öfters mit trockener Kernseife eingerieben. Bei solchen Sachen, die weniger empfindlich sind, kann man den Schnitt auch mit einem sauberen Öllappen einreiben, was beim Stanzen die gleichen guten Dienste leistet. Außerdem fallen auch die ausgestanzten Teile leichter aus dem Schnitt heraus, was die ganze Arbeitsweise beschleunigt. Letzteres wird durch die Form des Schnittes und die Stärke der Stanzlagen erheblich beeinflußt. Wie stark die Lagen beim Stanzen genommen werden können, wird sich nach einigem Probieren bald zeigen. Bei reichgeformten Schnitten müssen sie meist schwächer sein. Im allgemeinen müssen die Schnitte nach oben mäßig auseinander streben, die Schneide nicht zu dünn und nach außen angeschliffen sein. Gute Schnittbauer geben dem Schnitt schon die zweckmäßigen Formen, die für seine Haltbarkeit wichtig sind, wenn man ihnen einen Bogen des auszustanzenden Materials einsendet, aus dem sie ersehen können, in welcher Art und Dichte die einzelnen Nutzen zusammenstehen. Denn dies ist wichtig, um einerseits entsprechend starke Lagen beim Stanzen nehmen zu können, ohne daß die danebenstehenden Nutzen beschädigt werden.

Die Schnitte selbst werden zweckmäßig an einem Wandbrett aufgehängt, mit der Schnittseite nach dem Brett gekehrt. Wo viele Schnitte vorhanden sind, trägt man sie unter Beiklebung eines Musters in ein besonders Buch ein, gibt ihnen je eine Nummer, die man beim Schnittmacher gleich mit in den Schnitt selbst einschlagen lassen kann. So ist eine rasche Bezeichnung auf den Arbeitszetteln jederzeit möglich.

Die Stanzwerkzeuge sollten, ebenso wie deren Unterlagen, von Zeit zu Zeit mit trockener Kernseife eingerieben oder in heißes Stearin getaucht werden, damit die Eisen vor Rost geschützt werden und beim Gebrauch besser durch das Material dringen. Nach Gebrauch ölt man die Eisen leicht ein. Um Staubansätze zu vermeiden, wickelt man sie in Papier und klebt ein mit dem Eisen ausgestanztes Blatt darauf, auf das natürlich die betreffende Nummer verzeichnet werden muß. Da von Stanzmessern meistens ganze Sätze angeschafft werden, tut man gut, diese zusammen in je einem Karton aufzubewahren. Die einzelnen Stücke müssen selbstredend numeriert sein, der Inhalt jeder Schachtel ist auf ihrer Außenseite kenntlich zu machen. Das Auffinden des jeweils benötigten Schnittes ergibt sich dann aus dem Musterbuch unter Berücksichtigung der nachstehend gegebenen Hinweise für dessen Einrichtung.

In größeren Papierverarbeitungsbetrieben, wo viele Ausschlag- und Stanzwerkzeuge vorhanden sind, fehlt es nicht selten an der nötigen Übersicht, weil die Aufbewahrung der Werkzeuge jeder Ordnung entbehrt.

Um Zeitverluste zu vermeiden, müssen Stanzschnitte usw. übersichtlich nach Form, Zweck und Größe gruppiert werden. Man lege hierfür ein oder mehrere Bücher an, in welche man Ausschnitte aus farbigem Papier von jedem vorhandenen Schnittwerkzeug einklebt. Zur Erleichterung der Übersicht teilt man die Werkzeuge in Gruppen ein, z. B. Stanzschnitte für Etiketten, Beutel, Schilder, Kartonagen, Briefumschläge usw. Etikettenstanzschnitte versieht man mit den laufenden Nummern von z. B. 1 bis 99, Beutelschnitte von 201 bis 299, so daß also jede Gruppe möglichst andere Hunderte erhält. Im Buch selbst, welches das eigentliche Verzeichnis der Schnitte bildet, wird bei jedem einzelnen Schnitt hinzugefügt, zu welchen Arbeiten er bisher gedient hat oder bestimmt ist, z. B. Schnitt Nr. 72, Löwenbräu, München.

Das Gruppenzeichen und die laufende Nummer werden am besten auf zähen Manilakarton gedruckt und an den Schnittwerkzeugen mittels Bindfaden befestigt, so daß sie nun in regelrechter Folge aufbewahrt werden können. Dies geschieht am praktischsten durch Aufhängen an größeren Wandbrettern, falls nicht besondere Vorratsschränke zur Verfügung stehen. Jedes Brett oder jeder Schrank trägt deutlich die Bezeichnung der Gruppe, die dort Platz gefunden hat, sowie die Nummern. Die Schnüre, welche die Nummern des Werkzeuges tragen, werden so geknüpft, daß man sie nur um das Werkzeug herumzuschlingen braucht. Ist das Werkzeug in Gebrauch, so hängt seine Nummer am Aufbewahrungsbrett, in großen Fabriken mit einem Vermerk darüber, wo der Schnitt in Gebrauch ist. Wird ein Werkzeug zum Schleifen geschickt, so wird ebenfalls ein entsprechender Vermerk auf einen Zettel gemacht, welchen man am Werkzeugbrett an der betreffenden Stelle befestigt hat, bis der Schnitt zurückkommt.

Solche Werkzeugbretter oder Schränke bringe man nur an trockenen Stellen der Werkstatt an, die im Winter geheizt werden. Wischt man die Schnitte alle Vierteljahre einmal mit einem Öllappen ab, so ist das dem Werkzeug von Vorteil.

*Die Aufbewahrung der Prägestempel*

Die Prägestempel sind für die Anstalten, welche diese Technik pflegen, ein sehr kostbares Material, das besonderer Wartung bedarf, um bei Gebrauch sofort wieder einsatzbereit zu sein. Jedes Material verlangt eine besondere Behandlung, um gegen Verderben geschützt zu sein. Auch das Stempel- und Plattenmaterial, das allerdings gegen äußere Einflüsse weniger empfindlich ist, als es vielleicht flüchtige Stoffe oder solche sind, deren Form als leicht zerbrechlich bezeichnet werden kann.

Die Prägestempel können zu den verschiedensten Zwecken hergerichtet werden, zu Heiß-, Monogramm-, Reliefprägedruck usw.

Die Einrichtung jeder Prägeanstalt ist oft mit bedeutenden Kosten verbunden, nicht nur in den maschinellen Einrichtungen, sondern auch in dem Anschaffen des erforderlichen Plattenmaterials steckt ein beträchtliches Kapital. Besonders kostspielig ist die Anschaffung der Stempel mit den eigentlichen Monogrammen für Briefpapiere aller Art.

Wenn man bedenkt, daß bei Bestellungen jeder Buchstabe verschlungen oder zusammengefügt sich mit dem einzelnen Buchstaben des 25 Zeichen umfassenden Alphabetes wiederholen könnte, und zur Auswahl doch mindestens vier bis fünf verschiedene Schriftarten oder Größen am Lager sein müssen, so kann man sich einen ungefähren Begriff davon machen, welche Aufwendungen erforderlich sind.

Es wird nun nicht gerade notwendig sein, jeden Auftrag eines Kunden sogleich aus vorhandenem Lagermaterial zu erledigen. Je nach Wunsch und Geschmack des Kunden wird man einen Prägestempel extra anfertigen lassen. Da man dem Kunden vor Ausführung der Gravur eine Pause oder Skizze zur Genehmigung vorlegen wird, so hat diese Einrichtung noch den Vorteil, daß etwa noch nachträglich geäußerte Wünsche des Bestellers rechtzeitig berücksichtigt werden können.

Mit der Zeit wird sich eine ganze Reihe solcher Bestellungen anhäufen, und man kann es dem praktischen Geschäftsmann nicht verargen, wenn mit den Kosten der Gravur selbstverständlich das Konto des Bestellers belastet wird.

Prägeplatten für Monogrammzwecke bestehen am vorteilhaftesten aus Messing, weil diese Legierung aus Kupfer und Zink dem Meißel des Graveurs am besten nachgibt. Prägeplatten mit Schneidelinien sind in Stahl herzustellen, ohne solche auch in Rotguß. Stahlplatten müssen eine durchschnittliche Stärke von 22 mm haben, Rotgußplatten können schwächer sein.

## *Behandlung der Stempel während des Prägens*

Bevor das zu prägende Papier auf die Platte gelegt wird, muß diese mittels einer kräftigen, dichtborstigen Bürste, welche zuvor in Talkum gedrückt oder über eine ölgetränkte Pappe gestrichen wurde, mehrmals überfahren werden, um das Anhaften etwaiger feuchter Stellen zu verhindern. Wird das Papier nur reliefgeprägt, so besteht die Arbeit nur aus dem Auflegen des Papiers entweder nach vorgezeichneter Linie oder über Punkturnadeln. Hiernach wird die Matrize mit den Stiften in die Führungslöcher eingeführt, und dann erfolgt der Druck. Reliefplatten und Schneidelinien sind in gleicher Weise zu behandeln, nur ist nach dem Auflegen des Papiers eine Stanzpappe daraufzulegen, und dann Druck zu geben, um zunächst das Papier zu durchschneiden.

Nach Abheben der Stanzplatte ist der äußerste Papierabfall sorgsam zu entfernen und dann die Matrizenplatte aufzulegen. Größere, ausgeschnittene Teile lassen sich leicht von der Platte abheben, kleinere Teile haften jedoch fest und müssen, soweit sie der Ausbürstung widerstehen, mit der Ahle ausgehoben werden.

Wenn feine Konturstempel sich während des Prägens vollsetzen, lassen sie sich reinigen, indem man sie noch in der heißen Presse mit Salmiakgeist ausbürstet. Nach Gebrauch werden die Platten von aller anhaftenden Farbe durch Auswischen mittels Seidenpapier gereinigt, nötigenfalls unter Zusatz von etwas Terpentin.

## *Das Ablegen der Stempel*

Nach dem Gebrauch legt man die meist kleinen Platten in staubdichte Stempelschränke ab, die flaches Auslegen der Stempel auf Schiebebrettern ermöglichen. Zum Zwecke der Übersicht geben Tafeln den Inhalt der Lagen an. Das Übereinanderschichten der Stempel muß vermieden werden, weil diese sonst leicht zerscheuert und dadurch entwertet werden. Für Flachdruckstempel, wie sie zur Herstellung von Heißdruckarbeiten auf der Kniehebelpresse benötigt werden, sollten zusammenhängende Sätze vermieden und nötigenfalls die Stempel auseinandergeschnitten werden. So lassen sich viele Verbindungen schaffen und Sonderanfertigen von Stempeln häufig vermeiden.

Nach jedesmaligem Gebrauch sind auch diese Stempel, die aus Messing oder Rotguß bestehen, vor dem Ablegen zu säubern. Schrift- und Prägestempel kann man nach Benutzung in eine Lösung von kaustischer Soda und warmem Wasser legen und über Nacht darin liegen lassen. Die scharf ätzende Lösung wird dann fortgegossen. (Bei der Berührung mit den Händen ist jedoch Vorsicht geboten wegen der Giftigkeit der Lösung.) Nun gießt man wiederholt warmes Wasser über die Stempel, reinigt sie vollends mit einer harten Bürste und trocknet sie gut.

### *Die Aufbewahrung der Platten*

Die Räume, in welchen Stempel aufbewahrt werden, dürfen nicht feucht sein, weil die Metalle sonst oxydieren. Der durch diese chemische Zersetzung entstehende Rost greift die Stempel ungemein an, besonders rasch werden dadurch kleine, zarte Gravuren beschädigt. Das Reinigen der Stempel mit Terpentin soll zwar dem Übel steuern, da jegliche Schmutzansätze entfernt werden, doch müssen die Stempel dann auch sehr gut getrocknet werden, weil sich andererseits gerade durch die Feuchtigkeit Oxyd ansetzt und somit das Gegenteil von dem erreicht wird, was man erzielen wollte.

Das trifft auch für die Buchdruckklischees zu, welche am besten vermittelst Kreosot vor Schaden zu bewahren sind. Dieses Mittel entfernt jeden Schmutz, und zudem schützt es die Fläche vor Verrosten und Schimmelbildung. Oxydflecke auf Zinkklischees sind auf leichte Weise dadurch zu entfernen, daß sie mittels eines nicht zu weichen Radiergummis tüchtig abgerieben werden. Die im Gummi befindlichen Sand- bzw. Glasteilchen bewirken, ähnlich wie beim Schmirgelpapier, die Abnahme der Oxydflecke, ohne daß die Zeichnung beschädigt wird, während bei der Benutzung von Schmirgelpapier oder Schmirgelleinen die Zeichnung leidet; dessen Benutzung erfordert große Vorsicht und Verständnis. Der Radiergummi dringt bei seiner Elastizität auch zwischen die Striche der Zeichnung, entfernt sämtliches Oxyd, ohne eine Beschädigung herbeizuführen. Es ist ferner absolut erforderlich, die Stücke nach Gebrauch mit Vaseline einzufetten.

Wer seiner Sache nicht ganz sicher ist, daß die Lagerräume auch genügend ausgetrocknet sind, der tauche die Stempel und Platten in heißgemachtes Stearin, um sie vor Oxyd und Rost zu schützen.

Große Stahlstempel werden in Regalen aufbewahrt, wodurch die Gravur gegen äußere Einflüsse geschützt ist. Sie können, falls die Bretter stark genug sind, zu mehreren Exemplaren übereinandergeschichtet werden. Etwaige Folgen äußerer Einflüsse lassen sich häufig durch Abreiben mit Sandpapier beseitigen.

Sind die Lagerräume nicht völlig trocken, so überziehe man die Platten leicht mit Vaseline. Gegen das Einfetten wird die auf dem

Stempel eingepaßte Matrize durch Zwischenlegen eines Blattes Pergamentpapier geschützt. Die Oxydation der Metallprägeplatten aus Zink, Messing, Kupfer usw. macht sich selbst schon nach kurzer Zeit bei ganz neuen Platten, Schriften und dergleichen in der Art bemerkbar, daß sich der schöne Glanz und die Glätte verliert, so daß zum Beispiel beim Prägen auf Gold kein besonderer Hochglanz mehr erzielt wird.

Kommt das neue oder schon gebrauchte Prägematerial in feuchte Lagerräume oder in Kästen von nicht ganz ausgetrocknetem Holz, dann oxydiert das Metall in kürzester Zeit. Nicht ganz säurefreie Farben oder zu prägende Stoffe, Papier usw. verursachen mit der Zeit ebenfalls das Oxydieren, ja selbst säurehaltige oder unreine Dämpfe, feuchte Luft und Dünste sind gleichfalls nachteilig, weshalb solche Arbeitsräume zur Aufstellung von Prägemaschinen oder zum Lagern des Prägematerials ungeeignet sind.

Als *Konservierungsmittel der Platten* dient die gelbe Vaseline. Die weiße und gebleichte Vaseline ist deshalb unbrauchbar, weil sie vermittelst Schwefelsäure gebleicht wurde und noch geringe Spuren der Säure vorhanden sind, die dann das Metall angreifen, d. h. Oxyd hervorbringen. Gelbe Vaseline wird mit soviel Paraffin vermischt, daß eine leichte streichbare Paste entsteht, mit welcher die Platten ganz mager eingerieben werden. Es genügt ein Hauch, um eine ausreichende Schutzschicht zu erhalten. Alte und neue Platten sind mit diesem Mittel zu schützen. Man entfernt es durch Abreiben mit einem weichen reinen Tuch, das mit etwas Terpentinöl oder Petroleum befeuchtet wird.

*Gebrauchte Platten* müssen vor dem Bestreichen von anhaftenden Papier-, Leim- oder Goldteilchen befreit werden, weil sich unter solchen Verunreinigungen das Oxydieren einstellt. Während auf kleine Stempel die Nummer an irgendeiner Seite eingraviert wird, schreibt man auf großen Platten die Plattennummern mit roter oder anderer leuchtender Farbe an die Stirnseite, um ihr Auffinden zu erleichtern. Ähnlich sind die Matrizen kenntlich zu machen und aufzubewahren. Das über Aufbewahrung der Stempel Gesagte gilt auch für das Stanzmaterial.

*Ausschalten unbrauchbarer Platten.* Platten, deren Weiterverwendung trotz bester Zurichtung unmöglich ist, werden als Altmetall verkauft. Wenn es jedoch die Stärke der Platten erlaubt, so ist es zweckmäßig, sie abzuhobeln und zur Wiederverwendung geeignet zu machen. Bevor man aber eine Prägeplatte ausschaltet, prüfe man genau, ob sich nicht halbfertige Warenbestände auf Lager befinden, die ohne diese Platte nicht fertiggestellt werden können.

## Dicke-Bestimmung „federleichter“ Werkdruckpapiere

*(Mit Hilfe des spezifischen Gewichtes)*

Die Bezeichnung „federleicht“ Werkdruckpapier sollte durch die Grenzwerte seines spezifischen Gewichts in Zukunft eindeutig bestimmt werden.

Bisher gibt es noch keine Bestimmung, die den Begriff „federleicht“ zahlenmäßig festlegt, und es kann daher jeder ein Papier auf diese Art bezeichnen und ohne Gefahr zu laufen, seinen Kunden ein Papier mit dieser besonderen Eigenschaft anbieten, selbst wenn es nicht auftragend gearbeitet worden ist. Es werden tatsächlich sehr viele Sorten mit der Bezeichnung „federleicht“, „auftragend“ usw. oder ähnlich verkauft, die diese Eigenschaft gar nicht oder in nur sehr beschränktem Maße besitzen, und es ist daher aus diesem Grunde durchaus dringend notwendig, der rein willkürlichen Bezeichnung eine Zahl beizufügen, die klar und deutlich erkennen läßt, in welchem Verhältnis die Dicke eines Papiers zu seinem Gewicht steht.

Unter den Fachleuten besteht mitunter die Ansicht, daß die Bezeichnung „federleicht“ eigentlich nur für die hochwertigsten Qualitäten angewendet werden sollte, und daß alle anderen weniger auftragend gearbeiteten Papiere nur die Bezeichnung „Dickdruckpapier“ erhalten. Eventuell könnte die niedrigste Gruppe dieser Sorten dann noch mit „extra rauh“ oder „auftragend“ benannt werden. Die Erfahrung hat aber allgemein gelehrt, daß fast niemand diese Qualitätsbezeichnung eingehalten hat und fast jeder Papiergroßhändler und Fabrikant ganz nach Willkür seine Druckpapiere bezeichnet. Der Verleger, der gerade diese Sorten in großen Mengen verbraucht, und der Drucker benennen diese Papiere durchweg mit „federleicht“, da sie eben dahinter gekommen sind, daß dieser oder jener Lieferant Sorten mit vielversprechenden Eigenschaften anbietet, obwohl sie nicht voluminöser sind als andere Qualitäten, die nur die Bezeichnung „federleicht“ besitzen.

Ich möchte daher wiederholt anregen, alle locker gearbeiteten Werkdruckpapiere, auch die weniger auftragenden, mit der kurzen Bezeichnung „federleicht“ zu versehen, die eben nur kennzeichnen soll, daß es sich nicht um ein einfaches Werkdruckpapier handelt, sondern um eine Sorte, die bei gleicher Bogenhöhe verglichen mit einem nicht auftragend gearbeiteten Papier ein bedeutend niedrigeres Gewicht aufweist. Und erst zur Bestimmung des Grades, wie hoch das Volumen des betreffenden Papiers ist, ob es günstiger oder ungünstiger ist als ein anderes, ist dieser Sortenbezeichnung das spezifische Gewicht hinzuzufügen, das als Verhältnis einwandfrei eine Beurteilung in dieser Hinsicht gestattet.

Das spezifische Gewicht eines Papiers findet man bekanntlich nach folgender Formel:

$$s = \frac{\text{Quadratmetergewicht}}{\text{Dicke} \times 1000}$$

Ein Papier im Gewicht von 75 g/qm, das eine Dicke von 0,15 mm aufweist, hat demnach das spezifische Gewicht 0,50.

Es ist augenscheinlich und auch der obigen Formel zu entnehmen, daß das Volumen eines Papieres um so günstiger, als um so höher ist, je niedriger das spezifische Gewicht ausfällt. Das Gewicht pro Quadratmeter spielt hierbei natürlich keine Rolle. An der zahlenmäßigen Bezeichnung ist also sofort zu erkennen, ob der Stoff im Volumen günstig ist oder nicht.

Außerdem besitzt das spezifische Gewicht weitere Vorteile, die namentlich in der Möglichkeit liegen, die Verschiedenheit der rein individuellen Messung mittels Mikrometers erheblich herabzudrücken, da der Apparat eben nur einmal zur Feststellung des spezifischen Gewichts benutzt wird, während es bewiesen ist, daß das Resultat einer Messung vollkommen abhängig ist von der Hand des Prüfenden und das Ergebnis dabei um so verschiedener ausfällt, je mehr Personen das Papier auf Bogenhöhe untersuchen.

In den meisten Fällen stellte man mit Hilfe des Mikrometers die Bogenhöhe des betreffenden Papieres fest und errechnete hieraus durch Multiplizieren mit der Blattzahl die Dicke des Bandes. Dieses Verfahren ist sehr umständlich, da man nicht immer ein Mikrometer bei sich hat und vor allen Dingen in den Fällen, bei denen es darauf ankommt, die Dicke eines Papieres zu finden, von dem man nur ein Muster in einem *anderen* Gewicht als dem gewünschten — oder gar keine Probe besitzt — geradezu unmöglich. Sodann gibt das Berechnen mit dem Mikrometer nicht immer ein richtiges Bild, da das Papier beim Bedrucken, beim Binden und vor allen Dingen auch beim Beschneiden nicht unerheblich an Volumen einbüßt.

Außerdem ist das Messen selbst, namentlich bei dem Handapparat, eine reine Gefühlssache, denn jeder Mensch hat schließlich eine andere Gewohnheit, die Meßschraube des Instrumentes zu drehen, der eine tut es schnell und kräftig, so daß er die Faser viel zu stark zusammenpreßt und dabei eine niedrige Bogenhöhe erreicht, während ein anderer die Schraube leicht und locker bedient, um eine möglichst große Dicke zu erzielen.

Dasselbe gilt schließlich auch für das Automatik-Mikrometer, wobei es ebenfalls in der Hand des Prüfenden liegt, bei federleichten Werkdruckpapieren die Bogenhöhe nach oben oder unten um eine Kleinigkeit zu verändern, indem man eben den in Tätigkeit zu setzenden Hebel langsam oder schnell herabfallen läßt oder ihm sogar noch einen kleinen Nachdruck verleiht.

Eine andere Art, die Dicke eines Bandes zu veranschaulichen, ist die, daß man von dem betreffenden Papier einen Probeband herstellt. Diese Möglichkeit besteht aber nur selten, da die meisten Papiere für Massenauflagen erst angefertigt werden müssen und dem Papiergroßhändler nicht von allen Mustern der verschiedenen Fabriken auch gleich Planobogen zur Verfügung stehen.

Auch wenn dieses der Fall wäre, so tritt doch sehr oft unvorhergesehen die Frage auf, wie dick nun der Band wird, wenn man das Gewicht des Papieres um 15% verringert oder erhöht.

Ein schnelles Beantworten dieser Frage ist nach den obigen Berechnungsarten nicht möglich.

Für alle diese Berechnungen ist daher die Anwendung des spezifischen Gewichtes eine geradezu ideale Lösung, denn man kann mit dieser Zahl vollkommen unabhängig von Papiermuster, Mikrometer und Probeband arbeiten.

Die Bogenhöhe spielte früher gar keine besondere Rolle, denn es gab zwischen zwei verschiedenen Fabrikaten, die im selben Gewicht gearbeitet waren, fast gar keinen belangreichen Unterschied hinsichtlich der Dicke. Bei allen Anfertigungen war lediglich das Quadratmetergewicht maßgebend und ein „70-Gramm-Papier", zum Beispiel, war eben immer ein „70-Gramm-Papier". Aber von der Zeit an, als man durch geeignete Stoffzusammensetzung ein Papier besonders voluminös arbeitete, konnte man sich von einem Papier, von dem man nur die Angabe des Gewichtes hatte, keine Vorstellung in bezug auf die Bogenhöhe machen.

Es wurde also notwendig, sich immer einen Probeband herzustellen oder durch Mikrometermessungen jeweilig die Bogenhöhe eines Papieres und hieraus dann die Dicke eines ganzen Bandes zu errechnen. Unangenehm und unmöglich ist die Lösung dieser Aufgabe, wenn man ein Papiermuster in dem gewünschten Gewicht nicht besitzt.

Ein unvergleichlicher Vorteil in der Berechnungsart mit Hilfe des spezifischen Gewichtes liegt aber gerade darin, daß man wohl nur einmalig für die Errechnung des spezifischen Gewichts das Mikrometer benötigt, aber dann für alle weiteren Feststellungen vollkommen unabhängig hiervon und auch vom Papiermuster arbeiten kann. Und dieses Verfahren kommt für alle Fabriken, Papiergroßhändler und Verleger in Frage, die ständig mit Leichtdruckpapier arbeiten, und ganz besonders für diejenigen, welche sich nur auf wenige Qualitäten beschränken.

Die Fabrik selbst wird für gewöhnlich zwei bis drei, höchstens vier verschiedene Sorten Dickdruck arbeiten.

Der Großhändler hält auch nicht mehr auf Lager, z. B. eine Sorte echt englisch Alfapapier, dann ein deutsches Alfapapier und schließlich eine oder zwei Sorten holzfrei federleicht Werkdruckpapier mit verschiedenen Zusätzen von Alfa- oder Espartofaser. Jede dieser Sorten wird dann weiter in verschiedenen Gewichten und Formaten gelagert, jedoch ist es nur notwendig, daß man von einzelnen Fabrikaten, in diesem Beispiel viermal, das spezifische Gewicht errechnet.

Man hat dann für immer die Grundlage für alle überhaupt möglichen Fälle von Berechnungen, die in der obenerwähnten Art vorkommen.

Ebenso gilt dieses für den Verleger, der bei Herausgabe von Bücherserien entweder darauf achtet, daß sämtliche Werke, auf ein und derselben Papiersorte gedruckt, von verschiedenem Seitenumfange, eine gleichbleibende Einbandstärke aufweisen. Hier stellt er mit Hilfe des spezifischen Gewichtes das Quadratmetergewicht des für die einzelnen Werke zur Verwendung gelangenden Papieres fest.

Oder aber er kann die Einbandstärke vorausbestimmen bei gleichbleibender Qualität und bei gleichem Grammgewicht, jedoch verschiedene Seitenanzahl. Dieser Fall tritt ein, wenn der Verleger wegen eines möglichst billigen Preises einen Abschluß auf eine bestimmte Qualität bei ein und demselben Gewicht mit einem Lieferanten getätigt hat und daher gezwungen ist, sämtliche in der betreffenden Serie erscheinenden Werke von verschiedenem Umfange auf dem gleichen Papier zu drucken.

Schließlich kommt es auch vor, daß man die Seitenzahl sucht, die ein in der Dicke vorgeschriebener Band haben würde bei Verwendung eines Papieres von bestimmtem Gewicht. Dieser Fall tritt jedoch nur selten ein, aber auch er ist mit Hilfe des spezifischen Gewichtes zu erledigen.

Wie man das spezifische Gewicht feststellt und wie man mit seiner Hilfe alle Berechnungen anstellt, die sich auf das Gewicht und die Dicke eines Papieres und schließlich auch eines ganzen Bandes beziehen, habe ich bereits gezeigt.

Sucht man das spezifische Gewicht eines Papieres, so dividiert man sein Quadratmetergewicht durch die Dicke. Die Bogenhöhe findet man, wenn das Quadratmetergewicht durch das spezifische Gewicht dividiert wird. Und schließlich erhält man das Quadratmetergewicht durch Multiplizieren der Dicke mit dem spezifischen Gewicht. Das Resultat muß man dann, wenn man mathematisch auch ganz genau vorgehen will, noch mit 1000 multiplizieren, um wieder auf die richtige Einheit zurückzukommen.

Von dem Wunsche geleitet, die von mir gegebene Anregung, für die ungenaue Bezeichnung „federleicht“ eine eindeutige Bestimmung zu

| spez. Gewicht | 55 | 60 | 65 | 70 | 75 | 80 | 85 | 90 | 95 | 100 | 105 | 110 | 115 | 120 g/qm |
|---|---|---|---|---|---|---|---|---|---|---|---|---|---|---|
| 0.70 | 0.078 | 0.086 | 0.093 | 0.100 | 0.107 | 0.114 | 0.121 | 0.128 | 0.136 | 0.143 | 0.150 | 0.157 | 0.164 | 0.171 |
| 0.68 | 0.081 | 0.088 | 0.095 | 0.103 | 0.110 | 0.117 | 0.125 | 0.132 | 0.140 | 0.147 | 0.154 | 0.162 | 0.169 | 0.176 |
| 0.65 | 0.085 | 0.092 | 0.100 | 0.108 | 0.115 | 0.123 | 0.131 | 0.138 | 0.146 | 0.154 | 0.161 | 0.169 | 0.177 | 0.185 |
| 0.62 | 0.089 | 0.097 | 0.105 | 0.113 | 0.121 | 0.129 | 0.137 | 0.145 | 0.153 | 0.161 | 0.169 | 0.177 | 0.185 | 0.193 |
| 0.60 | 0.092 | 0.100 | 0.108 | 0.117 | 0.125 | 0.133 | 0.142 | 0.150 | 0.158 | 0.167 | 0.175 | 0.183 | 0.191 | 0.200 |
| 0.58 | 0.098 | 0.103 | 0.116 | 0.121 | 0.134 | 0.138 | 0.146 | 0.155 | 0.164 | 0.172 | 0.181 | 0.190 | 0 198 | 0,207 |
| 0.55 | 0.100 | 0.109 | 0.118 | 0.127 | 0.136 | 0.145 | 0.154 | 0.162 | 0.173 | 0.182 | 0.191 | 0.200 | 0.209 | 0.218 |
| 0.52 | 0.106 | 0.115 | 0.125 | 0.135 | 0.144 | 0.155 | 0.163 | 0.173 | 0.183 | 0.192 | 0.202 | 0.211 | 0.221 | 0.230 |
| 0.50 | 0.110 | 0.120 | 0.130 | 0.140 | 0.150 | 0.160 | 0.170 | 0.180 | 0.190 | 0.200 | 0.210 | 0.220 | 0.230 | 0.240 |
| 0.48 | 0.115 | 0.125 | 0.135 | 0.146 | 0.156 | 0.170 | 0.177 | 0.187 | 0.198 | 0.208 | 0.219 | 0.229 | 0.240 | 0.250 |
| 0.45 | 0.122 | 0.133 | 0.144 | 0.155 | 0.166 | 0.177 | 0.189 | 0.200 | 0.211 | 0.222 | 0.233 | 0.244 | 0.255 | 0.267 |
| 0.42 | 0.131 | 0.143 | 0.155 | 0.166 | 0.178 | 0.190 | 0.202 | 0.214 | 0.226 | 0.238 | 0.250 | 0.262 | 0.274 | 0.286 |
| 0,40 | 0.137 | 0.150 | 0.162 | 0.175 | 0.187 | 0.200 | 0.212 | 0.225 | 0.237 | 0.250 | 0.262 | 0.275 | 0.287 | 0.300 |
| 0.38 | 0.145 | 0.158 | 0.171 | 0.184 | 0.197 | 0.210 | 0.224 | 0.237 | 0.250 | 0.263 | 0.276 | 0.289 | 0.303 | 0.316 |

Inhalt der Tabelle: Bogenhöhe in mm.

finden, selbst zu erfüllen, habe ich zu diesem Zweck verschiedene Nomogramme und Tabellen aufgestellt, wie auch die vorstehende.

Die linke Seite gibt von oben nach unten ansteigend das spezifische Gewicht an. Die erste obere Reihe der Tabelle zeigt von links nach rechts sich erhöhend die Bogenhöhe in Millimeter. In der Tabelle (1) selbst ist das Grammgewicht per Quadratmeter enthalten.

Zur Lösung einer Aufgabe ist es notwendig, daß einem zwei Größen eines Papieres bekannt sind, während man vollkommen ohne Rechnung die gesuchte Größe aus der Tabelle ablesen kann. Besitzt man z. B. die Angabe des spezifischen Gewichts und der Bogenhöhe eines Papieres, so sucht man sein Gewicht. Das Resultat, das Quadratmetergewicht, welches man nach Umstellen der obigen Formel des spezifischen Gewichts durch Multiplikation des spezifischen Gewichts mit der Bogenhöhe mal 1000 erhält, steht in dem Feld der Tabelle, das sich durch Kreuzen der horizontal nach rechts laufenden Zeile des spezifischen Gewichts und der senkrecht nach unten geschlagenen Linie von der Bogenhöhe ergibt.

Selbstverständlich kann man eine Lösung auch umgekehrt vornehmen. Die erste Zeile in der Tabelle enthält im 12. Feld das Grammgewicht 80. Bei einer Bogenhöhe von etwa 0,21 mm — die Zahl, die diese Spalte nach oben abschließt — wäre das spezifische Gewicht dieses Papieres 0,38 — die Zahl, die die Reihe links beendet. Da dieses Volumen nach meiner Erfahrung bisher nur von einem erstklassigen Alfapapier, meistens englicher Herkunft, erreicht wird und bisher noch von keinem Fabrikat in diesem Gewicht übertroffen worden ist, so behaupte ich, daß das spezifische Gewicht 0,38 die unterste Grenze für Papiere überhaupt und besonders für Sorten darstellt, die mit der Eigenschaft „federleicht" verkauft werden sollen.

Nach oben hin ist das spezifische Gewicht für Papiere selbstverständlich auch begrenzt. Für federleichte Sorten habe ich diese Begrenzung nun auf folgende Art und Weise gefunden.

Ein gewöhnliches Werkdruckpapier, vielleicht etwas sehr rauh gearbeitet, hat bei einem Gewicht von 80 g/qm eine Bogenhöhe von etwa 0,11 mm. Sein spezifisches Gewicht wäre dann 0,70. Gewiß ist diese Sorte wohl immerhin noch um ein Geringes auftragender als die im gleichen Gewicht im Handel befindlichen billigsten holzfreien Druckpapiere. Ich bin aber trotzdem der Meinung, daß man diese Qualität vielleicht doch noch nicht mit „federleicht" bezeichnen darf. Selbst wenn man dieses tut, so besagt ja das spezifische Gewicht 0,70, in welchem Verhältnis die Dicke zum Gewicht steht, denn niemand wird sich unter einer Sorte, die das spezifische Gewicht 0,70 hat, ein im Volumen besonders günstiges Papier vorstellen.

Dagegen hat ein Papier mit dem spezifischen Gewicht 0,65 bei einem Gewicht von 80 g/qm eine Bogenhöhe von etwa 0,12 mm. Da man dieses Volumen immerhin ohne weiteres als günstig ansehen kann, so möchte ich behaupten, daß 0,65 vielleicht die äußerste Grenze nach oben hin ist für Sorten, die mit der Bezeichnung federleicht oder ähnlich verkauft werden sollen.

Ich rege daher an, daß nur solche Papiere die Berechtigung haben, federleicht, auftragend usw. genannt zu werden, deren spezifisches Gewicht zwischen 0,38 und 0,65 liegt, und stelle folgenden Satz auf: „Federleicht ist ein Papier, wenn sein spezifisches Gewicht zwischen 0,38 und 0,65 liegt."

Ich gebe nun hiermit die Anregung, nach diesen Grundsätzen und nach diesen Grenzwerten den Begriff „federleicht" ein für allemal festzulegen.

Ein Abgrenzen der Gruppe Federleicht durch mehrere Untergruppen, wie oben erwähnt, ist also vollkommen überflüssig, denn an der Zahl des spezifischen Gewichts, das nunmehr mit der Bezeichnung immer zusammen angegeben werden soll, wird man bei einiger Übung das Volumen erkennen. Ebenso ist es selbstverständlich möglich, die obere Grenze des spezifischen Gewichts herauf- oder herabzusetzen, falls gegen meinen Vorschlag hinsichtlich der obersten Grenze Einwendungen gemacht werden sollten, jedoch liegt auch hierfür durchaus kein zwingender Grund vor.

Die von mir angeführten Berechnungen der Buchstärke sind mittels des spezifischen Gewichts denkbar einfach zu lösen und mit Hilfe meiner Tabelle sogar in wenigen Sekunden ohne Rechnung erledigt. Es ist also durchaus nicht unbedingt notwendig, daß man die von mir aufgestellte Tabelle immer bei sich führen muß, doch sie erleichtert bei einer schwierigeren Aufgabe, wie folgt:

Bei einer Bücherreihe sollen sämtliche verschiedenen Werke wegen der einheitlichen Einbandausstattung eine gleiche Buchstärke von 2 cm haben. Der erste Band enthält 288 Seiten. Wie schwer muß das Papier gewählt werden, wenn man als Qualität für alle Bände ein federleichtes Werkdruckpapier mit dem spezifischen Gewicht 0,60 vorgesehen hat?

Der zweite Band, der in derselben Reihe erscheint und auf derselben Papierqualität gedruckt werden soll, muß auch 2 cm dick sein. Jedoch ist die Seitenzahl höher als beim vorhergehenden Bande, und zwar 320 Seiten. Das Papier muß in diesem Fall leichter gewählt werden. Wie schwer muß es ausfallen?

Wenn beim ersten Band 288 Seiten = 144 Blatt 20 mm dick sind, dann ist ein Blatt 0,14 mm stark. Das spezifische Gewicht 0,60 steht auf der linken Seite der Tabelle an 10. Stelle. In dieser Reihe steht in der 5. Spalte, die am Kopf die Bezeichnung der Bogenhöhe 0,14 hat, das Resultat 85. Das gesuchte Papier muß also 85 g/qm schwer gearbeitet werden.

Für den zweiten Band wird dieselbe Qualität verwendet, man bleibt also in derselben Reihe des spezifischen Gewichts 0,60. Da nun aber 320 Seiten = 160 Blatt ebenfalls 20 mm dick sein sollen und folglich die Bogenhöhe des gesuchten Papieres nur 0,12 mm ist, so ersieht man in der 3. Spalte in der Reihe des spezifischen Gewichts 0,60 das Grammgewicht mit etwa 75 angegeben.

# PAPIERTECHNISCHER TEIL

## Papier unterwegs und auf Lager

*Ein lehrreiches Kapitel für Hersteller und Verbraucher von Papier*

Die nachstehenden Ausführungen, die auf kenntnisreichen eigenen Erfahrungen beruhen, weil sie im Berufsleben gesammelt sind, dürften Herstellern sowie auch *vor allem den Verbrauchern von Papier* gewisse Hinweise geben, die notwendig erscheinen, will man Ärger und Schaden ersparen bei der Verarbeitung eines so wichtigen Rohstoffes, wie es in Zeiten einer starken Verteuerung der Werkstoff Papier ist.

Ein wichtiger Abschnitt in der Behandlung des fertiggestellten Papiers ist der Versand und die Behandlung der fertigen Erzeugnisse. Leider wird hierbei viel gesündigt. Gerade dem Versand muß jene Sorgfalt zuteil werden, die für einen ordentlichen Kaufmann bezeichnend ist. Aber Fleiß und alle Mühe sind zuweilen vergebens, wenn man nicht bis zum Augenblick des Verladens die Augen am richtigen Fleck hat.

Im allgemeinen wird sich bei einem normalen Verbrauch von Papier der Verkehr mit dem Papierlieferanten am Ort des Verbrauchers in der Weise abwickeln, daß jede angeforderte Menge dem Besteller in Ballen oder Paketen angeliefert wird.

Anders aber verhält es sich bei den Großverbrauchern, die viele Tausende von Bogen bzw. ganze Anfertigungen übernehmen, um daraus ihren jeweiligen Bedarf für eine bestimmte Zeit zu decken.

Im Sortiersaal der Papierfabrik werden die fertiggestellten Papiere auf Fehler durchgesehen und verpackt, die Ballen versandfertig gemacht. Die beste Fertigung verliert an Wert, wenn nicht gerade auch die weitere Behandlung der fertigen Erzeugnisse genügend Sorgfalt erfährt. Es ist eine falsche Sparsamkeit, gerade beim Papier an der Verpackung sparen zu wollen. Nachstehende, der Praxis entstammende Ausführungen sollen Anregungen geben, Formatpapiere ordnungsgemäß zu verpacken, zu versenden und zu lagern.

Packt man zuviel Papierbogen in ein Paket, so besteht immer die Gefahr, Kniffe in die Lagen zu bekommen, abgesehen davon, daß der Transport größerer Pakete womöglich noch in außergewöhnlichen Formaten immer mit besonderen Schwierigkeiten verbunden ist.

Von kleineren Formaten sollten nur 125 bis 150 Bogen zu einem Paket vereint werden. Bei zu großem Inhalt tragen die Pakete zu sehr auf und wiegen auch zu schwer.

Kisten mit Papieren sollen, wenn flachliegendes Lagern nicht möglich ist, so gestellt werden, daß sie nach einer Schmalseite hin reichlich freien Raum vor sich haben. Dann kann sich das Papier besser dehnen und es wird sich nicht werfen. Beim Auspacken lockert man den Deckel der Kiste, verbindet ihn mit einem Strick mit dieser, stürzt die Kiste langsam um, so daß der Deckel auf den Boden zu liegen kommt und hebt sie vorsichtig ab. So können selbst ungeübte Leute das Papier, ohne es zu beschädigen, auspacken. Große, gefüllte Kisten sollte man stets flach von dem Wagen, der den Transport besorgte, abheben. Beim Auspacken findet man den Inhalt häufig an den Ecken des Papiers beschädigt. Ist dann noch der Beschnitt etwas knapp, so entstehen unliebsame Papierverluste, zumal bei Ballenpackungen, wenn man sie der Einfachheit halber gekantet hat, so daß das ganze Gewicht des Ballens auf einer Seite ruht. Man sollte daher auch die Ecken der Ballen mit einem Schutz versehen und einen Zettel anbringen: „Vorsicht beim Entladen, Ecken und Kanten schonen!"

Das Auspacken von Papiersendungen ist auch eine Arbeitsleistung, die verstanden sein will. Sie setzt gewisse Sorgfalt allerdings schon beim Absender der Ware voraus, sollen nicht gleich nach Eintreffen einer Sendung die Beanstandungen losgehen. Die äußere Beschaffenheit des Verpackungsmaterials auf besonders augenscheinliche Schäden wird, soweit es sich um geschlossene Kistensendungen handelt, am wenigsten Anlaß zu Verärgerungen geben.

Der Spediteur wird Beanstandungen solcher Art einfach ablehnen und mit Recht auf den Absender verweisen, der seine gegen allzu heftiges Stoßen empfindliche Ware sachgemäß verpacken sollte, um sie vor Beschädigungen und sich selbst vor etwaigem Schaden zu bewahren.

Auch vor Wetterschaden ist eine Papiersendung zu schützen. Selbst bei trübem, feuchtem Wetter sollte die Sendung immer auf den Fahrzeugen zugedeckt sein. Rote Zettel „Inhalt Papier, das vor Nässe zu schützen ist", unterstützen solche Bestrebungen. Trifft man einen unzweckmäßig verpackten Ballen, der feucht geworden ist, so läßt man ihn zunächst unaufgeschnürt in einem trockenen nicht zu warmen Raum austrocknen. Dennoch kann man auch durch diese Hilfsmaßnahme ein Welligwerden des Papiers nicht immer vermeiden. Hochwertige Papiere versendet man am besten in festen, verschraubten, notfalls unter Benutzung von Kistenschonern vernagelten Kisten. Wenn diese Transportkisten der Papierfabrik immer zur Neuauffüllung zugeschickt werden, so wird ein solcher Kistentransport selbst für mittelfeine Papiere wirtschaftlich lohnend. Gestrichene Papiere sollte man *ausschließlich in dauerhaften Kisten* versenden.

Die Papierfabriken können die erzeugten Stoffe wegen Raummangels nur kurze Zeit bei sich behalten. So kommt es, daß nicht selten ein Einlagern des Papiers bei einem Spediteur am Ort des Empfängers erfolgt, bis das Papier in Benutzung genommen wird.

Man sollte immer daran denken, daß die Verschiedenartigkeit der Güter, mit denen die Spediteure zu tun haben, kaum deren Kenntnis für die Empfindlichkeit von Papieren gegenüber Feuchtigkeits- und Temperaturwechsel voraussetzen kann. Laufende Aufklärung der Spediteure über die Einflüsse von Witterung, insbesondere von Nässe, auf Papier ist am Platze.

Aber auch die Beschaffenheit der Kisten ist zum Teil nicht so, wie es für den Inhalt angebracht wäre; ausgeplatzte Astlöcher oder klaffende Spalten sind durchaus keine Seltenheit. Das ist für Naturpapiere ebenso schädlich wie für gestrichene Sorten. Beim Öffnen solcher Kisten klagt dann der Abnehmer über die schlechte Lage des Papiers, das infolge der aus der Luft aufgenommenen Feuchtigkeit wellig liegt. Solche Vorkommnisse führen dann oft zu einem langen Briefwechsel und dabei läßt sich dieser bei einigem guten Willen und einiger Einsicht in den meisten Fällen ohne viel Schwierigkeiten aus der Welt schaffen. Wenn der Fabrikant nicht selbst nach dem Rechten sehen kann, dann sollten es seine Bevollmächtigten tun, und wenn die Herren Vertreter von Zeit zu Zeit einmal bei den Abnehmern sondieren würden, dann könnte leicht festgestellt werden, wie weit die mit Recht gestellten Anforderungen an die sachgemäße Lagerung von Papiersendungen erfüllt werden.

Über den Zustand der Papiere bei den Verarbeitern sollten sich auch die Papiervertreter einmal Rechenschaft ablegen, nicht immer nur dann, wenn eine Klage geäußert wird. Sie sollten auch in Fällen ordnungsgemäßer Lieferung sich einmal von dem Zustand der Ware nach Ankunft bei dem Empfänger überzeugen.

Wenn Papiere, die von der Fabrik in Kisten verpackt werden, sogleich wieder in die zurückgekommenen Kisten neu verpackt werden, sollte man die mit dem Versand betrauten Personen anweisen, *keinesfalls* feucht gewordene Kisten sofort wieder zu verwenden.

Wenn nasse Kisten zurückkommen, so kann das daran liegen, daß sie schon beim Spediteur und dann vielleicht noch nach Entnahme des Inhalts ungebührlich lange auf den Höfen der Druckereien herumstanden. Beanstandungen von Lieferungen, besonders wegen schlechter Lage, sind leider meist auf das Verschulden der Abnehmer zurückzuführen.

Ein Fehler der Papierfabrik ist es, die Versandkisten zu groß zu wählen, so daß sie dann mit Ausstopfmaterial, Papiereinlagen, Papierspänen u. a. gefüllt werden. Es wäre bestimmt angebracht, lieber noch 50 Bogen des Auflagepapiers mit hineinzupacken, was jeder Abnehmer gewiß mit in Kauf nehmen würde. Gerade die Folgen des Ausstopfens an den Seiten der Kisten können recht unangenehm werden.

Durch langes Stehen der Kisten „versteht sich" das Papier. Die Ecken stauen sich, weil die Papierpakete nicht immer bis zum Kistenrand reichen, eine für den Verarbeiter recht unangenehme Erscheinung.

Ungebührlich langem Ausbleiben von zurückerwartetem Verpackungsmaterial sollte man durch Zustellung von Rechnungen für die Emballage vorbeugen. Wenn dies von Zeit zu Zeit erfolgt, lassen sich Verschleppungen sehr wohl vermeiden. Kein Mensch ist fehlerfrei, und auch der Kaufmann, der ungemein vielseitig sein muß, ist gegen Versehen nicht gefeit. Er kann sie ebensowenig vermeiden wie jeder andere Sterbliche auch.

Es ist verschiedentlich in Rundschreiben sowie in Artikeln führender Fachschriftsteller aufmerksam gemacht worden, und es sollten die Druckereien darauf hingewiesen werden, daß im allgemeinen volkswirtschaftlichen Interesse dringend darum gebeten wird, Verpackungsmaterial auf schnellstem Wege den Fabriken wieder zuzustellen. Es sollte äußerst schonend behandelt werden und durch schnelle Rückgabe seiner zweckentsprechenden Wiederverwendung zugeführt werden.

Durch den Mangel in der Nachkriegszeit (nach 1945) für dringende Bedürfnisse genügende Mengen Holz zu beschaffen, gingen damals leider viele Betriebe dazu über, ihre vorhandenen Ballenbretter oder selbst hochwertige Kisten, wenn nicht gar als Brennholz, so doch für irgendwelche Instandsetzungsarbeiten ihres Produktionsraumes, wie z. B. durch Aufstellung von Regalen u. a., zu benutzen. Das haben wir jetzt nicht mehr nötig.

*

Über eine neue Methode der Papierballen-Verpackung brachte die „Zeitschrift für Deutschlands Buchdrucker" folgende Notiz:

„Die *Titaghur Paper Mills* in British-Indien wendet eine neue Art der Verpackung von Papierballen an, die der Gefahr des Welligwerdens der verpackten Papiere entgegenwirken soll, wie sie bisher bei den mittels Bandeisen stark zusammengepreßten Riesen verursacht werden kann. Es werden zum Einschlagen der Riese drei dicke Lagen dickes Packpapier verwendet, deren Enden lediglich durch breite, gummierte Papierstreifen, die auf einer besonderen Maschine hergestellt werden, verklebt und miteinander fest verbunden werden. Es werden also keine

Bandeisen wie bisher verwendet, wodurch verhindert wird, daß sich an den Kanten der verpackten Riese irgendwelche, durch das Bandeisen verursachte Stauchwellen oder Markierungen bemerkbar machen. Es wird behauptet, daß ein in der neueren Art verpacktes Papier sich viel besser auf der Druckmaschine verarbeiten lasse, da es nicht so stark wie bei den mit Bandeisen umschlossenen Ballen zusammengepreßt wird. Im letzteren Falle neigt das Papier durch die starke Pressung vielmehr dazu, sich ungleich zu verziehen oder wellig zu werden, wodurch viele Störungen auf der Druckmaschine eintreten. Die neue Art der Verpackung ergibt einen festen, kompakten Ballen, der infolge der verwendeten starken Packpapiere und der besonderen Verklebungsmethode an den Enden auch rohester Behandlung beim Transport ohne Schädigung des verpackten Papiers widersteht.

In Ballen geliefertes Papier sollte sofort nach seiner Ankunft in der Druckerei von der Verpackung befreit und riesweise übereinandergeschichtet werden. Auch in kleineren Druckereien sollte das gemacht werden, da dadurch dem Papier die Möglichkeit gegeben ist, sich auszulagern und sich der Temperatur des Druckraumes viel besser anzupassen. Wenn dagegen das Papier in den Ballen im zusammengepreßten Zustand gelagert wird und diese erst unmittelbar vor Druckbeginn geöffnet werden, so können sich recht erhebliche Schwierigkeiten beim Verdrucken des Papiers in der Druckmaschine ergeben. Faltenschlagen und Registerschwierigkeiten sind die gewöhnlichen Folgen, die viel Zeitverlust und Makulatur mit sich bringen können; auch bei einfachen Arbeiten, bei denen man eine besondere Pflege des Papiers vor dem Druck häufig nicht für erforderlich hält."

## Die Lagerung des Papiers

Wir wollen uns hier mit der Lagerung des Papiers befassen, weil hiervon ein gut Teil des Gelingens der Arbeit auf der Schnellpresse abhängig ist. Jede Druckerei wird einen oder mehrere ihrem Betrieb angemessene Lagerräume für Papier aufweisen können.

Eine der Hauptbedingungen für einen praktischen Fachmann ist die Ordnung im Papierlager, und diese wieder bringt es mit sich, ein und dasselbe Papier stets am gleichen Ort zu lagern; andernfalls müssen die Stöße umgepackt werden, um dieses oder jenes Papier erst herauszuholen. Die Aufbewahrung von Kartonpapieren vollzieht sich am zweckmäßigsten in Regalen. Zwischen die Papierlagen werden Klappzettel mit deutlich lesbaren Aufschriften gesteckt, die auf die Qualität hinweisen. Auch empfiehlt sich das Ankleben von Etiketten mit entsprechender Aufschrift an die Pakete. Eine an jedem Regal angebrachte Nummer in Verbindung mit der Bezeichnung der Qualität des Papiers, die sich aus dem angesteckten Zettel ergibt, ermöglicht im ordnungsgemäß geführten Papierlagerbuch ein leichtes Auffinden des Bestandes, ohne erst die Lagen durchzählen zu müssen, was bei der Inventur alle Jahre einmal unbedingt geschehen muß. Nicht ausnahmlos werden ganze Anfertigungen geschlossen auf den Weg gebracht. Das Resultat ergibt eine gute Kontrolle dafür, ob die Lagerbuchungen in Ordnung gehen. Wenn jeder Zugang gleich gebucht und jede Weggabe des Papiers ebenfalls gewissenhaft am besten gleich ausgetragen wird, dann sollte man annehmen, daß mit Differenzen schwerlich zu rechnen ist.

Wo ein Lagern von Paketen in Regalen nicht angebracht ist, wie beispielsweise bei Druckkartons, sollte man zwischen je 50 oder 100 Bogen ein Merkzeichen stecken, sofern das Quantum nicht, wie bei ersteren, aus der Umhüllung von je 50 oder mehr Bogen hervorgeht. Solche Merkmale erleichtern ein Abzählen ungemein; ohne sie müßte viel Zeit darauf verwendet werden und wäre zudem sehr unpraktisch.

Die Lagerung von Papieren wird uns vor allem interessieren, da von ihrer Beschaffenheit sehr oft ein guter Teil des Endresultates der Verarbeitung abhängig ist.

Da die Druckpapiere durchschnittlich ein beträchtliches Gewicht haben, so werden sie entweder in Parterreräumen der Druckereien oder in Lagerkellern untergebracht, um sich auszuliegen, bevor sie auf die Maschine genommen werden.

Um eine gleichmäßige Lage des Papiers zu erzielen, ist es erforderlich, schon bei der Einlagerung flache, nicht zu schwache Bretter zwischen eine bestimmte Anzahl Pakete (1000 bis 1500 Bogen) zu legen, was auch für das Abtragen der einzelnen Lagen vorteilhaft ist.

Doch auch den äußeren Einflüssen muß entsprechend vorgebeugt werden. Druckpapiere müssen trockene Lagerräume haben.

Die Luft in dem Lagerraum, dessen Fußböden und Wände meist aus zementierten Steinen bestehen, darf nicht zu viel Feuchtigkeit enthalten; deshalb sollte man besonders im Winter auf geordnete Temperierung sehen, was durch Heizen zu erreichen ist. Da Stein, das meist bevorzugte Material für Lagerkeller und Zement die Wärme schlecht leitet, empfiehlt es sich, Steinwände und Fußböden mit Holz zu verschalen; doch genügt es auch, das Papier beim Lagern nicht bis dicht an die Wand zu packen, sondern vielleicht einen halben Meter Spielraum zu lassen. Dadurch wird vermieden, daß die Feuchtigkeit aus der Wand bei Kunstdruck- und Chromopapieren in den Strich des Papiers übergeht. Auf den Fußboden lege man als isolierende Schicht einige starke ebene Bretter, bevor man den Stapel aufpackt, der durch Eckklötzer noch erhöht wird. Die

Bogen, welche im Stoß oben und unten liegen, sind ohnehin durch ihre Veränderung mit Bezug auf die Feuchtigkeitsaufnahme vom Drucker gefürchtet.

Besonders beachte man die Lagerung gummierter Papiere. Sie werden heute meist als „nicht rollend" angeboten, was sie auch nicht tun, wenn sie in einem Lagerraum aufbewahrt werden, bei dem ein gleichmäßiger Feuchtigkeits- und Temperaturgrad gehalten wird. Zu beachten ist, daß man bei ihnen selbstverständlich die Luftfeuchtigkeit eher gering als reichlich nimmt und daß auch eine solche im Maschinensaal vorherrscht. Gummierte Papiere lagert man am vorteilhaftesten, indem man die einzelnen Lagen teils Schicht gegen Schicht oder Papier gegen Papier lagert, man vermeidet auf diese Weise das Einkrümmen der Kanten. In den Betrieben sollte auf die Lagerung der Papiere besonders Rücksicht genommen werden.

### *Zweckmäßige Papierlagerung*

Zugige Korridore, Toreinfahrten, Schuppen usw., wo das lagernde Papier allen Einflüssen der dauernd wechselnden Luftfeuchtigkeit und Temperatur und auch mechanischen Beschädigungen ausgesetzt sind, sind keine Papierlagerräume. Das mindeste, was man von einem Papierlagerraum zu verlangen hat, ist, daß er vollkommen abgeschlossen ist, einen guten und dichten, nicht Feuchtigkeit aufsaugenden Fußboden hat und nicht zu trocken und warm, aber auch nicht zu kalt und feucht sein soll. Ballen, die sich noch in dem Zustand befinden, wie sie von der Papierfabrik geliefert wurden, können auch hochkant gestellt werden, um Raum zu sparen. Bei nicht ganz fest gepreßten Ballen ist das nicht zu empfehlen, da das Papier leicht gestaucht wird.

Ganz unzulässig ist diese stehende Aufbewahrung von verpackten Papieren und Kartons in Kisten. Hier befinden sich die Riese nicht unter Pressung wie in den Ballen, die Bogen werden dann natürlich gestaucht, wenn die Kisten auf den Kanten stehen. Solche Bogen können dann niemals wieder flach liegen und werden in der Maschine nur Schwierigkeiten verursachen. Solche Kisten muß man stets flach lagern.

Weder die Kisten noch die Ballen, viel weniger aber noch die ausgepackten Riese oder gar Bogen sollen direkt auf dem Fußboden lagern, sondern am besten auf Pritschen, die mindestens 10 cm über dem Boden stehen, wenn nicht *die Anwendung von Hubwagen,* die sehr zu empfehlen ist, noch größere Höhen verlangt. Es besteht dann auch keine Gefahr, daß das Papier aus dem Fußboden Feuchtigkeit anzieht, denn die wenigsten Fußböden sind so beschaffen, daß Feuchtigkeit nicht darin enthalten ist. Bei der erwähnten Lagerung kann das Papier von allen Seiten von der Luft umspült werden. Wichtig ist aber, daß diese Pritschen mindestens ebenso groß wie die darauf zu lagernden Formate sind, damit diese nicht überstehen. In diesem Falle würden sich die Bogen durch ihr Gewicht nach unten biegen und später nicht mehr flach liegen, außerdem werden die Riese und auch die Bogen leicht durch Stoß beschädigt und müssen dann oft auf ein kleineres Format geschnitten werden. Vorteilhaft ist es auch, die lagernden Riese und Bogen mit einem Eckenschutz zu versehen, damit beim Verkehr auf dem Lager nicht die Ecken und Kanten zerstoßen werden.

Wenn man aber eine ganz vollkommene Lagerung haben will, die auch die beste Pflege des Druckpapiers gestattet, dann muß man eine Klimatisierung benutzen.

## Palettenpackung

Gegenüber der früheren Zeit hat die Papierpackung und der Versand der Papiere neue Methoden gefunden, die wesentliche Erleichterungen gebracht haben hinsichtlich der Lagerung und vor allem auch mit Bezug auf den Transport der Sendungen.

### *Einwegpaletten*

Diese Einwegpaletten bestehen aus Faserstoff oder sind Holzfaserstoffplattenauflagen aus einem Ganzstück. Diese Einwegpalette — in den Ausführungen vierbahnig von allen Seiten befahrbar und zweibahnig — haben den großen Vorteil, daß durch die glatte Auflagefläche der Papierwellung bzw. der Verletzung der Bogen bzw. Abdrucke vorgebeugt wird. Diese Einwegpaletten sind bestimmt für Lasten bis zu 750 bzw. 1000 kg.

Der Oberdeckel ist ebenfalls wieder aus einer Ganzplatte der Auflage aus Holzstoff, so daß auch der Schutzdeckel keine Abdrucke hinterlassen kann. Diese Palettenbeladung von der Fabrik bis zum Verarbeiter birgt viele Vorteile in sich. Während früher 5 Transportgänge notwendig waren und bei der Ballenverpackung zum Palett noch 6 bis 8 Deckel, ist diese ganze Prozedur mit einem Gang zu schaffen.

Diese neuartigen Volldeckel wie auch die Paletten haben noch einen sehr beachtlichen Vorteil dadurch, daß sie gegenüber dem Vergleich zu der üblichen Ganzholzausführung um ca. 40 % leichter sind. Das wirkt sich bei der Menge der Verpackungen bei der Fracht beachtlich aus. Der Arbeiter reißt sich nicht am Holz, es gibt keine Splitter, weil die Auflage griffig ist. Auch das Problem Trockenheit und Trocknung ist dabei geklärt, weil diese beiden Artikel vollständig trocken gepreßt sind.

*Neue Verpackungsarten in Ballen und Palettenverpackung*

Mit Bezug auf den Sektor Ballen-Formatverpackung gibt es jetzt einen neuartigen Vollpappdeckel, der für alle Formate geliefert werden kann.

Dieser Deckel hat eine geschlossene Auflage entweder aus einer bestimmten Fertigung einer Holzfaserplatte, Holzstoff oder auch Kunststoff.

Diese glatte Auflagefläche hat den Vorteil, daß Abdrücke und Unebenheiten, die sich auf das Papier übertragen, nicht mehr vorkommen und das Papier selbst, was die Verpackung anbelangt, 100%ig einwandfrei verpackt ist, durch die Verwendung dieser Deckel mit der geschlossenen Faserstoffauflage in der Form einer ganzen Platte.

Jede Papierfabrik und die Verarbeiter kennen die häufigen Reklamationen, die beim Papier auftraten, wenn der normale Schutzdeckel aus Holz durch Unebenheiten und Stärkeunterschiede sowie Erhöhungen und Vertiefungen derartige ganz natürliche Mängel aufwies. Alle diese Gefahrenherde sind nun durch die oben erwähnten Vollpappdeckel mit Faserstoffauflage beseitigt und bieten nunmehr sowohl den Fabriken als den Verarbeitern die Gewähr, einen Vollpappdeckel zu besitzen, bei dem die seit Jahrzehnten bekannten Fehler und Reklamationen beseitigt sind.[1])

**Hubwagen — hydraulische Gabelhubwagen — Gabelstapler**

Der Transport des Papiers auf sogenannten „Verlorenen oder Einweg-Paletten", wie sie vorgenannt beschrieben wurden, kann einmal durch Hubwagen[1]), in der Hauptsache durch hydraulische Gabelhubwagen, als auch durch Gabelstapler durchgeführt werden. Der Gabelstapler bietet noch den Vorteil, daß er nicht nur ein Hilfsmittel für den horizontalen, sondern auch für den vertikalen Transport darstellt; d. h. daß mit seiner Hilfe beim Lagern von Papier der Raum voll in der Höhe ausgenutzt werden kann.

Beim Gabelstapler ist noch zu unterscheiden zwischen einem sog. Handstapler, dessen Hubbewegung elektro-hydraulisch durchgeführt wird, das Verfahren des Gerätes aber selbst durch die Bedienungsperson

---

[1]) Der Beitrag über „Palettenpackung" wurde verfaßt von der Firma H. Seidel, Köfering-Regensburg, die eine Verkaufsabteilung der Firma Leopold Hemmerich Nachf., Leutkirch/Allgäu (Württ.-Hohenz.), ist.

erfolgt. Im Gegensatz hierzu steht der selbstfahrende Gabelstapler mit Benzin-, Diesel- oder Elektro-Antrieb, dessen Hubbewegungen motorisch erfolgen.

Welche Geräte, Hubwagen, Handstapler oder selbstfahrender Gabelstapler, eingesetzt werden sollen, hängt natürlich vom Verwendungszweck und der Umschlagmenge der Güter ab, die bekanntlich abhängig ist, um den gewünschten Rationalisierungseffekt erzielen zu können.

Mitentscheidend ist ferner die Belastbarkeit der Böden, auf denen die Fahrzeuge eingesetzt werden sollen. Während der Hubwagen oder Hand-Gabelstapler überall da verwendet werden kann, wo Lagermöglichkeiten bestehen, so erfordert doch der selbstfahrende Gabelstapler, wie z. B. der STEINBOCK-„Piccolift" mit 600 kg Tragkraft, der das wendigste und gewichtsmäßig günstigste Gerät auf dem Markt darstellt, eine Bodenbelastbarkeit von ca. 500 kg pro Quadratmeter. Gabelstapler mit 1000 kg und mehr Tragkraft sind natürlich beträchtlich schwerer und erfordern eine entsprechend höhere Boden-Belastbarkeit.

Ein großer Vorteil der selbstfahrenden Gabelstapler andererseits ist natürlich die Möglichkeit der Anbringung verschiedener Anbaugeräte, mit deren Hilfe auch z. B. Papierrollen geklammert, gedreht und gestapelt werden können.

Selbstverständlich bietet erst die Zusammenarbeit zwischen Gabelhubwagen und Gabelstapler die Voraussetzungen für einen glatten Materialfluß innerhalb des Betriebes. Dabei bleibt dem Gabelstapler das Abladen und Stapeln der Papierrollen und -pakete vorbehalten, während der Gabelhubwagen den Transport von den einzelnen Verarbeitungsmaschinen durchführt [2]).

## Das Papier vor dem Druck

Die Drucker und Papierverarbeiter werden sich aus geldlichen Gründen, zuweilen auch wegen Raummangel, von den gängigen Sorten nur so viel Papier am Lager halten, als für den Bedarf einiger Wochen ausreichend ist.

Knapp werdende Sorten müssen stets rechtzeitig ergänzt werden, damit sich die Papiere gut ausliegen können und nicht zu frisch auf die Maschine genommen werden. Sie sind sonst beträchtlichen Schwankungen mit Bezug auf die Veränderlichkeit ausgesetzt. Das Zusammengehen und Ausdehnen des Papiers, bekannte Erscheinungen bei der Ver-

[2]) Der Beitrag über transportable Hilfsmittel wurde verfaßt von der Firma Steinbock GmbH, Moosburg/Obb. Auf den Tafeln XXV und XXVI sind 2 Gabelstapler abgebildet.

arbeitung von zu frischem Papier, sind nicht nur von störendem Einfluß für den Übereinanderdruck mehrerer Farben, sondern machen sich auch bei der Verarbeitung der druckfertigen Auflagen störend bemerkbar.

Der *Transport* der Papiere in den Maschinensaal muß ebenfalls mit aller Sorgfalt vorgenommen werden. Es ist verwerflich, die Pakete zusammenzulegen und sie in gerolltem Zustande an ihren Bestimmungsort zu befördern. Man lade sie bei etwaiger Fahrstuhlbenutzung auf Hubwagen so ein, daß sie gut übereinander liegen und ein Bestoßen der Ecken ausgeschlossen ist.

Bei der Herausnahme des Papiers aus dem Fahrstuhl und bei Weiterbeförderung lasse man die gleiche Vorsicht walten wie beim Einladen.

Es empfiehlt sich, zu der Besorgung dieser Arbeiten nicht ungeübte Leute zu nehmen, da diese mehr Schaden anrichten, als sie dem Betrieb nützen können. Eingearbeitetes Personal zu haben, ist selbst bei solchen anscheinend unwichtigen Arbeiten von nicht zu unterschätzendem Werte.

Um eine gleichmäßige Lage zu erzielen, ist es erforderlich, schon bei der Einlagerung flache, nicht zu schwache Bretter zwischen eine bestimmte Anzahl Pakete (1000 bis 1500 Bogen) zu legen, was auch für das Abtragen der einzelnen Lagen vorteilhaft ist. Das Einreihen in die Regale ist zuweilen mit Schwierigkeiten verbunden. Zum Transport großer Formate werden stets zwei Mann zur Verfügung stehen müssen. Bei kleineren Formaten wird eine Person genügen. Diese muß aber mit Papier umzugehen verstehen, weil sonst leicht Kniffe entstehen. Dann ist es zweckmäßig, nicht jedes Paket in sich einzuschlagen, sondern es auf ein flaches Brett zu legen und mit diesem in das Regal zu tun. Dieses wird dann fortgezogen und zur weiteren Benutzung verwendet. Dadurch ist unter Garantie die Möglichkeit ausgeschaltet, Kniffe in das Papier zu bekommen.

Es empfiehlt sich bei gestrichenen Papieren, von denen 100 Bogen in die Pakete gepackt sind, je 50 mit der Stirnseite gegeneinander zu legen, weil dadurch eine bessere Lage des Papiers erzielt wird.

Die Pakete sollen so verpackt werden, daß ihre Schmalseite offen bleibt, damit das Papier arbeiten kann. Die Feuchtigkeit im Papier verdunstet bei den unausbleiblichen Temperaturschwankungen im Lager und die Folge davon ist, daß es zu arbeiten beginnt. Wenn nun alle Seiten der Papierumhüllungen fest verklebt sind, so hat das Papier keinen Spielraum. Die Folge davon ist, daß die Papierbogen sich nach dem Auspacken werfen, wodurch die Papierstöße in eine schlechte Lage kommen. Durch Feuchtigkeitsaufnahme dehnt sich das Papier. Sind die Schmalseiten offen, so hat das Papier sowohl für Dehnung wie für Schrumpfung genügend Spielraum, andernfalls wirft es sich.

Das ist oft der Grund, warum die Papierstöße eine so schlechte Lage haben, die sich selbst durch Zwischenlegen von starken, ebenen Brettern nicht viel bessern läßt. Als logische Folgerung zu dem soeben Gesagten sei hier also die Lehre gezogen, die Schmalseite unverklebt zu lassen. Es genügt vollkommen, wenn sich an der Stirnseite (Schmalseite) der Pakete ein unverklebter Papierüberschlag befindet. — Wenn das Umschlagpapier zu fest ist, kommt es zuweilen bei empfindlichen Papieren vor, daß sich durch Aufeinanderlegen vieler Pakete die verklebten Papierenden auf den Inhalt abdrücken und einen Grat markieren, der sehr störend wirkt.

An jedes Paket sollte schon in der Papierfabrik — Sortier- und Packraum — ein Zettel geklebt werden, der die Herkunft, das Gewicht des Papiers, Sortenbezeichnung, Format und vor allen Dingen das Datum der Herstellung erkennen läßt. Die Laufrichtung ist auch nicht zu vergessen.

Firma: ....................................................................

Format: ....................................................................

Gewicht per ‰ Bogen ....................................................................

Gramm per qm ....................................................................

Anfertigungs-Nr. und Datum der Herstellung: ....................................................................

Sortenbezeichnung: ....................................................................

Quer- bzw. Schmalbahn ....................................................................

Um bei doppelseitig gestrichenen Papieren die besser druckfähige, meist zweimal gestrichene Seite leicht kenntlich zu machen, ist es zweckmäßig, auf die Vorderseite der Pakete entsprechende Vermerke zu kleben. „Vorderseite liegt nach oben“, dann weiß der Drucker sofort, welches die zur Aufnahme der Druckfarbe geeignete Seite ist. „Zweite Wahl“, die prozentual der angefertigten Papiermengen mitgeliefert wird, sollte als solche ebenfalls gleich an der Außenseite der Pakete kenntlich gemacht werden ,vielleicht durch Aufkleben farbiger, am besten knallroter Zettel. Bei größeren Anfertigungen, die in Teillieferungen an den Besteller gelangen, ist es durchaus zweckmäßig, stets einen Teil der zweiten Wahl mit den Teilsendungen mitzuliefern. Dem Besteller ist dadurch die Möglichkeit gegeben, bei seinem Verbrauch einen bestimmten Prozentsatz mitzuverarbeiten. Es ist schwieriger, wenn er schließlich mit der letzten Sendung die gesamte zweite Wahl mitgeliefert erhält.

## Das Aufstoßen der Papierbogen

*Von Adolfhanns Schirmann, Konstanz a. B.*

Das Aufstoßen der Bogen, nachdem sie von der Papierfabrik kommend ausgepackt wurden und wohl meist zunächst an der Planschneidemaschine entweder einen Winkelschnitt angeschnitten bekommen oder auf kleinere Formate zugeschnitten werden, ist keine schwierige Sache und erfolgt stets von Hand. Denn die Bogen liegen dabei fast genau übereinander. Anders ist dies jedoch, wenn die Papierbogen die Druckmaschine verlassen haben, und nun weiterverarbeitet werden sollen, ganz gleich, ob sie nun zunächst in der Schneidemaschine durchzuschneiden sind oder direkt an die Falzmaschine kommen. Je nachdem, um was für ein Papier es sich handelt, erfordert dieses Aufstoßen von Hand Geschicklichkeit, Übung, Kraft und Zeit. Es gibt Papiere, die sich von Hand nur sehr schwer aufstoßen lassen, besonders dann, wenn es sich um sehr dünne und weiche Sorten handelt. Darum wurden für diesen Arbeitsgang sinnvolle Maschinen entwickelt, die diese Arbeit besser, schneller und zuverlässiger auszuführen in der Lage sind, insbesondere auch völlig knickefrei, was beispielsweise bei empfindlichen Papieren wie Kunstdruckpapieren, Chromopapieren, Dünndruckpapieren, Durchschlagpapieren und Kohlepapieren von großer Wichtigkeit ist. Bei diesen hierbei in Frage kommenden Maschinen kennt man die verschiedensten Systeme, Arbeitsweisen und auch Namensbezeichnungen. In letzterer Hinsicht hat sich der Name „Glattstoßmaschine“ noch nicht allgemein durchgesetzt, denn man bezeichnet diese Maschinenart auch noch als Bogenschüttelmaschine, Bogengeradestoßmaschine, Vibrator, Stoßtisch, Rüttler, Papier-Jogger (holländisch) Vibriertisch, Vibrationstisch, L'égalisateur (französisch) und Aufstoßmaschine.

Die althergebrachte Maschine dieser Art ist die sogenannte Bogengeradestoßmaschine mit nach allen Seiten verstellbarem Aufstoßtisch und Blasluft, die regulierbar ist. Diese Maschine lockert zunächst die Papierbogen auf den Anlegetischen mittels Blasluft und stapelt sie nach dem Einlegen in die Maschine an den rechtwinkligen Anschlagseiten des Aufstoßtisches oder an den drei Punkten der Druckanlage. Sie bildet dabei registergenaue schnitt- und stanzfertige bzw. falzfertige Stapel. Diese Maschine verarbeitet alle Papiere bis herunter zu einem Gewicht von 18 g und alle Formate bis etwa 100 × 130 cm. Sonderanfertigungen ermöglichen die Verarbeitung noch größerer Formate. Die Maschine hat einen verstellbaren Aufstoßtisch, was den Vorteil hat, daß bei Verarbeitung von stabilem Papier dem Aufstoßtisch ein größeres Gefälle gegeben werden kann, wodurch sich erklärlicherweise das starke und widerstandsfähige Papier schneller und leichter gegen die Anschlagleisten oder die Anschlagmarken sammelt.

Bei weniger widerstandsfähigem Papier wie z. B. Florpost, Seidenpapier, Zellophan o. dgl. ist die ein für allemal festgelegte Schräglage des Aufstoßtisches hinderlich, weil bei zu geneigter Lage das dünne Papier erklärlicherweise in sich zusammensackt. Dieser Übelstand ist durch Flacherstellung des Aufstoßtisches ohne weiteres zu beheben. (Rahdener Maschinenfabrik Aug. Kolbus, Rahden/Westfalen.)

Im Gegensatz zu den Maschinen ähnlicher Konstruktion arbeitet die Martex-Glattstoßmaschine ohne Blasluft. ohne Exzenter mit großem Ausschlag, ohne Kurbelstangen und Nocken o. ä. Das Glattstoßen erfolgt hierbei weniger durch verhältnismäßig harte Schläge, als vielmehr durch ein Vibrieren, welches das Papier gleichmäßig in Bewegung hält und dadurch das Aufstoßen des Papierstapels bewirkt wird. Im Wesentlichen bestehen hierbei alle Modelle aus einem Tragrahmen, in welchem der eigentliche Schüttelkasten auf Stahlseilen federnd aufgehängt ist. Die Vibrationen des Tisches werden durch einen unmittelbar auf diesen angebauten Elektromotor erzeugt und sind regulierbar. Durch die jederzeit rasch und beliebig änderbare Schrägstellung des Schüttelkastens können sämtliche Papiersorten einwandfrei glattgestoßen werden. (Martini AG. Frauenfeld/Schweiz/Thurgau.)

Ganz ähnlich ist die „Vibromax" der V.-A. Roulet S. A. Montreux, und auch die „Optima" von Heinrich Baust, Nußloch bei Heidelberg, welch letztere eine Doppelanlage für Halbformate aufweist. Zum Antrieb der Modelle SG und 4 wird neuerdings ein Rüttelgerät mit eingebautem Motor und regulierbarer Umwucht von 25 bis 50 kg Zentrifugalkraft verwendet. Damit kann die Rüttelung den jeweiligen Erfordernissen der verschiedenen Papiersorten angepaßt werden.

Die „Vibrama" Bogenschüttel- und Glattstoßmaschine arbeitet mit dem in vielen anderen Anwendungsgebieten angewandten vibrierenden Antrieb. Der Schütteltisch ist auch hierbei an Drahtseilen aufgehängt und kann schnell und leicht in jede benötigte Schräglage eingestellt werden. Die Weite der Schwingungen und damit die Stärke des Aufstoßens ist einstellbar und kann daher praktisch jede Qualität von Papier und Karton einwandfrei aufgestoßen werden.

Nach einem ganz anderen Prinzip und speziell nur für kleinere Formate bestimmt ist die Stiletto-Glattstoßmaschine. Das Gleiche gilt für den Planaxator, der mehr für den Bürobetrieb wohl gedacht ist. Damit ist aber keineswegs gesagt, daß diese Kleinmaschinen nicht auch in Vervielfältigungsabteilungen und Hausdruckereien benutzt werden könnten. Die zweckmäßige Kombination des waagerechten Aufstoßtisches mit einer senkrechten Vibrationskassette gestattet es, gleichzeitig zwei Papierstapel von je ca. 500 Blatt DIN A 4 zeitsparend zu bedienen. Der Planaxator ist in 3 Vibrationsstärken einstellbar, die eine individuelle Anpassung an unterschiedliche Papiere erlauben. (Hesselmann/Rosenheim.)

Eine ganz andere Gruppe von Aufstoßgeräten sind die tischartigen, handlichen und nur für Kleinformate bis evtl. höchstens DIN A 3 gedachten, also mehr oder weniger geeigneten zur Herstellung von Durchschreibesätzen und dergleichen. Bei diesen zusammengetragenen Sätzen wird dünnes Durchschlagpapier, Luftpostpapier, Bibelpapier, Kohlepapier usw. beim Glattstoßen von Hand immer seine Schwierigkeiten haben.

Das Papier wird bei diesen Vibrationstischgeräten locker über die Tischplatte geführt und ist in wenigen Sekunden glattgestoßen, hervorgerufen durch die auf elektromagnetischem Wege erzeugte Vibration der Tischplatte. Der Vorteil dieser Aufstoßgeräte ist einmal ihr geringer Platzbedarf, geringe Anschaffungskosten, ihre Anschlußbarkeit an den Lichtstrom und ihre Handlichkeit. Meist haben diese Tischapparate keine Blasluft, doch gibt es ein Modell, und zwar die „Vibrabil“ der Ditta G. Bielloni, aus Mailand, die mit Blasluft ausgestattet ist, sie ist zudem in drei Geschwindigkeiten einstellbar. Ohne Blasluft — also mit Vibration — arbeiten: Der Helma-Stoßtisch (Wilhelm Helmert, Düsseldorf), der Küru - Rüttler (Küpper & Ruhrberg, Düsseldorf), der Vibrationstisch „Union“ (der Graphischen Union, Hamburg) letztere in 4 Stufen schaltbar, die „Stiletto“ Paper Jogger (P. H. v. d. Hove Jr., Amsterdam) und der „Trilmax“ (H. Leissler, Herengracht 85, Amsterdam).

Wilhelm Helmert, Düsseldorf, bringt außer seinem Stoßtisch eine Schüttelmaschine als Weiterentwicklung seines Stoßtisches heraus. Im Gegensatz zur Schüttelmaschine mit mechanischem Antrieb ist diese auf elektromagnetische Arbeitsweise eingestellt. Sie ist auch nur für kleinere Formate bestimmt, hat einen Schrägtisch auf einem Sockel und ist im äußerlichen Aussehen mit der „Stiletto“ fast gleich.

So ist für jeden Bedarf jeweils das Benötigte auf dem Markt und alle Fabrikanten geben an, daß ihre Maschine „fast“ geräuschlos arbeitet, das war und ist nämlich das Problem bei allen diesen Maschinen und Apparaten und was man nun als „fast“ geräuschlos im einen oder dem anderen Falle zu verstehen hat, muß jedermann selbst entscheiden bzw. durch Probeaufstellung einer solchen Maschine beurteilen, ob sie seinen eigenen Vorstellungen von „fast“ geräuschlos entspricht bzw. ob das durch sie verursachte Geräusch für ihn und seinen Betrieb erträglich ist. Ganz geräuschlos im absoluten Sinne geht es dabei natürlich nicht, das dürfte völlig klar und selbstverständlich sein. Darum sind auch die Tischapparate alle auf Gummifüße und dergleichen montiert.

---

Von Adolfhanns Schirmann — einem bekannten Klebstoffspezialisten — erschien 1956 ein Fachbuch „Das Einmaleins der Klebetechnik", Format 15 × 23 cm, 336 Seiten, 178 Abbildungen, Preis 20,80 DM. Es ist zu beziehen vom Verfasser in Konstanz (Bodensee), Postfach 105.

Vom gleichen Verfasser erschienen die Fachbücher „Der Druckerei - Buchbinder" und „Das Einmaleins der Klebetechnik".

## Die wichtigsten Druckpapiere

### Welche Qualitätsansprüche stellt der Drucker und wie erfüllt sie der Papiermacher?

*von Dipl.-Ing. Heinz Mack, München*

Die Ansprüche an die Qualität eines Druckerzeugnisses hängen nicht nur vom Geschmack des Verbrauchers ab, sondern werden oft diktiert von den Beanspruchungen, die das moderne Druckverfahren an das Papier stellt. Größere Exaktheit, höhere Arbeitsgeschwindigkeiten, zusätzliche Einflüsse von Feuchtigkeit oder Wärme zwingen Papierhersteller und Papierverarbeiter zu enger Zusammenarbeit.

### 1. Allgemeines über Papiereigenschaften

*a) Blattbildung*

Beim Druckvorgang wird das Papier an die angefärbte Form gepreßt. An der Druckform und ihren Bildelementen haftet die dünne Farbschicht durch Adhäsion. Bei der Berührung mit dem Papier wird ein wesentlicher Teil der Farbschicht durch die „saugende" Wirkung des Papierblattes von der Druckform abgenommen. Von diesem Farbanteil dringt wiederum ein Teil in das Papiergefüge ein, während der restliche Anteil der Farbe auf der Papieroberfläche stehenbleibt. Hat das Papier nun ungleichmäßig verteilte dünne Stellen, so wird an diesen keine oder weniger Farbe aufgenommen, die geschlossene Oberfläche wird unterbrochen.

Die zahlreichen Faktoren, die den dünnflüssigen Papierbrei mit etwa 150 Teilen Wasser auf ein Teil Faserstoff bei der Blattbildung auf dem laufenden Langsieb der Papiermaschine beinflussen, sind bis heute noch keineswegs alle systematisch erforscht. Mit Hilfe des in letzter Zeit mehrfach verbesserten Stoffauflaufes, teils durch die regelbare seitliche Siebschüttelung, durch eine dem Quadratmetergewicht des fertigen Papieres, der Faserstoffqualität (Mahlung) und der Maschinengeschwindigkeit angepaßten Wasserführung, durch Dichte- und Mengenregler, sowie zahlreiche Überwachungsinstrumente, erzielt der mit seiner Maschine wohlvertraute Papiermacher die Gleichmäßigkeit des Papierblattes.

Bei wolkigen Papieren, bei denen lange Fasern zu verwenden sind, ist es besonders schwierig, durchaus gleichmäßige Dicke des Papierblattes zu erreichen. Auch dann, wenn durch nachträgliche Bearbeitung des Papiers auf dem Kalander das Papierblatt zusammengedrückt und verdichtet wird, werden die auf dem Papiermaschinensieb entstandenen Ungleichheiten nicht restlos beseitigt.

*b) Oberfläche*

Der Velin-Egoutteur oder die Vordruckwalze ist ein leichtgebauter Hohlzylinder, der mit einem Metallsieb überzogen ist. Er läuft auf dem Papiermaschinensieb mit, indem er von der noch feuchten Papierbahn mitgenommen wird. Durch leichten Druck auf den Papierstoff legt er aufstehende Fasern in die Blattebene, verbessert die Oberfläche des Papiers in gewissem Maße und trägt etwas zur Entwässerung der Papierbahn bei. Ungleichheiten in der Dicke des Papierblattes können durch diese Vordruckwalze vermindert, aber nicht ausgeglichen werden. Daß mit Hilfe dieses Egoutteurs die echten Wasserzeichen auf der Papiermaschine hergestellt werden, ist bekannt.

Siebmarkierungen sind durch die Verwendung nicht markierender Siebe, wie die Metalltuchfabriken sie beim heutigen Stand der Technik ohne weiteres liefern können, leicht zu vermeiden. Sie treten bei maschinenglatten Papieren in gewissem Umfange dann auf, wenn starker Saugerunterdruck die noch bildsame Papierbahn in die Siebmaschen hineinzieht. Bei der folgenden Satinage verschwindet die Siebmarkierung fast immer.

Wenn mit feinsten Rastern gedruckt wird, ist die Oberfläche des Papieres von größter Bedeutung. Naturkunstdruckpapiere müssen durch Auswahl der Rohstoffe und sorgfältigste Herstellung diesen Anforderungen Rechnung tragen. Gute Druckflächen für Autotypiedruck oder Steindruckbilder erreicht man durch Streichen der Papierbahn mit Bariumsulfat, Kaolin und anderen mineralischen Stoffen unter Zusatz von Bindemitteln (Stärke, Kaseïn). Diese gestrichenen Kunstdruckpapiere gestatten dann allerdings als Rohpapiere auch geringere, holzhaltige Sorten, da ja die Oberfläche durch den Strich gebildet wird. In der Streicherei hat man es in der Hand, diese gestrichene Oberfläche auf einer oder auf beiden Seiten des Papierblattes so dicht und geschlossen herzustellen, daß auch feinste Autotypien in bester Wirkung erscheinen.

### c) *Stauben*

Bei Rotationspapieren bildet häufig das Stauben und Rupfen Anlaß zur Klage. Füllstoffe, Faserbruchstücke, Mehlstoff aus dem Holzschliff, aber auch zu trockene Luft im Verarbeitungsraum können das Stauben des Papieres hervorrufen. Kaolin, das einen zu großen Anteil feinster Teilchen aufweist, die vom Papiergefüge nicht mehr festgehalten werden, kann zur Staubbildung beitragen. Die entsprechenden Füllstoffsorten durch Untersuchungen in Laboratorien und durch Probeanfertigungen zu finden, ist nicht leicht, ganz abgesehen davon, daß eine einheitliche Prüfmethode zur Bestimmung der Staubabsonderung aus dem fertigen Papier praktisch nicht besteht. Immerhin ist der Papiermacher dauernd bestrebt, die Faktoren festzustellen, die auf das Stauben seines Produktes Einfluß haben, und Abhilfe zu schaffen.

### d) *Füllstoffe*

Die Ansicht, Füllstoffe seien überhaupt entbehrlich, da sie nur zur Beschwerung des Papiers und zur Verbilligung der Produktionskosten des nach Gewicht verkauften Papieres dienen, ist nicht richtig. Die Füllstoffe selbst sind zur Bildung einer geschlossenen Oberfläche unentbehrlich. Auch andere wichtige drucktechnische Eigenschaften wie Saugfähigkeit und Verminderung der Transparenz hängen eng mit dem Füllstoffzusatz und der Füllstoffqualität zusammen.

Bei Papieren mit hohem Füllstoffzusatz (gleich Aschegehalt) tritt die jedem Papier anhaftende Zweiseitigkeit meist besonders hervor. Man ist geneigt, im Hinblick auf die Art und Weise der Blattbildung auf dem Sieb der Papiermaschine eine Anreicherung des Füllstoffgehaltes auf der Siebseite des Papieres anzunehmen. Nach Untersuchungen, die Dr. Schilde an zahlreichen Papiersorten verschiedener Herkunft anstellte, ist jedoch bei fast allen Papieren der Füllstoffgehalt auf der Oberseite des Papierblattes größer als auf der Siebseite. Das Verhältnis von Füllstoffgehalt auf der Oberseite (O) zu dem auf der Siebseite (S) schwankt nach diesen Feststellungen zwischen O : S = 1,01 bis 3,65.

Die Zweiseitigkeit wird mit Erhöhung des Quadratmetergewichtes und der Leimung verringert, mit Erhöhung des Holzschliffgehaltes, des Füllstoffgehaltes und der Arbeitsgeschwindigkeit vergrößert.

*e) Saugfähigkeit*

Von Bedeutung für die Bedruckbarkeit eines Papieres ist dessen Saugfähigkeit. Das Papier soll die Druckfarbe „wegschlagen“, also von der Form so schnell abnehmen, daß beim folgenden Arbeitsgang in der Maschine kein Verschmieren der Farbe eintritt. Die Saugfähigkeit des Papieres darf nicht so stark wirken, daß das Bindemittel der Farbe entzogen wird und diese nicht mehr auf der Papieroberfläche haftet.

*f) Flächenveränderung*

Das Flächenveränderungsvermögen, also die Änderung von Länge und Breite des Papierbogens, ist eine Eigenschaft, die auf die Veränderung des hygroskopischen Fasermaterials durch Feuchtigkeitsaufnahme und -abgabe sowie auf das Papiergefüge zurückzuführen ist. Bei Anfertigung von Mehrfarbendrucken wird das Papier nacheinander mit verschiedenen Farben bedruckt und ändert jedesmal bei dem Durchgang durch die Maschine seinen Feuchtigkeitsgehalt. Verändert sich die Größe des Papierblattes durch diese wiederholte Feuchtigkeitsänderung, so passen die Drucke nicht mehr genau aufeinander; es entstehen Passerdifferenzen.

Von seiten des Papiermachers kann diese dem Papier anhaftende Eigenschaft der auf Dehnung und Schrumpfung beruhenden Flächenveränderung nicht restlos beseitigt werden. Diese Flächenveränderung tritt bei holzfreien Papieren stärker als bei holzhaltigen auf. Schmierig gemahlener Stoff dehnt sich wesentlich mehr als röscher, und ebenso dehnt sich satiniertes Papier stärker als maschinenglattes. Im allgemeinen ist die Veränderung in der Querrichtung größer als in der Längs- oder Laufrichtung der Papierbahn. Oft schrumpft angefeuchtetes Papier, wenn es wieder getrocknet wird, stärker zusammen und das Format (besonders in Laufrichtung) wird kleiner als vor dem Feuchtvorgang.

Intensität der Mahlung, Papierzug und Trocknen innerhalb der Papiermaschine sind auf Schrumpfung und Dehnung des fertigen Papieres von Einfluß. Aber auch der Drucker hat hier verschiedene Hilfsmittel, um dieser Papiereigenschaft entgegenzuarbeiten. Oft hilft das Blindvordrucken. Es hat den Vorteil, daß sich das Papier der Feuchtigkeit angleicht und auch flach liegt. Das vorherige Aushängen der Bogen über 24 Stunden in den Feuchtigkeitsgehalt der Raumluft gleichmäßig hält, ist von großem einem Raum mit einer Konditionieranlage, welche die Temperatur und Vorteil. Wird in den Verarbeitungsräumen eine Luftfeuchtigkeit von 40 bis 50% gehalten, so wird das üblicherweise mit 6 bis 7% Feuchtigkeitsgehalt gelieferte Papier sich diesem Zustand rasch angleichen, es wird nicht mehr „arbeiten", d. h. nicht wellig werden, keine Beulen bilden, flachliegen und sich in seiner Fläche kaum mehr verändern. Außerdem wird diese Luftfeuchtigkeit im Verarbeitungsraum das Stauben des Papiers vermindern und sonstige Verbesserungen in drucktechnischer Hinsicht mit sich bringen. Wichtig ist jedoch, daß bei solchen Klimatisiereinrichtungen die erforderliche Temperatur und Luftfeuchtigkeit gleichmäßig eingehalten wird. Automatische Regler müssen störende Einflüsse, wie sie aus der Atmosphäre (Regen, Sonnenhitze) oder durch Öffnen von Türen, Fenstern, Luftschächten usw. im Raum hervorgerufen werden, rasch ausgleichen.

*g) Färben*

Auf das Färben des Papierstoffes übt die Stoffmischung einen wesentlichen Einfluß aus. Die Unsicherheit bei der Farbgebung steigt mit wachsendem Zusatz an Holzschliff, an ungebleichten Zellstoffen und mit steigendem Füllstoffzusatz. Die Papierhalbstoffe verhalten sich gegenüber Farbstoffen nie ganz gleichmäßig. Auch das Fabrikationswasser selbst ist trotz Wasseraufbereitungs- und Kläranlagen Änderungen unterworfen, die sich unterschiedlich auf die Farbe auswirken. Außerdem ist leicht einzusehen, daß eine große Anfertigung von mehreren tausend Kilo Papier genauer und gleichmäßiger einzufärben ist als ein kleiner Auftrag, der auf der Papiermaschine nur wenige Stunden läuft, so daß hier kaum mehr Zeit ist, Unterschiede auszugleichen oder nachzufärben.

Bei dem Farbvergleich der Muster sollen diese in zwei senkrecht zueinander stehenden Kanten gebrochen, vierfach übereinanderliegend betrachtet, beim Kantenbrechen mit dem Falzbein aber nicht geglättet werden. Das Licht soll so einfallen, daß die Muster den hellsten Eindruck hervorrufen. Für exakte Bestimmungen gibt es heute hochempfindliche Farbmeßverfahren durch allerdings sehr teuere Geräte.

## 2. Druckpapiersorten

*Rotationsdruckpapier* ist ein Massenerzeugnis und wird hauptsächlich zu Zeitungen in großen Mengen verarbeitet. Es besteht bis zu 80% aus Holzschliff. Zusatz von Altpapier hebt die Geschlossenheit der Oberfläche. Es wird mit hohem Füllstoffgehalt auf schnellaufenden Langsieb-Papiermaschinen erzeugt. Allerdings kann die Papiermaschinengeschwindigkeit und die dadurch hervorgerufene Beanspruchung der Papierbahn auf Festigkeit zur Folge haben, daß der Füllstoffzusatz vermindert oder ganz weggelassen wird. Die Bestrebungen gehen dahin, durch chemische Vorbehandlung des Holzes einen Holzschliff zu erzeugen, der hinsichtlich

Festigkeit dem Zellstoft nahekommt und hohe Papiermaschinengeschwindigkeiten zuläßt. Geleimt wird dieses Papier wenig oder gar nicht. Rotationsdruck wird in maschinenglatten Rollen geliefert und auf Rotationspressen verarbeitet. Nur kleine Mengen dieser Papiersorte werden noch in Format auf Schnellpressen verdruckt. Insbesondere beim Zeitungsdruck bedeutet jeder Stillstand nach dem Anlaufen der modernen Rotationsdruckmaschinen einen Verlust an nicht mehr einzubringender Zeit und an Geld. Unstimmigkeiten an der Maschine und fehlerhafte Papiere müssen vermieden werden. Die Auswahl des geeigneten Zylinderaufzuges für die Rotationsmaschine muß besonders gewissenhaft erfolgen. Im allgemeinen wird also vorteilhaft angesehen, den Zylinderaufzug gerade an der Zeitungsmaschine aus möglichst wenig Teilen zusammenzustellen und kompakt zu halten. Die neuartigen Gummidrucktücher sind betriebssicher und haben eine hohe Lebensdauer.

Die Papierrollen müssen zur Stillstandsvermeidung als endlose Bahn vom Rollenkern bis zur letzten Außenschicht geliefert werden. Einwandfreie, der Beanspruchung in der Rotationsmaschine entsprechend fest ausgeführte Klebestellen sind Vorbedingung. Sprödes Papier reißt bei der Verarbeitung; es entsteht bei Übertrocknung auf den Zylindern der Papiermaschine. Hand in Hand mit falscher Führung des Trockenprozesses geht die Neigung des Papieres zum Stauben. Die ersten zu heißen Trockenzylinder „rupfen“ Faserteilchen aus dem Papiergefüge. Diese stehen hoch, brechen in der Druckmaschine ab und erzeugen Staub. Das Feuchten des Papiers beim Auf- oder Umrollen vermindert die Sprödigkeit.

*Illustrationsdruckpapier* ist für Zeitschriften mit Bildern ebenfalls ein Massenerzeugnis geringerer Qualität. Fein gerasterte Autotypen erfordern eine gutgeschlossene und glatte Oberfläche des Papieres. Man führt deshalb die Papierbahn durch den Satinierkalander. Der Füllstoffzusatz kann bei dieser Papiersorte bis zu 30% erhöht werden, wodurch die Glätte verbessert wird und die Durchsichtigkeit des Blattes sich vermindert. Da Illustrationspapiere mit etwa 50 g je Quadratmeter hergestellt und durch die Satinage, also durch den Druck zwischen den Kalanderwalzen zusammengepreßt, verdichtet und geglättet werden, ist leicht einzusehen, daß Füllstoffe notwendig sind, um die Transparenz derartiger Papiere zu verhindern.

Eine feinere Holzschliffqualität, als sie bei Rotationsdruck verwendet wird, oft auch der Zusatz von Strohzellstoff steigert die Bedruckbarkeit dieses Papieres.

*Tiefdruckpapiere* werden gleichfalls mit hohen Holzschliffzusatz von rund 75% hergestellt, jedoch sind die Anforderungen an diese Papiersorte weitgehender als bei Illustrationsdruck. Neben Weichheit und Zusammendrückbarkeit wird eine größere Festigkeit und auch eine bestimmte Glätte verlangt. Die Feinheiten der Druckformen müssen vom Papier aufgenommen werden, es muß ausreichend saugfähig sein, darf nicht tonen, nicht stauben und vor allem keine Sand- und Glimmerteilchen enthalten, die sich an der Rakel der Druckmaschine festsetzen können und Bild sowie Papier zerkratzen. Über das Tonen des Papieres bestehen zwischen Drucker und Papiermacher des öfteren Meinungsverschiedenheiten. Die Tiefdruckmaschinen arbeiten mit polierten Kupferzylindern. Lösen sich aus dem Papier feine Kaolinteilchen heraus, so bilden diese einen leichten Staubüberzug auf dem Kupferzylinder. Vermischt sich die Druckfarbe nun mit diesem Staubbelag, so entsteht ein Schleier über dem Bild. Oft aber ist auch ein schlecht polierter Zylinder an diesem Tonen schuld. Ob die schlechte Politur ihre Ursache in einem mangelhaften Schliff des Zylinders hat oder auf abgenützte Rakel zurückzuführen ist, wird jeweils durch genaue Überprüfung zu klären sein, damit das Übel beseitigt werden kann. Aber auch die Druckfarbe muß mit dem Papier übereinstimmen. Ihr zu großer Trockengehalt kann ebenfalls Anlaß zum Tonen geben. Saubere Rakel sind für einwandfreie Druckerzeugnisse Voraussetzung.

Auch Kratzer in der Zylinder-Oberfläche sind nicht immer ausschließlich auf das Tiefdruckpapier zurückzuführen. Sind nämlich in der Druckfarbe harte Bestandteile in kleinster Form enthalten, dann setzen sich diese zwischen Rakel und Zylinderoberfläche fest und verursachen gleichfalls feine Linien und Kratzer. Der Druck sieht dann bald unansehnlich und schmierig aus.

Zeigt sich das Tonen zwar nicht beim Schöndruck, wohl aber beim Widerdruck, dann ist meist ein zu hochgeheizter Heizzylinder der Tiefdruckmaschine der Anlaß. Ist nämlich die erste Heiztrommel zu heiß, so wird der Widerdruckzylinder ebenfalls erwärmt, weil das Papier die Wärme lange hält und sie auf diesen überträgt. Der Widerdruckzylinder wird dadurch aufgerauht; es entsteht statische Elektrizität. Kleine elektrische Funken brennen Farbteilchen und Füllstoffpartikel auf seiner Oberfläche fest und verursachen das Tonen. Metallbürsten, die auf beiden Papierbahnseiten zwischen Schön- und Widerdruckzylinder angebracht werden, leiten die Reibungselektrizität ab. An der gleichen Stelle eingebaute Feuchtigkeitsvorrichtungen verhindern die Bildung statischer Elektrizität ebenfalls und machen das Papier außerdem geschmeidig.

*Offsetdruckpapiere* werden für Ein- und Mehrfarbendruck für große Auflagen von Werbeblättern, Zeitschriften, Zeitungen und auch Büchern verwendet. Je nach Aufmachung dieser Druckerzeugnisse sind die Ansprüche an diese Papiersorten verschieden. Offsetpapier wird mit matter

Satinage, mit guter Maschinenglätte, aber auch rauh, gerippt, gepreßt, genarbt, gekörnt oder wolkig verlangt. Gemeinsam sind diesen Papieren möglichst dichte, geschlossene Oberfläche, eine Leimung, die ausreicht, um das Stauben zu verhindern, und Festigkeitseigenschaften wie auch bei anderen Druckpapieren. In der Stoffzusammensetzung ist ein weiter Spielraum gelassen. Der Anteil an Holzschliff kann 70% und mehr betragen, der Füllstoffgehalt rund 20 %. Auch gestrichene Offsetpapiere mit matter Satinage werden verwendet. Wenn eine rauhe Oberfläche verlangt wird, so muß diese dennoch geschlossen sein. Der Papiermacher erreicht das teils durch die Mahlung der Fasern, teils durch Zugabe geeigneter Füllstoffe. Diese Füllstoffe gewährleisten zusammen mit der rauhen Oberfläche des Papieres eine besonders gute Farbaufnahme, lassen das Bild plastischer wirken und machen außerdem das Papier opak, so daß auch bei niederem Quadratmetergewicht das Durchscheinen vermindert wird. Um diese Füllstoffe jedoch im Papiergefüge zu binden und das Stauben zu verhindern, wird das Papier im Stoff mehr oder weniger geleimt. Bei Mehrfarbendruck wird eine volle Leimung angebracht sein, während bei weniger anspruchsvollen Druckerzeugnissen eine Teilleimung ausreicht. Die Staubentwicklung jedoch muß bei Offsetpapieren auf ein Minimum beschränkt sein. Der Staub trägt in der Offsetdruckerei die Gefahr in sich, daß das Gummituch schnell verschmiert und mitunter sogar die Zinkplatte zerstört wird. Zu achten ist auf möglichst wenig Säuregehalt in allen Offsetpapieren.

Für besonders hohe drucktechnische Anforderungen sind *gestrichene Druckpapiere* vorzusehen. Sie werden einseitig oder zweiseitig gestrichen und können nach Bedarf weiterbehandelt, z. B. geglättet oder gebürstet werden. Sie weisen auch für feine Raster die beste Oberfläche auf; Druckfarbe und Strich müssen aber aufeinander abgestimmt sein, um ein Rupfen zu vermeiden. Die gute Zusammenarbeit zwischen der Streicherei und dem Drucker einerseits und zwischen den Farblieferanten andererseits kann hier viel zur Vermeidung von Störungen beitragen

*Chromopapier* hat im allgemeinen den Strich nur auf einer Blattseite, wobei die verhältnismäßig dicke Schicht aus mehreren dünnen Strichen bestehen kann. Es wird in der Chromolithographie bevorzugt verwendet. Da nun Steindruckfarben hohe Konsistenz aufweisen, dringen sie in kleine Poren und Vertiefungen der Papieroberfläche nicht ein. An solchen Stellen entstehen dann im Druck weiße Punkte. Mit einer Lupe lassen sich solche Fehler im Strich, kleine Löcher, Poren oder Vertiefungen feststellen. Bei hochwertigen Druckerzeugnissen ist das Vordrucken des Chromopapieres mit Firnis zu empfehlen. Dadurch wird das Papier gestreckt, die schon oben geschilderten Einflüsse der Steinfeuchtigkeit auf die Flächenveränderung des Papieres wird vermindert und man erzielt gute Passer.

Matte Chromopapiere eignen sich gut für Bronzedruck und werden auch für Offsetdruck verwendet.

Beiderseits gestrichenes Papier wird als *Kunstdruckpapier* bezeichnet und oft in zarten Tönen, bisweilen auch zweifarbig verlangt. Der Strich ist meist dünner als bei Chromopapieren, muß aber so fest sitzen, daß er beim Biegen nicht abblättert oder Risse bekommt. Tritt bei den gestrichenen Papieren Staub auf, so rührt dieser meist nicht vom Strich her, sondern vom unsauberen Schnitt. Die an den neuen Druckmaschinen angebrachten Abstaubbürsten beseitigen diesen Übelstand.

Soll Kunstdruckpapier für Offset verwendet werden, so ist zuvor zu prüfen, ob es dazu neigt, am Gummituch hängenzubleiben. Matt gestrichene Kunstdruckpapiere lassen sich leichter als glänzende mit weichem Gummituch verarbeiten. Im allgemeinen sind Kunstdruckpapiere wegen ihrer geringen Wasserfestigkeit für Offsetdruck nicht besonders geeignet.

Auf der Papiermaschine während der Herstellung gestrichenes Papier kann als Zwischenglied zwischen Kunstdruck- und Naturkunstdruckpapier betrachtet werden. Der Strich wird auf der Papiermaschine ein- oder beiderseitig auf die Oberfläche aufgebracht. Selbst Rotationspapiersorten können dadurch in der Bedruckbarkeit so verbessert werden, daß sie für die Reproduktion feinster Autotypen geeignet sind. Maschinengestrichenes Papier zeigt keine Zweiseitigkeit und dürfte für Illustrations- und Farbendrucke, für Magazine, technische Zeitschriften und als Tapetenpapier Verwendung finden.

*Werkdruckpapier* ist keine einheitliche Klassenbezeichnung. Unter diesem Namen laufen die verschiedensten Sorten, die im allgemeinen für Bücher und Zeitschriften verwendet werden, mit und ohne Holzschliffzusatz, mit hohem Füllstoffgehalt, halb- und dreiviertel geleimt.

Ein Sonderpapier ist das sogenannte *Dickdruckpapier,* auch als Daunendruck oder federleicht Druck bezeichnet. Verlangt werden gute Durchsicht und geschlossene Oberfläche bei gleichzeitig großer Weichheit und hohem „Volumen“, d. h. geringem Raumgewicht. Im Handel werden zur Charakterisierung dieser Papiersorte Angaben über Volumen oder Bogendicke gemacht, die zu nicht auftragendem Papier mit einem Raumgewicht von einem Kilo je Kubikdezimeter bzw. mit einer Dicke von 0,1 mm bei 100 g je Quadratmeter Flächengewicht in Beziehung stehen. Unter „doppeltem Volumen“ ist dann ein Raumgewicht von 0,5 kg je Kubikdezimeter oder unter „zweifacher Bogendicke“ eine Dicke von 0,2 mm bei einem Quadratmetergewicht von 100 g zu verstehen.

Diese Dickdruckpapiere werden aus voluminösen Faserrohstoffen mit keinem oder relativ geringem Füllstoffzusatz hergestellt, mit einer Leimung, die bei dem lockeren Blattgefüge das Stauben verhindert und das zu starke Aufsaugen der Druckfarbe vermindert. Die Papierbahn wird wenig gepreßt, vorteilhaft mit Saugwalze gearbeitet, nicht geglättet und dadurch nicht verdichtet, sondern auftragend gehalten. Die Festigkeitseigenschaften sind geringer als bei anderen Druckpapieren.

Im Gegensatz dazu sind die sogenannten *Bibeldruckpapiere* mit niedrigem Quadratmetergewicht ziemlich dünn gearbeitete Papiersorten zwischen 27 bis 40 g/qm. Sie werden durch hohen Füllstoffzusatz von ausgewählter Qualität undurchscheinend gemacht. Früher wurden diese Dünndruckpapiere als reine Hadernpapiere hergestellt, heute fertigt man sie mit Zellstoffzusatz oder auch hundertprozentig aus Holzzellstoffen geeigneter Art. Maschinenglätte oder schwache Satinage sind üblich. Mit der Lagerung dieser Papiersorten ist ein Reifungsprozeß verbunden. Klimatisierte Lager- und Verarbeitungsräume sind bei diesen empfindlichen Feinpapieren besonders vorteilhaft.

Daß mit Neuerungen und Änderungen der Druckverfahren auch wieder andere Anforderungen an die Papierqualität gestellt werden, geht deutlich z. B. aus dem sogenannten „Naß-in-Naß-Druck" hervor. Dieser dient zur Produktionsbeschleunigung und kommt besonders für Hoch- und Flachdruck, aber auch für Tiefdruck in Betracht. Die Saugfähigkeit des Papiers muß diesem Verfahren angeglichen werden. Bei modernen Fünffarben - Rotationsdruckmaschinen liegen die fünf Plattenzylinder rund um den gemeinsamen Gegendruckzylinder. Bei solch rascher Aufeinanderfolge der Drucke muß die Farbe auch entsprechend rasch vom Papier aufgenommen werden. Die Poren des Papiergefüges dürfen sich bei der ersten Berührung mit Farbe nicht derart „verstopfen", daß bei den folgenden Druckvorgängen weitere Farbe nicht mehr rasch genug aufgenommen wird. Durch die nach Kriegsende auch in Deutschland mehr und mehr eingeführte Aufbereitung der Halbstoffe in Stofflösern (Pulper) und in rasch laufenden Kegelaufschlägern (Refiner, Hydrafiner) und hochtourigen Kegelstoffmühlen erzielt der Papiermacher Papiereigenschaften, die bei der bisher üblichen Stoffaufbereitung im Holländer nicht immer möglich waren. Durch die wachsende Erfahrung auf diesem Gebiet, wie auch durch Oberflächenbehandlung in der Papiermaschine selbst, wird die Möglichkeit, den gesteigerten Qualitätsansprüchen von seiten des Druckers nachzukommen, bis zu einem gewissen Grad erweitert. Regeltechnik und Automation leisten ihre Beiträge zur Gleichmäßigkeit der Papiere.

Wie auf anderen Gebieten der Technik ist auch in der Drucktechnik „alles im Fluß", und neue Anforderungen an den Drucker haben solche an den Papiermacher im Gefolge. Gemeinsamen Bemühungen wird auch hier der Erfolg nicht versagt bleiben.

Literaturangaben: Hoyer, „Papier als Druckträger"; Dr. Heinz Schilde, Dissertation, Dresden 1930; Dr. Ing. Wilhelm Müller-Rid, „Die Modernisierung von Stoffaufbereitung und Mahlungsanlagen durch neuzeitliche Maschinen". W. Kilpper: „Papier- und Druckverfahren in der Praxis des Papiermachers". Das Papier 15, 16—21 (1961).

Ein Vorabdruck dieses Beitrages erfolgte in der Fachzeitschrift „Der Polygraph", Frankfurt a. Main (Heft 10/50). Der Autor hat ihn derzeitig noch einmal überarbeitet.

## Auftragendes Werkdruckpapier

*Sorgenkind des Druckers und des Papiermachers*

von Erich Leidl

Auftragendes Werkdruckpapier, auch Dickdruck-, Daunendruck-, Alfadruck- und federleichtes Druckpapier genannt, ist für den Drucker ein Rohstoff, der ihm bei seiner Verarbeitung manche Schwierigkeiten bereitet und Rätsel aufgibt, deren Lösung nicht immer einfach, ja manchmal sogar unmöglich ist. Ist es einmal die hohe Elektrizität, die dem Papier innewohnt und häufig zur Einführung von zwei oder mehr Bogen in die Presse führt, so kann in einem andern Fall der mit Saugnäpfen arbeitende Bogenabnehmer derart versagen, daß er laufend zwei Bögen abnimmt und zuführt, im weiteren kann übermäßiges Stauben des Papiers zu häufigem Abstellen und Waschen zwingen, um nur einige der lästigen Begleiterscheinungen der Verarbeitung von auftragenden Werkdruckpapieren kurz zu streifen. Doch nicht allein in der Druckerei bereitet dieses Papier Schwierigkeiten, sie beginnen vielmehr schon bei seiner Herstellung in der Papierfabrik.

### *Was heißt auftragendes Werkdruckpapier?*

Die Stärke eines Papiers wird üblicherweise durch sein Gewicht pro Quadratmeter festgelegt, wobei der Dicke des Blattes wenig Beachtung geschenkt wird. Die Dicke ist überdies auch nach dem Grad der Glätte verschieden und selbstverständlich bei Papieren hoher Glätte durch die im Kalander erfolgte Verdichtung geringer als bei maschinenglattem Papier. Bei holzfreiem Schreibpapier rechnet man normalerweise mit einfachem Volumen, das heißt, daß beispielsweise ein Schreibpapier von 100 g/m² eine Dicke von 0,10 mm, solches von 80 g/m² eben nur 0,8 mm Dicke aufweist. Wenn nun von auftragendem Werkdruckpapier mit 1,5-

fachem Volumen gesprochen wird, so bedeutet dies, daß bei einem Gewicht von 100 g/m² nicht mehr 0,10 mm, sondern 0,15 mm, eben der 1,5fache Wert erreicht werden muß, bei zweifachem Volumen schon 0,20 mm, gar bei 2,5fachem Volumen 0,25 mm. Daß die Schwierigkeit der Herstellung mit zunehmendem Volumen steigt, ist einleuchtend. Stoffzusammensetzung wie auch Papiermaschinenarbeit bedingen höchste Aufmerksamkeit, um das verlangte Volumen bei strikter Einhaltung des Quadratmetergewichts zu erreichen.

*Rohstoffe für auftragende Werkdruckpapiere*

Der heute nur noch vereinzelt angewandte Ausdruck Alfadruck erinnert daran, daß früher diesem Papier ein hoher Prozentsatz Alfa- oder Espartozellstoff zugesetzt wurde, ein sehr voluminöser Rohstoff, der heute durch den Einsatz von Buchen- oder Pappelzellstoff ersetzt wird. Diese Laubholzzellstoffe sind ebenso wie Alfa und Esparto sehr voluminös und ergeben ein weiches, auftragendes Papier. Zufolge ihrer Weichheit verbietet es sich, auftragendes Papier ausschließlich auf Laubholzzellstoffbasis herzustellen, ihre Zuteilung muß auf ein gewisses Maß beschränkt bleiben. Holzschliff, im besonderen Laubholzschliff, wirkt sich ebenfalls sehr günstig in dem Sinne aus, daß er die Dicke des Papiers erhöht.

Diese vorgenannten Faserstoffe bedürfen jedoch des Zusatzes von Nadelholzzellstoffen, die durch ihre größere Faserlänge dem Papier die erforderliche Festigkeit verleihen und einer zu großen Weichheit und Lappigkeit entgegenarbeiten. Verschiedentlich wird sogar eine relativ hohe Härte des Papiers verlangt, die den Papiermacher dazu zwingt, einen Teil von Nadel- und Laubholzzellstoff gegen Strohzellstoff auszutauschen, letzterer fördert schon bei geringer Mahlung in erhöhtem Maße die Härte des Papiers.

*Stoffvorbereitung*

Wie bei der Wahl und Zusammenstellung der Rohfaserstoffe ist auch in der Stoffvorbereitung größte Aufmerksamkeit nötig, schließlich spielt hier auch das verlangte Volumen die entscheidende Rolle. Kann man beispielsweise bei 1,5fachem Volumen noch vom Mahlen des Stoffes sprechen, so kann bei zweifachem Volumen und darüber nur noch von Aufschlagen und Egalisieren der Faserstoffe die Rede sein. Eine Mahlung erniedrigt in jedem Falle das Volumen dadurch, daß das Papiergefüge dichter ausfällt, wobei eine schneidende, faserkürzende Mahlweise die Dicke des Blattes weniger beeinträchtigt als die quetschende, fibrilliedende Mahlung. In jedem Falle aber muß die Stoffvorbereitung zu einem knoten- und stippenfreien Stoff führen. Knoten im Papier geben Anlaß zur Beschädigung und Zerstörung der Druckform, die Verarbeitung derartigen Papiers wird zu Recht vom Drucker abgelehnt.

Auch die Papiermaschinenarbeit muß in erster Linie auf das zu erzielende Volumen abgestimmt werden, dies bedeutet, daß die Belastung der Naßpressen bei zu geringer Dicke des Papiers verringert werden muß, ebenso werden die Glättwerke umgangen, weil sie ja die Glätte des Papiers auf Kosten der Dicke erhöhen.

*Der Bogenanleger versagt*

Eine der häufigsten Klagen betrifft den Bogenanleger, der bei voluminösen Werkdruckpapieren nicht mehr in der gewohnten Weise funktionieren will. Der mit Saugnäpfen versehene Anleger nimmt nicht wie üblich einen Bogen auf, sondern deren zwei oder drei. Der Grund für diese Erscheinung ist bei dem sehr voluminösen Papier zu suchen, das eine sehr hohe Luftdurchlässigkeit besitzt, so daß speziell bei Papieren niederen Quadratmetergewichts der Luftdurchgang so groß ist, daß eben erst zwei oder drei Bögen den starken Saugluftstrom des Anlegers abdecken. Der erfahrene Drucker wird in diesem Falle die Saugluft so weit drosseln, daß der Bogen noch eben angehoben wird, trotzdem kommt es immer wieder vor, daß zwei Bögen auf einmal zugeführt werden. Um diesen Sorgen auszuweichen, erhebt der Drucker die Forderung nach geringerer Luftdurchlässigkeit des Papiers und ist meist bitter enttäuscht, wenn er bei der nächsten Papierlieferung feststellen muß, daß sein diesbezüglicher Wunsch nicht berücksichtigt wurde. Leider kann hier der Papiermacher die Luftdurchlässigkeit nicht nach Belieben wählen. Es liegt eben in der Natur eines auftragenden, voluminös gearbeiteten Papiers, daß seine Luftdurchlässigkeit hoch ist. Eine Umstellung der Stoffzusammensetzung, stärkere Mahlung des Stoffes oder größere Belastung der Naßpressen bei der Herausarbeitung ergibt ein dichteres Papiergefüge und damit eine geringere Luftdurchlässigkeit, Hand in Hand damit geht aber immer eine geringere Dicke bei gleichem Quadratmetergewicht oder ein höheres Gewicht bei gleichbleibender Dicke. Gibt der Papierhersteller der Forderung nach niedrigerer Luftdurchlässigkeit den Vorzug und erarbeitet das geforderte Volumen durch ein höheres Quadratmetergewicht, als ursprünglich verlangt, so überschreitet das fertiggestellte Buch das vorgesehene Gewicht, und nicht selten macht der Verlag den Papiererzeuger für die sich ergebenden höheren Portokosten verantwortlich. Aus der Tatsache, daß ein stark holzhaltiges, auftragendes Werkdruckpapier in seiner Luftdurchlässigkeit wesentlich unter einem holzfreien Papier gleichen Volumens liegt und der Forderung nach geringerer Luftdurchlässigkeit, hat sich ein in letzter Zeit häufig eingeschlagener Mittelweg in der Form abgezeichnet, daß man auftragende Werkdruckpapiere in „fast holzfreier" Qualität herstellt, also 5 bis 15%

Holzschliff zusetzt, dadurch einerseits in der Grundweiße an die holzfreien Papiere dieser Art herankommt, andererseits die Luftdurchlässigkeit des Papiers gegenüber holzfreier Qualität beträchtlich absenken kann. Daß ferner die Luftdurchlässigkeit bei steigendem Quadratmetergewicht automatisch geringer wird, ist einleuchtend, wenn man sich vor Augen führt, daß die zunehmende Dicke des Faserfilzes den Luftdurchgang einschränken muß.

Zur Elektrizität im Papier, die ebenfalls zum Versagen der Papierzuführung Anlaß gibt, ist zu sagen, daß sie in erster Linie bei zu frischem Papier auftritt. Gut abgelagertes und durchklimatisiertes Papier wird in diesem Punkt kaum Schwierigkeiten bringen, die nicht zu überwinden sind.

*Stauben des Papiers*

Wiederum ausgehend von dem lockeren, voluminösen Gefüge ist es gut zu erklären, daß die Fähigkeit der Fasern, sich gegenseitig zu binden wie auch die Feinfasern, Faserbruchstücke und den eventuell beigegebenen Füllstoff fest im Faservlies zu verankern, nicht in dem Maße gegeben ist wie etwa bei Offset- oder Schreibpapieren. Auch hier macht sich die zugunsten des Volumens unterbliebene oder nur geringe Mahlung des Stoffes in der Weise bemerkbar, daß die mit einer stärkeren Mahlung sich ausbildenden Bindungsbrücken der Fasern ganz oder teilweise fehlen. Als Folge hiervon lösen sich bei jeder Gelegenheit Füllstoffe, Feinfasern und Faserbruchstücke aus der Papieroberfläche und setzen sich als Staub ab. Halten sich diese Begleiterscheinungen beim Bedrucken von Werkdruckpapier bis zu 1,75fachem Volumen noch in Grenzen, so ist bei doppeltem Volumen und darüber die Behinderung des Arbeitsablaufes sehr stark. Nicht selten beklagen sich Drucker darüber, daß sie nach jeweils 500, in schwierigen Fällen schon nach 200 Drucken die Form, nach 1500, im Extremfall schon nach 800 Drucken sämtliche Walzen waschen müssen.

Das Stauben ist übrigens nicht auf die Verarbeitung des Papiers beschränkt, auch bei der Erzeugung des Papiers auf der Papiermaschine kommt es zu Erscheinungen, die mit dem späteren Stauben in Beziehung zu setzen sind. Schon an den Naßpressen werden Kurzfasern von der Papieroberfläche losgelöst und setzen sich am Schaber ab. Dieses Loslösen tritt in erster Linie an der Filzseite, der „Schönseite" des Papiers auf, auf der Siebseite werden diese feinen, kurzen Fasern ja zum großen Teil bei der Blattbildung auf dem Sieb mit dem Wasser abgeschwemmt, sie sind hier also nur noch in ungleich geringerem Maße vorhanden als auf der Filzseite. Eine Beschädigung der Papieroberfläche bringt diese Herauslösung von Kurzfasern jedoch nicht. Eine mikroskopische Untersuchung dieses Schaberstoffes zeigt, daß es sich zu 90% um Parenchymzellen von Buchenzellstoff handelt, das sind sehr kleine, kurze, röhrenartige Gefäßzellen, die eben im Papiergefüge zu wenig gebunden sind.

Zu ähnlichen Erscheinungen kommt es in der Trockenpartie, auch hier scheiden sich auf den Zylindern Fasern ab, die sich an den Schabern sammeln. Sofern einzelne Trockenzylinder zu stark geheizt sind, steigt die Menge dieses Schaberstaubes stark an, es kommt zu einem regelrechten Rupfen, wobei nicht nur Einzelfasern, sondern ganze Faserbüschel aus der Papierbahn gerissen werden und eine beschädigte Papieroberfläche die Folge ist. In der Folge kommt es schließlich zum Abriß der Bahn, weil sie eben an einer Stelle, meist am Rand, an dem zu heißen Zylinder „festbrennt" und über die ganze Bahnbreite weiterreißt.

Wie ist nun dem Stauben am wirksamsten entgegenzuarbeiten? Kurzfasern vollkommen zu vermeiden, ist nicht möglich, wohl aber kann man den Füllstoffzusatz wegfallen lassen mit dem Erfolg, daß die Deckfähigkeit des Papiers, besonders bei dünnen Sorten, darunter leidet. Ein wirksames Mittel, das Stauben zwar nicht zu verhindern, aber doch in Grenzen zu halten, ist die Zugabe von Paraffindispersionen zum Papierstoff, die zu einer Bindung der Feinstoffbestandteile wesentlich beitragen, indes der geringen Mahlung wegen sich auch nicht voll auswirken können.

### *Zweiseitigkeit der Papieroberfläche*

Sehr häufig sind auch die Beschwerden über die starke Zweiseitigkeit der stark auftragenden Werkdruckpapiere. Einer verhältnismäßig glatten Filzseite steht vielfach eine starke Markierung der Siebseite, hervorgerufen durch das Sieb der Papiermaschine, gegenüber. Die Ursachen hierfür liegen in der Eigenart der Papiermaschinenarbeit bei der Herstellung dieser Papiere. Zum ersten ist hier die notwendige hohe Verdünnung des Stoffes am Siebauflauf zu nennen, die eine gute Verteilung auf dem Sieb gewährleistet, zugleich aber dazu führt, daß der an sich weiche Stoff die Siebmaschen so vollkommen ausfüllt, daß bei der Abnahme vom Sieb die Unterseite des Papiers ein naturgetreues Abbild der Siebgewebestruktur darstellt. Diese sehr krasse Siebmarkierung kann zwar durch den Druck der Naßpressen gemildert und abgeschwächt werden, wenn man nicht durch die mangelnde Dicke gezwungen ist, die Belastung der Pressen aufzuheben und, wie dies bei doppeltem Volumen und darüber praktisch oft der Fall ist, eine oder zwei Naßpressen zu überführen. Hier läßt man in ersten Linie — weil technisch am einfachsten — die Wendepresse aus, gerade letztere ist am denkbar besten geeignet, die Siebmarkierung zu mindern, weil hier die Siebseite des Papiers an der Preßwalze anliegt.

Wenn es trotz des geringen Druckes der Naßpressen zu einer, die Gleichmäßigkeit der Oberfläche störenden Filzmarkierung kommt, so ist dies damit zu erklären, daß das weiche, voluminöse Papiergefüge überaus empfindlich gegenüber Naßfilzen ist, bei denen das Wollvlies so weit abgearbeitet ist, daß sich die Gewebestruktur auf der Papieroberfläche abzeichnen kann. Diese Feststellung gilt auch für die Bespannung in der Trockenpartie. Auch hier können abgearbeitete, oberflächenverbrannte Filze durchaus noch die Papieroberfläche in einem ungünstigen Sinne beeinflussen und Anlaß für eine unruhige, blasig aufgeworfene Oberfläche des Papiers geben.

Zusammenfassend ist zu sagen, daß bei auftragenden Werkdruckpapieren mit zweifachem und höherem Volumen der Drucker wie der Papiermacher mit mannigfachen Schwierigkeiten zu rechnen hat, deren Begründung in der Natur des sehr voluminösen Papiergefüges liegt. Hier wie dort sollte an sich die Herstellung und Verarbeitung dieser Papiere abgelehnt werden, deren Zweck es letztlich ist, den Käufer eines Buches über dessen Umfang zu täuschen. Werkdruckpapiere, deren Volumen bei 1,75fach und darunter liegt, sichern sowohl in der Papiererzeugung wie auch in der Druckerei noch einen geregelten Arbeitsablauf, so daß sich hier aus den Erfahrungen ein Grenzwert herausbildet, dessen Überschreitung man hier wie dort zu vermeiden trachten sollte.

Ein Vorabdruck dieses Beitrages erfolgte in der Zeitschrift: Form und Technik, Stuttgart.

### Die Luftbehandlung in den Lagerräumen

In den nachstehenden Ausführungen will ich auf die Erfordernisse der Einlagerung des Papiers hinweisen unter besonderer Berücksichtigung der klimatischen Vorbedingungen. Das Temperieren, das heißt die Angleichung des Papiers an die Luftfeuchtigkeit der Lagerräume beziehungsweise des Maschinensaales, wo es verarbeitet werden soll, ist für den Ausfall der Druckarbeiten von ausschlaggebender Bedeutung. Papier, das sich unter äußeren klimatischen Umständen, wie unter der Einwirkung zu warmer oder zu kalter Lagerräume verändert und somit bei mehrfarbigen Druckauflagen einen genauen Passer unmöglich macht, bedeutet eine große Arbeitserschwernis für den störungsfreien Druck der Auflage.

Die Buchdrucker haben sich im allgemeinen in den letzten Jahren auf die Forschungen, die in bezug auf hygroskopische Papiere gemacht worden sind, noch nicht restlos eingestellt, wenigstens nicht die große Zahl der Mittel- und Kleinbetriebe.

Der Stein- und Offsetdrucker sowie der Tiefdrucker ist in dieser Beziehung wesentlich fortschrittlicher eingestellt und hat Einrichtungen geschaffen, die eine Kontrolle der Luftfeuchtigkeit und Luftwärme ermöglichen. Die Angleichung der Temperatur im Lager und im Maschinensaal ist von ausschlaggebender Bedeutung für die Frage der Papierbehandlung. Der Ausdruck „Temperieren" ist in Druckerkreisen der Inbegriff der Angleichung namentlich im Feuchtigkeitsgehalt des Papieres an die es umgebende Luft, denn die Flächenbeständigkeit und das Flachliegen der Bogen ist von grundlegender Bedeutung für den Mehrfarbendruck. Man kann sich nicht genug um Aufklärung über die Gesetzmäßigkeiten bemühen, die mit dem „Temperieren" zusammenhängen, und um die Schlußfolgerungen für die Praxis, die zur Erkenntnis dessen, worauf es ankommt und zur sicheren Beherrschung der technischen Maßnahmen führen. 18 bis 20 Grad Celsius im Maschinensaal, 63 bis 65 Grad relative Luftfeuchtigkeit ist die feststehende Allgemeinforderung. Ist diese Vorbedingung erfüllt, so ist das Wort „Temperieren" nur noch ein Fremdwort. Natürlich müssen die Lagerräume der Papiere entsprechend eingerichtet sein, das Lagern selbst muß sachgemäß erfolgen, beim Versand dürfen zu der gut getrockneten Ware keine feuchten Kisten oder nasse Ballenbretter verwendet werden. Alles Binsenwahrheiten, die aber immer wieder nicht befolgt werden, und dann ist das Wehgeschrei in den Werkstätten sehr groß, wenn sich die Folgen zeigen. Ist der Lagerraum zu kalt, muß durch Heizung entsprechender Ausgleich geschaffen werden, ist er zu warm, muß für sinngemäße Lüftung und durch Sprengen des Fußbodens mit Wasser für ausreichende Feuchtigkeit gesorgt werden. Natürlich gehört in jeden Papierlagerraum ein Thermometer und ein Hygrometer! Ebenso in den Druckraum. Temperatur und Luftfeuchtigkeit müssen diejenigen Leute, die mit Papier zu tun haben, stets kennen, und Temperatur und Luftfeuchtigkeit müssen im Papierlager und im Druckraum stets gleich bleiben. Bei einer unerwarteten, eiligen Arbeit stellt sich oft heraus, daß das Papier, das aus dem Lager kommt, stark wellig ist und daß ihm, damit man es überhaupt verdrucken kann, erst noch durch Auslegen in kleinen Stößen „gut zugeredet" werden muß. Und doch kann das oft vorkommende Welligwerden durch ein wenig Pflege des Papiers auf dem Lager meistens vermieden werden.

Es tritt auf, wenn der Feuchtigkeitsgrad des Verarbeitungsraumes dem des Papieres nicht entspricht.

Zur Kontrolle des Feuchtigkeitsgrades bedarf es des Hygrometers, eines Feuchtigkeitsmessers, dessen Handhabung keine Schwierigkeiten bietet. Am empfehlenswertesten für unsere Zwecke sind die Haarhygrometer. Sie bestehen aus einem entfetteten Pferdehaar, das an dem einen Ende festgeklemmt, an dem anderen, durch ein kleines Gewicht beschwert, über eine Rolle geführt ist und sich unter dem Einfluß der Luftfeuchtigkeit oder -trockenheit verlängert oder verkürzt. Dadurch wird dann ein Zeiger bewegt, der auf einer Skala den Feuchtigkeitsgrad der Luft abzulesen gestattet. Ein derartiges Gerät hängt man im Papierlager auf, ein zweites im Druckraum und regelt nach Bedarf durch Heizen oder durch Sprengen mit Wasser die Luftfeuchtigkeit so, daß beide Instrumente möglichst gleich zeigen. Im Winter soll das Papierlager sich auch nicht zu sehr in der Temperatur vom Druckraum unterscheiden. Es etwa gar nicht zu heizen, ist eine falsch angebrachte Sparsamkeit.

Hält man so möglichst konstante Luftfeuchtigkeit im Papierlager, so fällt das lästige Umpacken des Papiers und Auslegen in kleinen Stößen auch bei lange lagernden Papieren fort. Ja, man wird sogar finden, daß Kunstdruckpapiere, die sich sonst beim Verdrucken wenig geschmeidig zeigen, bei denen sogar der Strich Miene macht, sich loszulösen — daß selbst solche Papiere sich anstandslos verdrucken lassen, wenn sie nur den nötigen mittleren Feuchtigkeitsgrad von 63 bis 65 Prozent aufweisen. Die Papierlieferanten haben daher nicht ganz unrecht, wenn sie das Abheben des Striches der Behandlung durch den Drucker zuschreiben.

Wenn aber auch bei richtigem Feuchtigkeitsgrad das Papier noch die erwähnten Mängel zeigt, dann darf man annehmen, daß das Bindemittel des Kreidestriches zu stark gegerbt und dieser dadurch zu spröde geworden ist, und solches Papier ist sicherlich absolut unbrauchbar.

Überall in der Technik macht sich das Bestreben geltend, möglichst gleichmäßige Verhältnisse zu erzielen und zu erhalten durch geeignete Anwendung von Meßinstrumenten. Ein solches Meßinstrument für die Luftfeuchtigkeit, das sicher mancher bisher nur als Spielerei betrachtet hat, ist das Hygrometer, und durch seine sinngemäße und zielbewußte Anwendung läßt sich auch für den Drucker manche Erleichterung schaffen und viel Ärger vermeiden. Es würde sich also der Mühe verlohnen, die begreifliche Scheu vor dem bisher Ungewöhnlichen zu überwinden und sich mit seiner Anwendung zu befreunden.

Glücklicherweise sind in den automatischen Klimaanlagen jetzt auch Mittel geschaffen, die geeignet sind, dem Mehrfarbendrucker sein schweres Werk zu erleichtern. Man hat in Großdruckereien automatisch arbeitende Apparaturen eingebaut, mit deren Hilfe eine selbständige Temperatur- und Feuchtigkeitsregelung sowie Lufterneuerung durchgeführt werden kann. Diese Apparate sind noch verhältnismäßig teuer, so daß sie sich nur in größeren Betrieben bezahlt machen. Aber ein Thermometer und ein Hygrometer anzuschaffen, das dürfte für jeden vorwärtsstrebenden Buchdrucker von Vorteil und auch erschwinglich sein.

Über die *„Klimaanlage"* entnehme ich noch einige lesenswerte allgemeine Ausführungen dem Buch von Dr. Curt Piorkowski (J. J. Arnd-Verlag) über den Betrieb Gebr. Obpacher A.G. in München:

„Wie empfindlich Haare, Fasern und überhaupt alle organischen Gewebe auf die Schwankungen des Feuchtigkeitsgehaltes der Luft reagieren, beweist die Tatsache, daß man gerade Haare zur Messung des Feuchtigkeitsgehaltes verwendet. Es liegt auf der Hand, daß das Papier, ein Produkt aus verfilzten Fasern, stets einen gewissen Grad von Feuchtigkeit enthält, der natürlich in seiner Höhe maßgebend beeinflußt wird von dem Feuchtigkeitsgehalt der umspülenden Luft. Entsprechend dem durch die Aufnahme bzw. Abgabe von Feuchtigkeit an die umgebende Luft bedingten Quell- und Schrumpfungsvermögen der einzelnen Faser verlängert sich das Papier bei zu hoher und verkürzt sich bei zu niedriger relativer Luftfeuchtigkeit. Im einzelnen sind folgende *Fehlererscheinungen* meist auf ungünstige klimatische Verhältnisse zurückzuführen.

*a) Schrumpfen*

Ein Papierlagerraum hat beispielsweise statt 65 % nur etwa 40 % relative Luftfeuchtigkeit. Das in Stapeln liegende Papier gibt von den Rändern Feuchtigkeit an die zu trockene Luft ab, die einzelnen Fasern schrumpfen zusammen. Diese Schrumpfung kann aber nicht gleichmäßig erfolgen, denn die Innenfläche des Papiers ist ja je nach der Höhe des Stapels mehr oder weniger luftdicht abgeschlossen. Die Folge ist, daß sich nur die Ränder zusammenziehen; dadurch kann bei der Verarbeitung in der Druckmaschine leicht das lästige Faltenschlagen entstehen.

*b) Rollen*

Es ist eine bekannte Tatsache, daß alle Papiere zweiseitig sind. Das heißt: Sieb- und Filzseite sind niemals vollkommen gleich. Noch deutlicher erkennbar wird der tiefere Grund des Rollens, wenn wir die vollkommen verschiedene Ober- und Unterseite beispielsweise des Chromoersatzkartons oder gar der aufkaschierten Metallfolien betrachten. Es ist klar, daß in all diesen Fällen die eine Seite mehr, die andere Seite weniger oder vielleicht gar keine Feuchtigkeit aufnehmen bzw. abstoßen kann. Die unmittelbare Folge dieser zweiseitig verschiedenen Dehnbarkeit ist ein Verziehen bzw. Rollen der Bogen unter dem Einflusse wechselnder klimatischer Verhältnisse.

*c) Passerdifferenzen*

Der Wechsel der relativen Luftfeuchtigkeit bedingt also die unter a und b geschilderten Fehlererscheinungen, insbesondere dann, wenn er während des Auflagedruckes eintritt. Durch das Wachsen des Papieres bei zu hoher und das Schrumpfen bei zu niedriger relativer Luftfeuchtigkeit treten Passerdifferenzen auf.

*d) Stauben*

Es ist wenig bekannt, daß auch dieser Übelstand, der soviel Aufenthalt im Fortdruck verursachen kann, sehr oft auf eine zu niedere Luftfeuchtigkeit zurückzuführen ist. Das Papier muß zu viel Feuchtigkeit abgeben. Es wird folglich spröde; der Füllstoff lockert sich, und das Papier staubt.

*e) Statische Elektrizität des Papieres*

Diese Erscheinung tritt sehr oft auf und macht sich insofern äußerst unangenehm bemerkbar, als der Anlegeapparat meist nicht mehr weiterarbeiten kann und durch die Handanlage ersetzt werden muß. Abgesehen von diesem Schaden haften auch die gedruckten Bogen so stark aufeinander, daß durch das oft etwas langsame Abheben sowohl ein Verschmieren der noch frischen Farbe als auch ein Abziehen derselben auf der Rückseite des Druckbogens eintritt. Vergegenwärtigt man sich die starke Reibung, der jedes Papier bei der Herstellung z. B. an geheizten Walzen, an Zylinderaufzügen usw. ausgesetzt ist, und die nachfolgende starke Pressung in Stapeln und Ballen, so versteht man ohne weiteres die Tatsache, daß fast alle Papiere mehr oder weniger mit Reibungselastizität geladen werden. Diese Ladung ist unter normalen Verhältnissen von keinem schädlichen Einfluß auf die Weiterverarbeitung, denn dank eines gewissen Feuchtigkeitsgehaltes der Papiere wird die statische Elektrizität wieder abgeleitet. Entzieht man jedoch dem Papier die Feuchtigkeit durch Lagerung in zu trockenen Räumen, dann verliert es gleichzeitig mit dem Feuchtigkeitsgehalt die Möglichkeit einer Ableitung der Reibungselektrizität und gewinnt zudem eine erhöhte Bereitschaft, sich durch Reibung in den Weiterverarbeitungsmaschinen der Druckerei und der konfektionierenden Abteilungen erneut mit statischer Elektrizität aufzuladen. Das beste Abwehrmittel gegen diese Einflüsse ist die Konstanthaltung einer entsprechenden Luftfeuchtigkeit, und zwar im Papierlagerraum, in der Druckerei und den weiterverarbeitenden Abteilungen. Man hat im In- und Ausland Untersuchungen darüber angestellt, welches Klima als das vorteilhafteste anzusehen ist. Das Ergebnis ist die Ermittlung eines günstigsten Satzes von 65 Prozent relativer Luftfeuchtigkeit bei einer Lufttemperatur von etwa 21 Grad Celsius. Bei diesem Klima werden heute alle Papierprüfungen in den Papierfabriken und in den staatlichen Materialprüfungsanstalten vorgenommen.

## Klimatisierung in der Papier- und Druckindustrie*)

Für Papierfabriken und Druckereien ist die Frage der Einwirkung der Luftverhältnisse auf Papier, Farbwalzen und Druckfarben in den Arbeits- und Lagerräumen besonders wichtig.

Beim Papier haben wir es mit einem Stoff zu tun, der sich bezüglich der Aufnahme und Abgabe von Feuchtigkeit während der Arbeitsprozesse genau so verhält wie die in ihm enthaltenen Grundstoffe: Holzfasern oder Cellulose. Diese Stoffe sind aber, wie bekannt, sehr feuchtigkeitsempfindlich.

Im folgenden sollen die Einwirkungen der klimatischen Verhältnisse auf das Papier, nachdem es die Papiermaschine verlassen hat und in der Papierfabrik bis zum Versand bearbeitet wird, betrachtet werden. Ebenso soll untersucht werden das Verhalten des in den Papierfabriken fertiggestellten Papiers während des Druckverfahrens sowie das Verhalten der Farbwalzen und Farbstoffe in der Druckerei unter dem Einfluß wechselnder Luftverhältnisse.

Obwohl die Einwirkungen der Schwankungen des Wetters in der Druckerei sich empfindlicher bemerkbar machen als in der Papierfabrik, so ist doch die Konstanthaltung von Temperatur und relative Feuchtigkeit bei der Papierherstellung ebenfalls von großer Bedeutung. Hierbei handelt es sich hauptsächlich um diejenigen Räume, in denen das von den Papiermaschinen kommende Papier noch weiter verarbeitet wird, also um Kalanderräume, Schneideräume, Sortiersäle und Lagerräume. Es ist dabei zu beachten, daß die Beeinflussung des Papiers durch die Raumluft hinsichtlich seines Feuchtigkeitsgehaltes in erster Linie von der Dauer des Durchganges des Papiers durch diese Räume abhängig ist, weil das Papier dort in Rollen oder Stößen gelagert wird. Geht das Papier verhältnismäßig schnell durch die Arbeitsräume und Lager, so wird sein Feuchtigkeitsgehalt auch in geringerem Maße beeinflußt, als wenn es in diesen Räumen längere Zeit, z. B. tagelang, lagert. Im letzteren Falle werden die äußeren Flächen der Papierrollen

*) Der Beitrag über die Klimatisierung wurde von Herrn Oberingenieur August Schmid, VDI (†), in Firma Lufttechnische Gesellschaft m.b.H., Zweigbüro Beckum/Westfalen, zur Verfügung gestellt.

und Stapel um so mehr Feuchtigkeit aufnehmen oder abgeben, je größer der Wechsel in der Luftfeuchtigkeit des Raumes ist.

Von noch größerer Bedeutung für diese Räume in Papierfabriken ist jedoch die Verbesserung der Arbeitsverhältnisse durch den Einbau von Klima-Anlagen. Die Arbeitsverhältnisse in industriellen Betrieben sind so gesund als möglich zu gestalten. Durch diese verbesserten Arbeitsverhältnisse lassen sich auch nachweisbar höhere Arbeitsleistungen erzielen.

In den *Kalandersälen*, in denen durch den hohen Kraftbedarf der Maschinen große Wärmemengen frei werden, können die Raumtemperaturen durch Klimatisierung im Sommer bis auf 27° C verringert werden in Fällen, in denen früher 35 und 36° C entstanden. Durch die Klimatisierung kann ferner die relative Luftfeuchtigkeit auf 60—65° festgehalten werden, so daß eine Austrocknung des Papiers, die bei den hohen Temperaturen und Geschwindigkeiten desselben im Kalander bei heißer, trockner Luft sicher zu erwarten ist, verhindert wird.

In den *Schneidesälen* wird die Bildung statischer Elektrizität an den Schneidemaschinen verringert, so daß die Anbringung von Entelektrisatoren vielfach nicht mehr notwendig und die Schneidearbeit erleichtert wird.

In den *Sortiersälen* ist die Reinheit der Luft, die Gleichheit von Temperatur und Feuchtigkeit derselben von besonderer Wichtigkeit für das Personal, um so mehr als es sich in der Hauptsache um weibliche Arbeitskräfte handelt. Durch die Verhinderung von hohen Temperaturen in den Sortiersälen im Sommer steigt die Leistungsfähigkeit des Personals wesentlich und durch die Konstanthaltung von Temperatur und Feuchtigkeit im Winter vermindern sich die bei demselben auftretenden Krankheitsfälle.

In den *Lagerräumen* endlich hat das Papier bei konstanter Luftfeuchtigkeit, die hier etwa 60 % betragen soll, die Möglichkeit, sich während des Lagerns auszugleichen. Veränderungen der Feuchtigkeit des Papiers an den Seiten und oberen Enden der Stapel infolge des verschiedenen Feuchtigkeitsgehalts der Luft werden vermieden.

Von großer Wichtigkeit ist die Reinheit der Luft in den Arbeitsräumen, in denen das Papier für den Versand fertiggestellt wird. Durch das intensive Waschen der Luft im Klima-Apparat werden Außenluft und Rückluft gründlich gereinigt, so daß eine Verunreinigung des Papiers durch Staub und Schmutzteilchen verhindert wird.

Die Druckereien als Abnehmer der Papierfabriken werden in Zukunft mehr als je Papiere mit gleichmäßigem Feuchtigkeitsgehalt verlangen, weil dadurch die Vorbehandlung des Papiers, wenn nicht ganz vermieden, so doch wesentlich verringert wird und weil sie dadurch die Gewißheit haben, daß das Gewicht des Papiers konstant bleibt, d. h. daß sowohl ein zu hoher als auch ein zu niedriger Feuchtigkeitsgehalt beim Versand des Papiers in den Papierfabriken vermieden wird. Der Papierfabrikant seinerseits hat nach Einbau von Klimaanlagen die Möglichkeit, daß er in den Fabrikationsräumen und im Lager den Feuchtigkeitsgehalt des Papiers auf dem höchst zulässigen Maße halten kann, so daß Feuchtigkeitsverluste nicht auftreten, wodurch auch ihm wieder Verluste durch zu geringen Wassergehalt erspart sind.

Alle Vorsichtsmaßregeln des Papierfabrikanten für die Gleichhaltung der Feuchtigkeit seines Papiers helfen jedoch bei der Weiterverarbeitung in den Druckereien nichts, wenn der Drucker nicht ebenfalls darauf bedacht ist, in seinem Betriebe die Luftverhältnisse hinsichtlich Temperatur, Feuchtigkeit und Reinheit möglichst konstant zu halten. Vielfach wird es sich auch nicht umgehen lassen, das Papier vor dem Drucken durch Vorbehandlung in den Aushängemaschinen den Luftverhältnissen, die in der Druckerei herrschen, anzupassen, besonders in Fällen, wo das Papier zwischen Papierfabrik und Druckerei längere Zeit unterwegs ist und sich dadurch verändern kann. Aber auch hier ist Voraussetzung möglichst gleichmäßige Temperatur und Feuchtigkeit in den Lager- und Arbeitsräumen. Die Frage der Klimatisierung von Druckereien wird deshalb später noch eingehend zu besprechen sein.

Was nun das *Verhalten des fertigen Papiers* anbelangt, so bewirkt der Einfluß von zu feuchter oder zu trockener Luft eine Flächenänderung desselben in der Längs- und in der Querrichtung. In Betrieben mit stark schwankenden Luftfeuchtigkeiten sind deshalb solche Veränderungen des Papiers stets vorhanden. Die Änderungen sind abhängig von den hygroskopischen Eigenschaften der einzelnen Fasern des Papiers. Durch entsprechende Zusammensetzung der Rohstoffe in den Papiermaschinen kann man praktisch nichts gegen die Einflüsse der Luftfeuchtigkeit auf das fertige Papier unternehmen. Beim Papier, wie es von den Papiermaschinen kommt, liegt der größte Teil der Faser in der Längsrichtung; diese Fasern nehmen schnell und gern Feuchtigkeit auf bzw. geben solche wieder schnell ab bei entsprechenden Luftverhältnissen. Deshalb ist auch das Papier selbst sehr empfindlich gegen Veränderungen der Luftfeuchtigkeit. Die Flächenveränderungen finden hauptsächlich in der Querrichtung des Papiers statt; sie können bis zu $1/2$ % und mehr betragen.

Eine weitere, ebenfalls sehr wichtige Eigenschaft des Papiers, die mit der Feuchtigkeitsaufnahme oder -abgabe sich verändert, ist die *Papierfestigkeit*. Das Papier darf bei der Verarbeitung nicht zu feucht und nicht zu trocken sein, sondern soll eine Feuchtigkeit enthalten, die sich bei einer relativen Luftfeuchtigkeit von etwa 65 % einstellt. Weicht die Luftfeuchtigkeit nach oben oder nach unten ab, so verändert sich auch die Bedruckbarkeit. Besonders stark wirken sich hierbei Veränderungen in der Luftfeuchtigkeit beim Druckpapier aus, wo für den Druck sowohl hohe Festigkeit als auch eine gute Oberfläche mit guten Eigenschaften für das Bedrucken verlangt wird.

*Die Luftverhältnisse in den Fabrikations- und Druckräumen* hängen zum Teil von den Arbeitsverhältnissen in den Räumen selbst ab, wie z. B. von der durch die Maschinen und Menschen freiwerdenden Wärme und Luftfeuchtigkeit, in der Hauptsache jedoch von den klimatischen Verhältnissen im Freien.

Im wesentlichen werden durch diese Veränderungen der Außenwitterung Temperatur und Luftfeuchtigkeit in den Arbeitsräumen beinflußt. Von größerer Wichtigkeit ist hier die Luftfeuchtigkeit. Schwankungen in der relativen Luftfeuchtigkeit wirken äußerst nachteilig nicht nur auf die zu verarbeitenden Werkstoffe, wie das Papier und die Druckfarben, sondern auch auf die Farbrollen, den Durchgang des Papiers durch die Maschinen usw. Die Anschaffung von Klimaanlagen ist daher dringend zu empfehlen zur Herbeiführung eines gleichmäßigen Klimas, und zwar sowohl für Druckereien als auch im Papierlager.

Aufeinandergestapelte Papiere in Lagerräumen oder Arbeitsräumen üben mit ihrem hohen Gewicht eine starke Pressung auf die unteren Papierlagen aus, so daß der innere Teil des Papierstapels mit der umgebenen Luft gar nicht mehr in Berührung kommen kann. Um so mehr saugen die Ränder der Bögen bei steigender relativer Luftfeuchtigkeit Feuchtigkeit aus der Luft auf und dehnen sich an den äußeren Rändern, oder geben Feuchtigkeit ab bei fallender relativer Luftfeuchtigkeit und ziehen sich zusammen. Die sich beim Druck hieraus ergebenden Schwierigkeiten sind in Fachkreisen bekannt.

Papiere mit verschiedenen Oberflächen auf beiden Seiten verhalten sich ähnlich; sie rollen sich, wenn die rauhe oder glatte Seite mehr Feuchtigkeit aufnimmt als die glatte oder rauhe Seite. Bei satinierten Papieren ist der Einfluß der wechselnden relativen Luftfeuchtigkeit um so größer, je stärker das Papier satiniert ist. Schon eine Schwankung in der relativen Luftfeuchtigkeit von 10—15 % kann ein Verziehen des Papiers mit sich bringen, ohne daß das Papier dabei wellig geworden ist.

Was die Veränderung der Luftfeuchtigkeit für *genaue Passerarbeiten* bedeutet, ist ebenfalls bekannt. Eine hohe Auflage, die tagelang mit der ersten Farbe läuft, ist bei einem einsetzenden Regen, der den Feuchtigkeitsgehalt im Druckraum bis auf 80 % und 90 % heraufsetzen kann, aufs äußerste gefährdet.

Es ist für den *Drucker von Mehrfarbendrucken* in hohen Auflagen vielfach unmöglich, bestimmte Liefertermine einzuhalten, weil ihm das Wetter einen Strich durch seine Arbeitseinteilung macht. Konstante Temperaturen und Luftfeuchtigkeiten im Betrieb machen denselben unabhängig von Zufälligkeiten der Witterung.

Zu feuchte Luft *im Lagerraum* gibt Veranlassung zu Pilzbildung und Modergeruch im Papier, der auch bei intensiver nachheriger Belüftung des Papiers oft nicht zu entfernen ist. Bei zu geringer Luftfeuchtigkeit wird das Papier zu trocken und zeigt dann, insbesondere wenn es von Anfang an locker gebaut ist, Neigung zum Sprödewerden und zum Stauben. Zu trockenes Papier bricht beim Falten und Pressen.

Außer dem direkten Einfluß der Temperatur und Feuchtigkeit der Luft auf das Papier haben wir aber noch eine andere Erscheinung zu betrachten, die ebenfalls mit der Trockenheit oder Feuchtigkeit der Luft zusammenhängt, nämlich das Auftreten *statischer Elektrizität im Papier*. Diese entsteht an allen Stellen, wo das Papier eine streichende oder reibende Bewegung ausführt und wo durch zu trockene Luft die Abführung der elektrischen Ladung an die Erde verhindert wird. Bei zu trockener Luft, unsachgemäßer Lagerung und Behandlung kann infolge der Reibung beim Durchgang durch die Presse die Aufladung des Papiers mit statischer Elektrizität so stark werden, daß das Anlegen des Papiers, ja selbst das Geradelegen der Bogen auf dem Auslegetisch zur Unmöglichkeit wird. Neuzeitliche Anlegeapparate können diese Schwierigkeiten an der Anlegestelle beheben. Aber nach dem Druck und dem Durchgang durch die Presse sind die Bogen wieder mit statischer Elektrizität geladen, wenn die Raumluft zu trocken ist.

Alles dies spricht für die Notwendigkeit eines gleichmäßigen Klimas sowohl im Druckersaal als auch im Papierlager.

Ein besonderes Schmerzenskind für den Drucker sind die *Farbwalzen*. Aus einer Mischung von Leim und Glyzerin bestehend, haben sie die unangenehme Eigenschaft, aus zu feuchter Luft Feuchtigkeit aufzunehmen und dabei ihren Umfang zu vergrößern, oder bei zu trockener Raumluft Feuchtigkeit an dieselbe abzugeben und dabei ihren Umfang zu verkleinern. Einwandfreier Druck kann nur erzielt werden, wenn die Farbwalzen sich während des Druckvorganges nicht verändern, nur leicht die Form berühren und dadurch einwandfrei die Farbe abgeben. Auch ist für die Farbwalzen eine gleichförmige Temperatur von Wichtigkeit, da sie bei heißem Wetter im Sommer Neigung zeigen weich zu werden, wogegen sie im Winter bei zu niedriger Temperatur hart und spröde werden.

Auch für die *Gleichmäßigkeit der Druckfarben*, für deren Aufnahme durch das Papier und ihre Trocknung, sind gleichförmige Temperatur und Luftfeuchtigkeit im Maschinensaal von großer Wichtigkeit. Bei zu hoher Temperatur werden die Farben zu dünnflüssig, was Veranlassung zum Spritzen der Farbe geben kann, ferner zum Durchschlagen auf zu trockenem Papier, zum Nachlassen der Farbkraft usw. Zu niedrige Temperaturen machen die Farbe steif. Auch der Trockenvorgang der Farben nach dem Durchgang durch die Pressen wird sowohl durch zu hohe als auch durch zu niedrige Temperaturen im Raum unregelmäßig.

*Ein weiterer Übelstand in der Druckerei sind der Staub und die in der Luft herumwirbelnden Schmutzteilchen,* die teilweise im Raum selbst entstehen oder durch die geöffneten Fenster hereindringen. Platten und Walzen müssen häufig gereinigt werden, da die Farbwalzen diese Staubteilchen aufnehmen und dadurch verschmutzen. Außerdem sind die Luftverhältnisse für das Arbeitspersonal wegen der staubigen Luft in Druckereibetrieben vielfach nicht immer die besten.

Jede einzelne der beschriebenen Unregelmäßigkeiten, die teils auf zu niedere oder zu hohe Feuchtigkeit der Raumluft oder Temperatur zurückzuführen sind, kann die Arbeit einer Druckerei durcheinander bringen. Ihre Ursachen sind nur bei großer Erfahrung zu erkennen und unter entsprechendem Zeitaufwand zu verbessern.

Aus den eben erwähnten Betrachtungen erkennen wir, daß für jeden Drucker *die Schaffung eines gleichmäßigen Klimas in seinem Arbeitsraum* eines der wichtigsten Probleme darstellt. Temperatur und Feuchtigkeit der die Maschinen, das Material und die Menschen umgebenden Luft muß möglichst gleichmäßig bleiben. Mit der normalen Heizung ist es wohl möglich, im Winter verhältnismäßig gleichmäßige Temperaturen durch Regulierung der Heizkörper zu erhalten; im Sommer aber haben wir keinerlei Möglichkeit, den Einfluß der immer höher steigenden Außentemperatur, der sich im Arbeitsraum ebenfalls durch Höhersteigen der Innentemperatur auswirkt, zu eliminieren ohne besondere Vorrichtungen. Ferner ist der Feuchtigkeitsgehalt der Luft in beiden Fällen, d. h. winters sowohl als auch im Sommer, sehr großen Schwankungen unterworfen, besonders bei Dampfzentralheizungen ist oftmals Luft von solcher Trockenheit in den Räumen vorhanden, daß ein im Betrieb aufgehängtes Hygrometer oft nur 20 % Luftfeuchtigkeit anzeigt.

Bevor wir uns nun zu der Frage der praktischen Durchführung der Klimatisierung von Betrieben der Papier- und Druckindustrie wenden, ist noch *der Begriff der Luftfeuchtigkeit* festzulegen.

Die Luftfeuchtigkeit wird auf zweierlei Weise bestimmt und zahlenmäßig ausgedrückt. Einmal als absolute Luftfeuchtigkeit und sodann als relative Luftfeuchtigkeit. Unter relativer Luftfeuchtigkeit verstehen wir das Gewicht des in 1 kg Luft enthaltenen Wasserdampfes, ins Verhältnis gesetzt zum Gewicht des Wasserdampfes, den dieselbe Menge Luft bei derselben Temperatur und bei voller Sättigung aufzunehmen vermag. Enthält also z. B. 1 kg Luft bei 20° C 7,2 g Wasserdampf, so entspricht dies einer relativen Luftfeuchtigkeit von 50 %, weil dieselbe Menge Luft bei voller Sättigung mit Wasserdampf und bei derselben Temperatur 14,6 g Wasser aufnehmen kann.

In den Materialprüfungsanstalten und im praktischen Betrieb hat sich herausgestellt, daß *für die Verarbeitung des Papiers eine gleichbleibende relative Feuchtigkeit der Raumluft von 60 % bis höchstens 65 %* am besten ist. Weil die Schwankungen nur gering sein dürfen, so ist es deshalb auch wichtig, bei der Messung der relativen Luftfeuchtigkeit das richtige Instrument zu verwenden. Am zweckmäßigsten hat sich hierbei die Messung von Temperatur und Luftfeuchtigkeit durch das Aspirationspsychrometer von *Aßmann* erwiesen. Luft mit einer relativen Luftfeuchtigkeit unter 50 % ist für die papierverarbeitende Industrie zu trocken, über 70 % im allgemeinen zu feucht.

Ohne fortlaufende, ununterbrochene Regelung von Temperatur und Luftfeuchtigkeit ist in den Arbeitsräumen einer Druckerei nicht auszukommen. Eine Regelung durch Öffnen und Schließen der Fenster oder der Heizkörper kann keine befriedigenden Verhältnisse schaffen. *Was das Druckgewerbe braucht,* ist immer gleichartiges Wetter, oder — besser gesagt —

> Klima mit reiner, richtig befeuchteter und richtig temperierter Luft und von einer Gleichmäßigkeit, die mit Sicherheit vor unangenehmen Überraschungen schützt.

Zu diesem Zweck hat die Technik die „Klima-Anlage" geschaffen, die den Druckereien die Annehmlichkeit eines Aufenthalts in klimatisierten Räumen mit Unabhängigkeit von Zufälligkeiten der Außenwitterung verschafft. Es gibt bereits eine Reihe von Betrieben, größere und kleinere, die für ihre Papierlager, für ihre Maschinensäle, Papiersortiersäle usw. moderne, automatisch arbeitende Klima-Anlagen eingebaut haben. Diese Anlagen sind von der Handbedienung vollkommen unabhängig; die Regelung wird von schnell ansprechenden Regelapparaten übernommen, die auf die gewünschte Raumtemperatur und Luftfeuchtigkeit einzustellen sind. Dabei trifft es sich gut, daß die beste „Papieratmosphäre" inmitten der Behaglichkeitszone für den Menschen liegt, so daß also durch die Klimatisierung der Arbeitsräume auch der Belegschaft ein gar nicht abzuschätzender Dienst erwiesen wird.

*Im folgenden soll nun eine Klima-Anlage in wenigen Zügen umschrieben werden:*

Die Klima-Anlage besteht im wesentlichen aus drei Teilen, die untereinander in steter Wechselbeziehung stehen, nämlich aus einer Zentralanlage, in der die dem Raum zuzuführende Luft vorbehandelt, d. h. im Winter gewaschen, erwärmt und befeuchtet, im Sommer gewaschen, gekühlt und entfeuchtet wird. Außer dem Zentralapparat ist ein Luftverteilungssystem notwendig, vermittelst dessen die vorbehandelte Luft den Räumen zugeführt und in denselben zugfrei verteilt wird. Endlich sind automatische Regelinstrumente nötig, die die Temperatur und Luftfeuchtigkeit in den Räumen konstant zu halten haben.

Bei einer *Zentralanlage* für die Klimatisierung, wie sie eine bedeutende Firma, welcher der Verfasser angehörte, baute, befanden sich am rechten Ende Luftklappen, die den Zugang von Außenluft sowie von Rückluft aus den behandelten Räumen ermöglichen. Die aus Außenluft und Rückluft bestehende Mischluft wird vermittelst eines am anderen Ende des Apparates stehenden Ventilators durch den in der Mitte angeordneten Düsenraum gezogen, in welchem die Mischluft gewaschen, befeuchtet oder entfeuchtet wird. Danach geht die Luft durch eine Reihe von Abschlagblechen, weche die in der Luft enthaltene freie Feuchtigkeit entfernen, worauf dann die Luft in vollständig trockenem, jedoch mit Wasserdampf gesättigtem Zustand durch den Ventilator in den zu klimatisierenden Raum gefördert wird. Auf dem Wege zum klimatisierten Raum wird sie im Winter durch besondere Heizkörper erwärmt, im Sommer durch Kühlkörper gekühlt. Bei dem ganzen Arbeitsvorgang wird Heizung und Kühlung, Befeuchtung und Trocknung durch im Raum und an der Zentralanlage befindliche Thermostaten und Hygrostaten automatisch geregelt, um die in den Räumen gewünschten Temperaturen und Luftfeuchtigkeiten zu erhalten.

Eine Anzahl kleinerer Druckereien hat heute schon ihre wichtigsten Betriebsabteilungen, insbesondere ihre Offsetmaschinensäle, mit automatischen Klima-Anlagen ausgerüstet und damit vorzügliche Ergebnisse erzielt. Bei größeren Druckereien, die zunächst nur einzelne Arbeitsräume klimatisieren, dauert es gewöhnlich nicht lange, bis sie sich zur Klimatisierung ihres ganzen Betriebs und ihrer Papierlager entschließen.

Bei der *Klimatisierung* haben wir es mit einer für die Volkswirtschaft wie für die Volksgesundheit gleich bedeutsamen Neuerung zu tun. Die Verluste in Druckereibetrieben durch verdorbenes Papier, durch Fehldrucke, durch enttäuschte oder verärgerte Kunden, durch Nichteinhaltenkönnen der Lieferzeiten, lassen sich in großem Umfange durch Einbau von Klima-Anlagen vermeiden.

Klima-Anlagen sind für zahlreiche Betriebe der deutschen Industrie keine Luxusgegenstände mehr, sondern sind Anlagen, die im Sinne unserer Wirtschaftsführung dazu beitragen, Material- und Zeitverluste zu verringern, Arbeitsvorgänge zu verbessern, die Arbeitsverhältnisse in den Betrieben gesünder zu gestalten und damit ein Wesentliches zur Hebung des Volkswohlstandes beizutragen.

## Zur Frage der Klimatisierung in Druckräumen*)

Diese Abhandlung weist Gedankengänge auf, die das Vorstellungsvermögen von der Wirkung der Luftfeuchtigkeit auf Papier erleichtern wird. Sie erscheint daher geeignet, gefühlsmäßige Vorstellungen über die Fragen der Klimatisierung zu einem klaren Bild zu formen.

Der Drucker weiß, daß es bei der Arbeit eine ganze Reihe von Schwierigkeiten gibt, deren Ursache in falscher Klimahaltung seiner Lager- und Druckräume begründet sind, die er also durch richtige Luftfeuchtigkeit vermeiden oder beheben kann. Hierzu gehören z. B. die elektrostatische Aufladung des Papiers, schlechtes Funktionieren des Anlegers, Ablegen der frischen Farbe auf der Rückseite des Druckbogens, Passerdifferenzen bei Mehrfarbendrucken, sich verändernde Walzendurchmesser, mangelhaftes Durchlaufen der Papierbogen durch die Falzmaschine, wellige Papiere und brüchige Kartons, ungenügende Reißfestigkeit der Papierbahn bei Rotationsdruck und schließlich hoher Staubgehalt der Luft bei zu großer Trockenheit im Luftraum.

Die Luftfeuchtigkeit gibt man üblicherweise immer als „relative Feuchtigkeit“ an. Unter absoluter Feuchtigkeit versteht man den effektiven Wassergehalt eines Stoffes. Z. B. haben Papiere, wenn sie in normaler Luft lagern, Feuchtigkeitsgehalte von 4 bis 8%, wobei in der Regel schmierig gemahlenen Stoffen, wie z. B. Pergamin, ein höherer Feuchtigkeitsgehalt zukommt als rösch gemahlenen Papieren. Papier wie Luft sind hygroskopisch und haben dementsprechend ein mit der Temperatur zusammenhängendes Wasseraufnahmevermögen. Ist dieses Wasseraufnahmevermögen nicht voll gedeckt, so möchten die beiden Stoffe so viel Wasserdampf aufnehmen, bis ein Gleichgewichtszustand erreicht ist, also gewissermaßen der „Sättigungshunger“ der Stoffe gestillt ist.

Ist z. B. der „Sättigungshunger“ der Raumluft größer als der des in ihr gelagerten Papiers, so wird die Luft dem Papier den Überschuß an Feuchtigkeit entziehen, bis ein Gleichgewicht erreicht ist. Dies ist

*) In der „Praxis der Papierverarbeitung“ finden Interessenten im 2. Kapitel zwei aufschlußreiche Beiträge über „Die Bedeutung der Luftfeuchtigkeit im graphischen Gewerbe“ sowie „Dickenzunahme voluminös gearbeiteter Papiere infolge Klimatisierung bei hoher Luftfeuchtigkeit“.

„Die Praxis der Papierverarbeitung“, Technischer Verlag Herbert Cram, Berlin W 30, mit 34 Textabbildungen, 6 Tabellen und 48 Tafeln, DIN A 5, 200 Seiten, 1960, Halbl. 18,— DM.

der einfache Mechanismus des Trocknens und Austrocknens. Wenn daher ein Austrocknen des Lagergutes unerwünscht ist, so hat man den Feuchtigkeitsgehalt der Luft so hoch zu halten, daß er mit dem gewünschten Feuchtigkeitsgehalt des Lagergutes bereits im Gleichgewicht ist, diesem also keine Feuchtigkeit mehr entziehen kann.

Temperaturveränderungen, wie sie sich schon allein durch klimatische oder Betriebsverhältnisse ergeben, können nun dieses Feuchtigkeitsgewicht stören. Da durch eine Temperaturerhöhung das Aufnahmevermögen und damit der Sättigungshunger der Luft ansteigt, wird die Luft ohne zusätzliche Befeuchtung ihren Sättigungshunger aus dem Lagergut decken und dieses entsprechend austrocknen.

Der allgemein gültige Maßstab des Feuchtigkeitsgehaltes der Luft ist die relative Luftfeuchtigkeit, indem mit „X % relative Luftfeuchtigkeit" der in der Luft effektiv vorhandene Wassergehalt im Verhältnis zur Wasserdampfmenge angegeben wird, die bei der gegebenen Temperatur zur völligen Sättigung der Luft notwendig ist. Wenn also z. B. bei 10° C die gesättigte Luft maximal 9,4 g Wasserdampf pro $m^3$ Luft enthalten kann, und effektiv nur 4,7 g darin enthalten sind, so beträgt die relative Luftfeuchtigkeit 50 %. Wird nun diese Luft auf 20° C erwärmt und damit der Sättigungshunger dieser Luft bis auf 17,31 g pro $m^3$ erhöht, so fällt bei gleichbleibendem effektiven Wasserdampfgehalt von 4,7 g die relative Luftfeuchtigkeit auf etwa 25 %. Bei steigender Temperatur und gleichem Wasserdampfgehalt sinkt also die relative Luftfeuchtigkeit und steigt der Sättigungshunger der Luft. Bei Abkühlung der Luft und gleichbleibendem Wasserdampfgehalt hingegen, steigt die relative Luftfeuchtigkeit, und zwar bis der Taupunkt erreicht ist. Mit Taupunkt wird dabei derjenige Temperaturgrad bezeichnet, bei welchem vorher ungesättigte Luft durch Abkühlung zu gesättigter Luft wird und bei weiterer Abkühlung unter den Taupunkt Wasserdampf frei wird und in Form von Nebel ausfällt.

Im 2. Kapitel meines Fachbuches „Die Praxis der Papierverarbeitung" wird eingehend über die Klimatisierung in Druckereien von dem gleichen Verfasser dieses Beitrages, der Elektrizitätsgesellschaft Alfred Kaut & Co., Wuppertal-Elberfeld, berichtet über die wichtigsten Betriebsschwierigkeiten. Dazu gehören die elektrostatische Aufladung des Papiers, schlechtes Funktionieren des Anlegeapparates, Anliegen der frischen Farbe auf der Rückseite des Druckbogens, Passerdifferenzen bei Mehrfarbendruck, sich verändernde Walzendurchmesser, mangelhafter Durchlauf in der Falzmaschine, welliges Papier, brüchiger Karton, ungenügende Reßfestigkeit, zu hoher Staubgehalt der Luft und Winterabsenzen des Personals. Es wird gezeigt, wie und warum diese Schwierigkeiten durch eine richtige Luftbefeuchtigung vermieden oder behoben werden können.

## Zur Verarbeitung gestrichener Papiere im Hoch- und Flachdruckverfahren

Die nachstehenden Ausführungen, die auf kenntnisreichen Erfahrungen beruhen, weil sie im Berufsleben gesammelt sind, geben nicht nur den Herstellern, sondern vor allem auch den Verbrauchern von Papier wertvolle Hinweise, die notwendig erscheinen, will man Ärger und Schaden bei der Verarbeitung des wichtigen Werkstoffes *Papier* ersparen.

Der Verleger bzw. sein Hersteller kennt aus eigener Erfahrung im Umgang mit Druckereien die technischen Schwierigkeiten, die sich in der Praxis der Bücherproduktion ergeben. Er weiß zwar, wie ein Buch gedruckt wird, wie Klischees hergestellt werden und vieles andere mehr. Er ist auch selbstverständlich sachverständig in der Beurteilung des Papiers. Das gehört gewissermaßen zum Handwerkszeug für den täglichen Bedarf.

Aber nicht nur der Buchdruck dominert in der Herstellung, sondern auch der Flachdruck ist nicht unbedingt als ein Stiefkind zu betrachten. Es gibt sehr viele Werke, insbesondere auch der medizinischen Literatur, die vielfarbige Tafelbilder enthalten. Außerdem werden Schutzumschläge für die Bücher nicht selten in diesem Verfahren hergestellt. Doch auch der Offset- und Tiefdruck sind keineswegs als Stiefkinder der Vervielfältigungstechnik anzusehen. Ihre Anwendung erfordert aber große Auflagen, um preisgünstig zu sein. Ich nehme daher an, daß die Leser nicht uninteressiert die nachstehenden Ausführungen zur Kenntnis nehmen werden.

Ich berichte in dieser Abhandlung über die Schwierigkeiten durch die Papierveränderung (Dehnen), über die Papierleimung und ihre Bedeutung für den Farbendruck, über vorbeugende Maßnahmen zu einer einwandfreien Verarbeitung der gedruckten Auflage.

Die Voraussetzung zur reibungslosen Verarbeitung, ein- oder zweimaliger Aufstrich des Kunstdruckpapiers, dünnes Papier oder Karton, sind wichtig zu wissen.

Der Verleger verarbeitet außer dem geistigen Stoff in seinen Manuskripten für seine Erzeugnisse den Rohstoff Papier für seine Produktion, wenn auch die eigentliche technische Verarbeitung Sache des Druckers ist.

Der Fachmann weiß es, wie wichtig die Behandlung des Papiers vor dem Druck ist. Da Druckpapiere durchschnittlich ein beträchtliches Gewicht haben und meist auch in großen Formaten geliefert werden, so werden sie infolge der Transportschwierigkeiten besonders großer Formate entweder in Parterreräumen oder in Lagerkellern untergebracht, um sich „auszuliegen", bevor sie auf die Maschine genommen werden. Da jede größere Druckerei solche Räumlichkeiten zur Verfügung hat, bleibe die Möglichkeit des Nichtvorhandenseins solchen Gelasses unberücksichtigt.

Der Drucker sollte es sich zum Grundprinzip machen, *niemals* frisch angelieferte Papiere auf die Maschine zu nehmen, denn das ist oft der Grund für den schlechten Ausfall einer Druckauflage. Wenn sich das vielleicht auch nicht sofort bei Druckbeginn bemerkbar macht, so kann man doch sicher sein, daß nach dem Druck der ersten Farben sich auch die ersten Schwierigkeiten zeigen werden durch schlechtes Einhalten des Registers, bedingt durch die Veränderung des Papiers. Wärmen des feuchten Papiers oder Einlegen in gefeuchtete Makulatur sind für den Weiterdruck nicht gerade förderlich, weil es immerhin nicht feststeht, ob der Zeitverlust dann durch ein besseres Ergebnis belohnt wird.

Dem Papier als Werkstoff für die Buchherstellung muß überhaupt besondere Aufmerksamkeit gezollt werden, um einen guten Passer auf der Schnellpresse zu erzielen. Es ist durchaus verkehrt, an der Papierqualität zu sparen. Oft denkt der Drucker, wenn er nur *eine* Farbe zu drucken hat, dann könne er ein weniger gutes Papier nehmen. Das ist ein unrichtiger Standpunkt. Grundsätzlich sollte ausnahmslos ein auf der Oberfläche *zweimal* gestrichenes Papier für Mehrfarbendruck verwendet werden. Selbst für Flächendruck (wenn er auch in nur einer Farbe erfolgt), wie z. B. bei der Herstellung von Kartonagenpackungen aller Art, sollte man das nicht außer acht lassen.

Eine große geschlossene Fläche, sei sie nun hell- oder dunkelfarbig, wie bei Vorsatz- oder Bezugspapieren, erfordert eine in allen Teilen vollkommen gleichmäßige Papieroberfläche, die bei einmal gestrichenem Papier schwerlich zu erzielen ist. Nur dann ist ein gleichmäßiges Wegschlagen der Farben zu erwarten, wenn die Kreideschicht gleichmäßig auf der Oberfläche des Rohstoffes verteilt und so beschaffen ist, daß sie die Farbe gut in den Aufstrich eindringen läßt. Enthält der Stoff zu viel Chlor oder sonstwelche mineralische Stoffe, die z. B. beim Flachdruck den Stein angreifen, so ist die Folge das Spitzwerden des Umdruckes.

Es sei auch noch auf die zweckmäßige Verwendung dünnen Papiers gegenüber der Verwendung von Karton hingewiesen. Neben anderen Erleichterungen beim Druckvorgang bietet es die, selbst im Verhältnis zu der Mehrarbeit durch Kaschieren und der damit bedungenen Kosten, immer noch billiger zu sein als geklebte Kartons.

Papier läßt sich viel leichter verdrucken als Karton. Es ist auch bedeutend bequemer und schneller zu transportieren; im Drucksaal vereinfacht sich also der Materialtransport. Ferner kann der automatische

Bogenanleger wohl bei Papier, nicht aber für die Anlage von Karton verwendet werden.

Zu berücksichtigen ist weiter, daß der Farbenverbrauch bei Papier ein viel geringerer ist, als wenn man Karton bedruckt. Auch eine billigere Stoffmischung für die Kartonaufbereitung ist möglich, wenn das Papier erst nach dem Druck aufgeklebt wird.

Um den im Papier enthaltenen Feuchtigkeitsgrad zu messen, gibt es verschiedene Möglichkeiten. Man findet den Mehrgehalt an Feuchtigkeit auch, indem man einen Bogen auf einen vollkommen trockenen Tisch legt. Enthält das Papier sehr viel Feuchtigkeit, so wirft es sich nach der Mitte hin, und auch die Schnittflächen werden wellig.

Jedes Papier wird bekanntlich vor der weiteren Verarbeitung auf der Schnellpresse im Hoch- und Flachdruck auf seine Beschaffenheit hin geprüft. Ein stark satiniertes Papier erfreut sich beim Drucker größerer Beliebtheit als schwach satiniertes, da sich ersteres besser verdrucken läßt.

Auch ist bei einem stark geglätteten Papier weniger Farbe erforderlich, um Deckung zu erzielen, als bei einem schwach satinierten, da bei ersterem die Poren stark zusammengepreßt sind und die Farbe auf der geschlossenen Oberfläche länger ungebunden stehenbleibt, während sie bei etwas rauherer Oberfläche aufgesogen wird und daher satter gedruckt werden muß, um gleich gute Ergebnisse in bezug auf die Deckung zu erzielen.

Ein Übelstand beim Druck von Papieren ist *das Dehnen.* Der Zylinder der Schnellpresse, unter dem der Bogen bei einem normalen Vielfarbendruck je nach der Farbenzahl vielmals über den Stein geht, übt bekanntlich besonders auf die Mitte des Bogens einen beträchtlichen Druck aus, was zur Folge hat, daß sich das Papier in der Längsrichtung am ehesten dehnt, während die Breitseite weniger dabei in Betracht kommt. Jede Papierfabrik paßt die Papiere daher ihrer weiteren Verarbeitung an, und demzufolge wird auch die Längsseite am stärksten maschinell gestreckt, wodurch die Dehnung auf ein Mindestmaß beschränkt und ziemlich genaues Registerhalten ermöglicht wird.

Besonders bei Arbeiten, die nach Fertigstellung noch geprägt werden, ist das Verziehen des Papiers sehr unangenehm, da die Prägung nicht zum Passen zu bringen ist. Die Erfahrung des Prägemeisters kann diesem Übel durch verschiedene Mittel meist etwas abhelfen.

Man sehe nur zu, daß die Auflagebogen so aus der Druckerei kommen, daß nicht erst die schwierigsten Versuche vorgenommen werden müssen, um sie vor dem Verschwinden als Makulatur zu bewahren. —

Es sei hierbei gleich an die Anforderungen erinnert, die an besonders feste, sogenannte ritzfähige Kartons gestellt werden. Bei Anordnung der einzelnen Nutzen auf dem Auflagebogen empfiehlt es sich stets, die Längsrichtung derselben mit der der Papierfabrik parallel gehen zu lassen, da bezüglich der Festigkeit alle Ansprüche als erfüllt gelten.

Bei Befolgung dieses Fingerzeiges werden sich manche Schwierigkeiten vermeiden lassen, für die oftmals ungerechtfertigterweise der Papiererzeuger verantwortlich gemacht wird.

Jeder erfahrene Drucker wird schon nach dem Ausdruck der ersten Farbplatten sagen können, ob das Papier genügend geleimt ist oder nicht. Bei einem schwach geleimten Papier wird die Farbe, die ohnehin im Hinblick auf die Saugfähigkeit des gestrichenen Papiers etwas kräftiger gehalten wird, sehr stark wegschlagen. Das ist schon bei der Tonplatte und dem ersten Blau deutlich zu beobachten. Wenn die Farbe dagegen blank (ungebunden) auf der Oberfläche stehenbleibt, so beweist das oft zu starke Leimung. Die Poren sind zusammengeklebt und haben nicht mehr die Fähigkeit, den auf die Oberfläche aufgebrachten Farbstoff eindringen zu lassen. Diese Erscheinung ist besonders unangenehm bei der gelben Platte, da das Gelb bekanntlich die schwierigste Druckfarbe ist. Das glänzende speckige Aussehen behält der Druckbogen auch noch nach dem Ausdrucken aller Farbplatten.

Zudem kann es vorkommen, daß durch das Aufeinanderliegen der nicht aufgetrockneten Farben die Bogen am Zylinder der Schnellpresse haftenbleiben oder beim Flachdruck stellenweise auf dem Stein Farbe aus der Kreideschicht und, wenn die Bindung des Striches mit dem Papierstoff nicht erstklassig ist, auch selbst Teilchen aus dem Rohstoff des Papiers herausgerissen werden, alle Vorbedingungen also erfüllt sind, unverhältnismäßig viel Ausfall zu erhalten.

Da besonders im Flachdruck den letzten Farben zwecks besseren Trocknens Sikkativ zugesetzt wird, macht sich das Stehenbleiben der Farbe auf der Papieroberfläche recht unangenehm auch noch bei anderer Gelegenheit bemerkbar.

Bekanntlich wird zwischen je zwei Druckbogen immer ein Bogen Einschießpapier (Zwischenlage) gelegt. Wenn die Farben nun auf der Papieroberfläche ungebunden stehengeblieben sind, saugen sich die Bogen durch die Beschwerung an dem Zwischenlagenpapier fest. Wird nun die Auflage aus dem Einschießpapier herausgenommen, so haften auf den speckigen Stellen aus dem Zwischenlagepapier herausgerissene Fasern. Die festklebenden Fasern lassen sich zwar mit klarem Wasser unter Verwendung eines weichen Lappens abwaschen, das erfordert aber unnötige Mehrkosten.

Es sei noch kurz auf die weiteren Erschwerungen bei der Vorbereitung der Auflagen hingewiesen. Die Druckauflagen werden nach erfolgtem

Ausdrucken der Farben zuweilen mit einem Lacküberzug versehen, um die Erzeugnisse wetterbeständig und damit länger werbewirksam zu erhalten. Steht nun die Farbe ungleich weggeschlagen auf dem Bogen, so wird auch der Lacküberzug die gleiche Eigenschaft zeigen. Durch mehrmaliges Lackieren (zweimal dürfte genügen, vielleicht bei einer etwas ver stärkten Lackschicht) läßt sich allerdings ein befriedigendes Ergebnis erzielen, doch sind das vorher nicht in Anschlag gebrachte Mehrkosten der Herstellung.

Wir müssen noch nachtragen, daß man besonders bei Chromopapieren, welche doppelseitig gestrichen sind, auf einer Seite zudem einen doppelten Aufstrich haben, die druckfähige Seite leicht durch Abschaben der Kreideschicht findet. Die zur Aufnahme des Farbenauftrages weniger geeignete wird die sein, bei der man am ehesten auf die Papierfaser kommt.

Es ist empfehlenswert, rechtzeitige Ergänzungen ausgegangener Papiere vorzunehmen, damit sie sich gut ausliegen können und nicht zu frisch auf die Presse kommen, weil solche in bezug auf Veränderlichkeit leicht beträchtlichen Schwankungen ausgesetzt sind. Das Zusammengehen und Ausdehnen des Papiers ist nicht nur von störendem Einfluß bei dem Übereinanderdruck mehrerer Farben, sondern es macht sich das auch vor allem bei der Verarbeitung der druckfertigen Auflage störend bemerkbar, weil vielfarbige Artikel sehr häufig auch durch die Prägung veredelt werden.

Dem Verbraucher gestrichener Papiere sind mit Übernahme der Papiersendung viel Pflichten auferlegt, deren Erfüllung er sich angelegen lassen sein muß, wenn er eine Gewähr für gute Ware haben will. Bei einiger Sachkenntnis und einigem guten Willen wird er viele Mißstände von Anfang an ausschalten können. Dadurch bleiben viele unangenehme Beanstandungen erspart.

## Maschinengestrichene Papiere [1])

*Von Peter Neumann, Hamburg*

### *Eine junge Entwicklung*

Seit einigen Jahren werden auch in Westdeutschland maschinengestrichene Papiere hergestellt oder gehandelt, um in allen Druckverfahren eingesetzt zu werden. Im Buchdruck hat man bei Zeitschriften, Katalogen und Prospekten vielfach das herkömmliche Kunstdruckpapier

[1]) Dieser Beitrag fußt auf einem Aufsatz in der Zeitschrift „Der Hersteller" (Jahrgang 1959, Heft 10), der überarbeitet und ergänzt wurde.

durch diese neue Sorte abgelöst. Der „Druckspiegel", eine in Stuttgart erscheinende graphische Fachzeitschrift, war 1955 noch ein Einzelfall. Heute ist eine große Zahl ähnlicher Publikationen dem amerikanischen Vorbild gefolgt. Auch der Offsetdruck greift zu maschinengestrichenen Papieren, nachdem er sich im letzten Jahrzehnt mehr und mehr den Wirkungen des Buchdruck-Farbendrucks anpaßte und sich dafür die technischen Voraussetzungen schuf. Sogar der Tiefdruck mußte bei Versandhaus-Katalogen oder Prospekten die modische Vorliebe für Papiere mit erhöhtem Glanz berücksichtigen, obwohl ihm auch die hochgezüchteten Illustrationsdruckpapiere brillante Effekte erlauben. Damit sind schon die Gründe für die schnell gewachsene Nachfrage genannt: bei unseren Druckerzeugnissen steht mehr als je zuvor das ausdrucksstarke, in allen Feinheiten wiedergegebene Bild im Vordergrund, sie sollen darüber hinaus mit frischen und leuchtenden Farben locken. Für solche Ansprüche genügen satinierte Naturpapiere nicht mehr. Andererseits bedeuten Kunstdruckpapiere einen kostspieligen Materialaufwand. Als Ausweg bieten sich maschinengestrichene Papiere an, um den geeigneten Kompromiß zu erreichen.

### *Die Herstellung*

Maschinenstrich ist nichts Neues, seit den dreißiger Jahren gibt es ihn in USA. Vor dem Kriege jedoch sah man in Deutschland keinen Vorteil gegenüber dem damals für ausreichend erachteten Illustrationsdruckpapier. Die Weiterentwicklung, im Ausland betrieben, verschob diese Situation, zumal gleichzeitig neue Anregungen aus den angelsächsischen Ländern für die Herstellung von Büchern, Zeitschriften oder Werbemitteln wirksam wurden. Die Papierfabrik München-Dachau begann nach 1950 allmählich mit der Produktion von maschinengestrichenem Papier („MD-Brillant"), andere Werke schlossen sich mit langandauernden Versuchen an. Seit kurzem stellt die Feldmühle diese Sorte her (Stoff 100), für Buch- und Tiefdruck geeignet. Gleichzeitig strömten Importe aus Holland, Belgien und Frankreich, dann auch aus England, Italien, Schweden oder Österreich auf den deutschen Markt und fanden trotz stark schwankender Qualität schnell bereitwillige Abnehmer.

Das Kunstdruckpapier erhält seinen Strich durch eine nachträgliche, gesonderte Bearbeitung des Rohpapiers: in einer Streichmaschine wird durch feine Bürsten oder ähnliche Mittel eine Masse aus Weißpigmenten (Kaolin, Glanzweiß) und einem leimartigen Bindemittel (Kasein oder Stärke) aufgetragen. Die Streichfarbe und das Zusatzmittel müssen flüssig genug sein, um sich auf dem Papier zu verteilen, doch auch wiederum klebefest und schnelltrocknend. Deshalb wird das gleichmäßige Beschichten durch sorgfältiges Trocknen ergänzt: das gestrichene Papier wird mit Warmluft in einem Trockenkanal angeblasen, in Stabhängen ausgebreitet und erst dann wieder aufgerollt. Nach mehrtägiger Lagerung wird es gefeuchtet und auf Spezialkalandern mehrmals geglättet, damit es die gewünschte glatte Oberfläche und seinen Glanz erhält.

Das maschinengestrichene Papier spart diesen getrennten Vorgang ein, weil es gleich auf der laufenden Papiermaschine oder im unmittelbaren Anschluß daran beschichtet wird. Dann aber muß sich der Streichprozeß dem raschen Tempo der Rohpapierproduktion anpassen, so daß dieses vereinfachte Verfahren nur einen dünneren Aufstrich als beim Kunstdruckpapier erlaubt, etwa 8 bis 12 Gramm je Quadratmeter und je Seite — beim Kunstdruckpapier kann die Strichmenge bis 30 g/qm betragen. Verschiedene Methoden gibt es: Beim Auftragwalzen-Streichverfahren von Massey, Faeber oder Kimberly-Clark wird das Papier zwischen zwei Walzen durchgeführt, welche die verriebene Streichmasse beidseitig auftragen, und anschließend durch eine Luftblaseinrichtung getrocknet. Beim Schaber-Streichverfahren von Champion geschieht der Auftrag jeweils einseitig durch eine Übertragwalze, wobei der Überschuß wieder abgestrichen wird. Auch ein Leimpressenstrich und ein Luftschaber-Streichverfahren sind bekannt. Die genannten Namen weisen darauf hin, daß diese Wege von bekannten englischen und amerikanischen Papierfabriken gefunden wurden.

Auch bei Maschinenstrich wird das Papier noch in einem Kalandrierwerk geglättet. Die Qualität aber ist abhängig von der Zusammensetzung der Streichmasse und von der gleichmäßig und deckend aufgetragenen Menge, und sie kann durchaus unterschiedlich sein. Auch die konstante Beschaffenheit des Rohpapieres ist bestimmend. Vorteilhaft ist das hochkonzentrierte Bindemittel Stärke, weil es schnell aufgetragen und getrocknet werden kann. Hingegen ist es nicht unbedingt wasserfest.

### *Die Handelsbezeichnungen*

Bei der Einführung der neuen Sorte kamen allerlei mißverständliche Bezeichnungen auf. Man sprach von maschinengestrichenem „Kunstdruck-, Bilderdruck- oder Illustrationsdruckpapier". Diese Vergleiche waren unzutreffend, denn der Gütebegriff „Kunstdruck" bezieht sich längst auf ganz bestimmte Qualitäten, die das maschinengestrichene Papier noch nicht erreicht. Künftig wird man schärfer trennen müssen. In Amerika kennt man „gestrichene (coated) Papiere" und unterscheidet dann nach der Herstellungsweise eindeutig zwischen „brush coated" (was unserem Kunstdruck entspricht) und „machine coated" oder „process coated" (wie von uns gleichlautend für Maschinenstrich übernommen). Die deutsche Papierindustrie hat später die Bezeichnung „papiermaschinengestrichenes Papier (PMS-Papier)" vorgeschlagen und trifft damit die Besonderheit am besten.

Hersteller und Händler haben ihren Maschinenstrich-Erzeugnissen klingende Phantasienamen gegeben: „MD-Brillant, Splendid, Diamant, Diadem, Tirana, Estrella, Litella" und so fort, sogar „Seerose", „Silbermöwe" oder „Druckstolz". Solche Wortmarken setzen sich ganz allgemein im Papierhandel immer mehr durch, machen aber die Übersicht nicht einfacher[2]).

*Bisherige Erfahrungen*

Zahlreiche erste Erfahrungsberichte haben die Fachzeitschriften veröffentlicht. Auch in neuere Messungen von Glanz oder Wegschlagzeiten und in Untersuchungen mit dem Elektronenmikroskop wurden maschinengestrichene Papiere einbezogen. Ausführlich hat sich jüngst das Forschungsinstitut des Graphischen Gewerbes (FOGRA) in München mit ihrer Bedruckbarkeit im Hochdruck beschäftigt. Deshalb liegen heute viele verläßliche Urteile vor[3]).

Die Drucker waren anfangs über die manchmal ungleichwertigen Lieferungen enttäuscht und klagten dann über Stauben und Rupfen, wenn das Papier keinen genügend geschlossenen und festgebundenen Oberflächenstrich bot. Erst die von den Farbenfabriken entwickelten Spezialfarben beseitigten andere Mängel. Die Gewöhnung der Drucker an eine vom Kunstdruckpapier abweichende, angemessene Zurichtung und Farbgebung, die Obacht auf ein sorgfältig gelagertes und richtig temperiertes Papier halfen bald über weitere Schwierigkeiten hinweg. So können auf gut beschaffenen Papieren mit den passenden Mitteln durchaus zufriedenstellende Druckergebnisse erreicht werden.

Im Buchdruck wurde bisher in allen Fällen, wo es bei der Wiedergabe von Bildern auf Schärfe, Tonwertreichtum und Farbglanz ankam, Kunstdruckpapier benutzt. Hier ist jetzt das maschinengestrichene Papier eingebrochen, vor allem bei Zeitschriften. Wohl gehen — bei Autotypien im 54er Raster — manche Feinheiten der Zeichnung unter,

---

[2]) Über das „Ankommen von Wortmarken" für maschinengestrichene Druckpapiere führte das IFO-Institut für Wirtschaftsforschung e. V., München, im Herbst 1959 eine Befragung durch.

[3]) An Veröffentlichungen seien genannt: Maschinengestrichene Papiere. In: Der Druckspiegel, 13. Jahr (1958), Heft 11. — R. Rau, Über den Einfluß der Papieroberflächen-Eigenschaften auf den Glanzwert der Farben. In: Der Polygraph, 12. Jahr (1959), Heft 13. — H. Braunegg, Zur Prüfung gestrichener Papiere auf Bedruckbarkeit unter besonderer Berücksichtigung der Technischen Statistik. Vortrag Oktober 1959 (als Manuskript gedruckt). — J. Albrecht und K.-A. Falter, Bedruckbarkeit von maschinengestrichenen Papieren im Hochdruckverfahren. FOGRA-Mitteilungen, Nr. 26, September 1960.

verlieren sich zarte Zwischentöne und erscheinen die Übergänge abgeflacht. Man kann versuchen, diese Abstumpfung der Tonwerte durch Glanzfarben zu überspielen, denen das maschinengestrichene Papier durch eine sehr geringe Saugfähigkeit entgegenkommt — eine Eigenschaft, die andererseits leicht zum Ablegen der Farben führt. Überhaupt stellen sich bei starker Farbgebung wohl eine gute Tiefendeckung, aber auch Unsauberkeiten in den helleren Partien ein, erst recht dann, wenn die Papieroberfläche unvollkommen gedeckt ist.

Die Kalkulation wird entscheiden, ob man diese Qualität billigen kann — es sei denn, es werden von vornherein besondere Bildwirkungen oder gewissenhafte Reproduktionstreue erstrebt. Maschinenstrich ist um 25 bis 30 % billiger als Kunstdruck einzukaufen, er unterbietet fast das sogenannte Naturkunstdruckpapier und entspricht also preislich dem scharf satinierten Illustrationsdruckpapier. Das dürfte den Ausschlag geben, wenn man bei technischen Fachzeitschriften oder Bildbeilagen oder Landschaftsbildbänden maschinengestrichene Papiere wählt.

Auch für den Offsetdruck ist die neue Sorte interessant geworden. Denn seit einem Jahrzehnt wetteifert dieses Verfahren mit den Ausdrucksmöglichkeiten des Buchdrucks, so daß oft ein Unterscheiden bei der fertigen Drucksache erschwert ist. Es gehört dazu eine Vierfarbskala, aber auch der Druck auf gestrichenem Papier. Dabei muß das Papier das im Offsetdruck unentbehrliche Feuchtwasser vertragen, auch wenn schon wassersparende Mehrmetallplatten als Druckstock dienen. So sollen die maschinengestrichenen Papiere, die für diesen Zweck bereitgestellt werden, durch Zusätze von Harzen wasserfest und überhaupt rupffest sein. Für farbige Prospekte oder Kataloge beispielsweise sind sie dann gut einzusetzen.

Dem Tiefdruck fällt es nicht schwer, den Tonreichtum und die Farbenpracht seiner Vorlagen auf geeigneten Illustrationsdruckpapieren eindrucksvoll wiederzugeben. Doch wird man bei werbenden Versandhaus-Katalogen gern diese Wirkung durch Papierglanz erhöhen. Das ist eine Chance für maschinengestrichene Papiere, die zudem die sonst störenden Oberflächenunterschiede zwischen Sieb- und Filzseite nicht kennen. Der Drucker sollte aber möglichst mit flacher Ätzung und dünner Farbe arbeiten, um das Perlen in den Tiefen zu vermeiden. Und auch hier: eine gleichmäßige Glätte des Papieres ist erwünscht. Bei Zeitschriften wird sich der Maschinenstrich wohl weniger durchsetzen, weil vorerst die aufgebesserten Stoffqualitäten des Illustrationsdruckpapiers genügen.

Im Ganzen dürfte die Entwicklung noch längst nicht abgeschlossen sein, da die durch den steigenden Bedarf ermöglichte kontinuierliche Produktion der Fabriken die Qualität fördert und eine speziell ausgerichtete Verarbeitung die noch bessere Bedruckbarkeit sichert.

## Hochglanzpapiere [1])

*Von Peter Neumann, Hamburg*

Der Eindruck eines leuchtenden Farbenglanzes und eines geschönten Materials ließ sich bisher durch nachträgliches Bearbeiten von Drucksachen steigern: durch Lackieren und Kalandern oder Folienkaschieren. Es wurde damit gleichzeitig ein besserer Oberflächenschutz erzielt. Doch 1954 erreichte uns ein aus den USA stammendes „Brillantglanzpapier", das die bisher bei uns bekannten Hochglanz- und Glacépapiere für Verpackungszwecke in seiner Qualität übertraf. Es handelte sich um das von der The Champion Paper and Fibre Company, Hamilton/Ohio entwickelte „Kromekote", das heute für Europa von der belgischen Firma S. A. des Papeteries du Pont-de-Warche in Lizenz hergestellt wird [2]). Die Einführung geschah nur zögernd, zumal anfangs noch die geeigneten Farben fehlten. Mit den Jahren aber wurde der ursprüngliche Luxus zu einer alltäglichen Forderung und der Absatz dieser Sorte stieg. Die bedeutendsten deutschen Kunstdruckpapier-Hersteller aber begegneten diesem Importpapier mit eigenen Erzeugnissen: Scheufelen brachte sein „Phoenokote", das Feldmühle-Werk Hillegossen sein „Supercote" heraus. J. W. Zanders („Gohrsmühle") nannte sein Höchstglanzpapier „Chromolux" und machte es seit 1959 durch eine ausgesprochene Markenartikel-Werbung bekannt. In der Tat handelt es sich um ein veredeltes, einseitig gestrichenes Chromopapier, das für anspruchsvolle Verpackungen geschaffen ist. Dabei hat man an Faltschachteln für kosmetische Artikel oder an Etiketten oder an Schallplattentaschen gedacht, aber auch an Schutzumschläge von Büchern, Zeitschriften-Umschläge und Pappband-Überzüge. Angestrebt wird dabei nicht nur eine stärkere Leuchtkraft, um in der Auslage aufzufallen, auch ein Gefühl der unberührten Sauberkeit soll vermittelt werden, wie wir es von den handgreiflichen Dingen unseres modernen Lebens erwarten. Die blendende Weiße des Papieres verschönt und steigert die Buntfarben ungemein, die spiegelglatte und blitzsaubere Fläche schmeichelt dem äesthetischen Empfinden.

### *Die Herstellung*

Die Papierindustrie bezeichnet Hochglanzpapiere wie „Chromolux" als „gußgestrichene Papiere", weil sie durch ein neuartiges besonderes Verfahren entstehen (auch „Kromekoting-Verfahren" genannt). Auf

[1]) Siehe auch den Aufsatz „Das neue Hochglanzpapier" in der Zeitschrift „Der Hersteller", Jahrgang 1959, Heft 11.

[2]) Ein älteres deutsches Patent ließ sich vor einigen Jahrzehnten nicht verwerten.

das Rohpapier wird eine Emulsion einseitig aufgetragen, wie es beim normalen Kunstdruckpapier auch geschieht. Das abgerollte Papier wird sodann an einen erhitzten, hochpolierten Glättzylinder gepreßt. Die noch feuchte Bahn löst sich von der heißen Zylinderoberfläche, wenn Papier und Strich trocken sind und sich miteinander fest verbunden haben. Da sich die Emulsion auf diese Weise zu einer vollkommen kornlosen und ebenen Fläche zusammengeschlossen hat, ist eine weitere Satinage überflüssig.

### *Das Sortiment*

Das erwähnte „Chromolux" steht in den folgenden Ausfertigungen bereit, die gleich seine vielseitige Verwendung erkennen lassen: Lagersorte 300 ist ein ganzbeschichteter Faltschachtelkarton in den Gewichten 250 bis 420 g/qm und im Format 75 × 100 cm und dient für Verpackungszwecke. Die Lagersorte 700 umfaßt holzfreie Papiere von 80 bis 120 g/qm und dergleichen Kartons in den Gewichten von 150 bis 350 g/qm, vorrätig in den Formaten 63 × 88 und 70 × 100 cm. Schließlich gibt es für bestimmte Werbedrucksachen die Lagersorte 400, ausgehend von beidseitig holzfrei gedeckten Kartons, in den Gewichten von 250 bis 300 g/qm und im Format 70 × 100 cm. Möglich sind natürlich bei den beiden ersten Sorten auch Sonderformate, passend zu den zur Verfügung stehenden Papiermaschinenbreiten.

Ähnliche Sortimente finden wir auch bei anderen Herstellern. Die Feldmühle beispielsweise bietet ihr „Höchstglanzpapier" „Supercote" in einer holzfreien und einer holzhaltigen Sorte an, dazu den „Supercote"-Karton holzfrei gedeckt („Weser") und beidseitig holzfrei gedeckt („Elbe"). Die entsprechenden Verzeichnisse und Angebote geben darüber Aufschluß.

### *Der Einsatz*

Die Höchstglanzpapiere sind für alle Druckverfahren geeignet, sie lassen sich kalt und heiß prägen. Die Oberfläche des Papieres ist wünschenswert geschlossen und weich, so daß mit geringer Druckspannung gearbeitet werden kann und die Druckformen geschont werden. Zu empfehlen ist unbedingt die Verwendung von Farben, die der Glanzwirkung des Papieres gleichkommen und sie zu steigern vermögen. Solche Hochglanzfarben werden von den wichtigsten Farbenfabriken geliefert. Natürlich kann man auch normale Farben anwenden, um sie absichtsvoll gegenüber dem strahlenden Papier zurücktreten zu lassen. Zusätzliche Trockenstoffe sind meist nicht notwendig, Verdünnungsmittel sollte man vorsichtig und zurückhaltend beimischen. Beim Offsetdruck ist das Feuchtwasser zu berücksichtigen, so daß den

Glanzfarben noch Drucklacke beizumengen sind. Jedenfalls sind die Hochglanzpapiere genügend saugfähig, da die Poren des Strichs nur wenig verdichtet wurden. Das schnelle Wegschlagen ist gewährleistet und es wird abgeraten, die Drucke zu bestäuben, weil der gewünschte Glanz abgeschwächt wird.

Besondere Obacht erfordert das Schneiden des Papiers vor dem Druck, da der Strich sehr empfindlich ist und sich lose Teilchen beim Druck störend bemerkbar machen können. Der Hersteller von „Chromolux" führt solche Punkte, auf die der Verarbeiter achten muß, in einem Merkblatt an.

Überflüssig zu sagen, daß die Mehrkosten für dieses Papier durch den zu erreichenden Effekt aufgewogen werden. Auch ist bei der Kalkulation der Fortfall nachträglicher Bearbeitungsvorgänge zu bedenken. Beide Tatsachen werden den Einsatz begünstigen.

# FACHTECHNISCHER TEIL

## Die Veredelung des Papiers *)

*Grainieren — Grundieren — Zaponieren —*

Die Papierwarenindustrie, welche durch die jeweiligen Kunstrichtungen beeinflußt wird, zeigt bei ihren Erzeugnissen deutlich den Stempel, den die herrschende Richtung ihm aufgedrückt hat. Eine Zeitlang lebte alle Welt im Zeitgeschmack des Biedermeier-Stils, jener Kunstrichtung, die in den vierziger Jahren des vorigen Jahrhunderts an der Tagesordnung war und die behagliche Ruhe unserer Großväter in sehr anschaulicher Weise widergab. Wir fanden diese bildlichen Darstellungen nicht nur auf den Erzeugnissen des graphischen Gewerbes, auf den vielen neuen Tischkärtchen, Menus, Glückwunschkarten, sondern wir fanden sie auch auf dem weitverzweigten Gebiete der Papierausstattung, die schon alle Richtungen von der modernen Linie bis zu den Blumenarrangements des Rokoko wiederholt durchlebt hat.

Als die bekannteste Art der Papierveredlung kann man wohl die bezeichnen, welche dazu dient, Abwechslung in das sonst eintönige Aussehen besonders der glatten Papiere zu bringen, die zum Überkleben von Gegenständen, wie Bonbonnieren, Mappen u. a. m. dienen. In solchen Fällen wird das Papier in Bogen vor der weiteren Verarbeitung mit irgendeiner Pressung versehen. Es gibt eine ganze Reihe der verschiedensten Muster. Besonders die Bezugspapiere für Kartonagenzwecke, seien sie naturfarben, im Stoff gefärbt oder auf chromo-lithographischem Wege mit einigen Farben (figürliche oder ornamentale Gebilde werden stark bevorzugt) bedruckt, eignen sich für derartige Pressungen besonders gut. Selbstredend wird man Muster wählen, die ansprechen und originell sind. Wir finden unter den vielen Arten solcher Pressungen am häufigsten Stoffimitationen, Leinen, Moirée u. a. Das Gebiet der Phantasie ist besonders ergiebig und reich an originellen Einfällen zur fabrikatorischen Nutzanwendung.

---

*) Eine eingehende Darstellung der verschiedensten Möglichkeiten der Papierverarbeitung finden die Leser in dem Fachbuch des Herausgebers „Die Papierverarbeitung" im 2. Kapitel auf den Seiten 16—56.

Die Papierverarbeitung mit 37 Textabbildungen und 22 Tafeln, DIN A 5, XI, 199 Seiten, erschienen 1958 im Technischen Verlag Herbert Cram, Berlin W 30, Genthiner Straße 13, Halbleinen, 12,80 DM.

Jedem Fachmann dürfte es wohl bekannt sein, eine wie große Verbreitung insbesondere die Leinenpressungen gefunden haben, die unter den Gewebenachbildungen den ersten Platz einnehmen. Die verschiedensten Arten des Gewebes, vom feinsten bis gröbsten, lassen eine außerordentliche Reichhaltigkeit in der Art der Pressung, wie z. B. Leinen in seinen verschiedenen Abarten.

Bei der Anwendung des Preßverfahrens ist jedoch auch mit gewissen Einschränkungen zu rechnen. Wir greifen, als Bezug geeignet, dabei auf glatte Bilder zurück, Schachtelbezüge oder Plakate mit figürlichen Darstellungen. Diese verlieren, je kleiner sie im Format sind, an Ausdruck; man kann getrost sagen, die Pressung verunziert das Dessin. Der Fabrikant wird sich in der Anwendung von Grainpressungen (feines oder gröberes Korn) stets nach dem figürlichen Dessin richten müssen. Ganz feine und in allen Teilen zartgehaltene Sujets würden durch eine nachträgliche Pressung verunstaltet werden. Es ist das gleiche, als wenn eine in allen Partien besonders fein und zart gehaltene Lithographie etwa durch die Reliefprägerei „verschönert" werden sollte, weil dadurch jeder Reiz der intimen koloristischen Wirkung verloren gehen würde.

Da wir soeben von den verschiedenen Pressungen sprachen, dürfte es vielleicht von Interesse sein, zu hören, wie solche hergestellt werden. Man bedient sich zu diesem Zwecke der sogenannten Gauffriermaschine, die eine gewisse Ähnlichkeit mit dem den Lesern bekannten Kalander zum Glätten von Papierbogen hat, abgesehen von der Zahl der Zylinder.

Nicht alle Papiere lassen sich in gleicher Weise pressen. Manche nehmen das Korn ohne irgendwelche vorherige Vorbereitung an; wieder andere müssen vor dem Durchgang über die Prägewalzen gefeuchtet werden, und das ist der weitaus größte Teil aller Papiere. Es ist das notwendig, um ein Faltenwerfen während des Durchgangs auf der Maschine zu vermeiden. Einige Worte über die Bauart dieser Presse sollen zum besseren Verständnis des Gesagten dienen.

Die Grainpresse ruht auf zwei Säulen, die durch ein Walzenpaar miteinander verbunden sind. Die obere Walze, aus Stahl bestehend, ist mit dem Muster graviert, das gepreßt werden soll, während die untere Walze die Aufgabe hat, die Bogen gegen die obere gravierte Walze zu drücken. Sie besteht vorwiegend aus hydraulisch gepreßten Papierscheiben. Die zu pressenden Bogen werden eingeführt und durch die drehende Bewegung zwischen diesen beiden Walzen hindurchgezogen, um auf der entgegengesetzten Seite der Maschine, mit der vorgesehenen Pressung versehen, wieder zum Vorschein zu kommen.

So einfach wie das klingt, so viel Umsicht und Sachkenntnis gehört zu einer verständigen Bedienung dieser Maschine; das zu verarbeitende Papier muß dieser Art der weiteren Behandlung unbedingt gewachsen sein; denn andernfalls werden sich nicht vorausgesehene Ausfälle bei der Fabrikation ergeben.

Bei Artikeln, die grainiert werden, ist die Papieroberfläche beträchtlichen Veränderungen durch die Pressung ausgesetzt. Schwache Linienzeichnungen verschwinden fast gänzlich unter solchen Einwirkungen. Wer besonders auf Textwirkungen Wert legt, sollte in solchen Fällen Schriften niemals gleich in dem Druckverfahren mitlaufen lassen, sondern sie nur im Heiß- oder Monogrammprägedruck nachträglich aufbringen lassen, bei welchen Techniken die Veränderung der Papieroberfläche durch den Textdruck nach dem Pressen erfolgt.

Ein weiteres Mittel der Papierveredlung ist das Lackieren der Papierbogen. Am häufigsten wird Lacküberzug bei Erzeugnissen Anwendung finden, die auf chromolithographischem Wege hergestellt sind, während dieser sich für Papiere, die zu Schreibzwecken dienen, nicht eignet, weil die Schreibfeder auf der glatten Lackfläche nicht auf die eigentliche Papierfläche kommt, und die flüssige Schreibtinte auslaufen würde.

Glatte, lackierte Papiere finden in der Hauptsache nur zum Überzug von einfachen Kartonagen Verwendung. Für Überzugpapiere schließt das Auftragen einer Lackschicht große Vorteile in sich. Diese Art Papiere sind in den meisten Fällen dessiniert, und die Lackschicht auf dem Bogen schützt den Druck vor schädlichen Einflüssen durch das Betasten mit nicht sauberen Fingern, vor Staub- und Lichteinwirkung und anderen Übelständen, insbesondere auch vor dem Verblassen der Farben.

Lackauftrag auf zu veredelnde Papiere wird von Hand nur auf ganz minimale Flächen erfolgen; größere Bogenformate werden ausschließlich auf maschinellem Wege lackiert, wobei die Bogen, ähnlich wie beim Drucken auf der Schnellpresse, über einen Zylinder laufen und über mit Lack getränkte Walzen geführt werden.

Das Zusammenkleben frisch lackierter Bogen vermied man durch das Auslegen der Bogen in Bogentrockenmaschinen oder Hürden, d. h, Holzgestellen, bei denen Leisten so übereinander geschichtet sind, daß dazwischen je ein Bogen eingeführt werden kann, der schnell durch den Luftdurchzug trocknet. Die modernen Lackiermaschinen haben derzeitig eine Infrarottrocknungsvorrichtung, wodurch ein rationelles Arbeiten durch Arbeitszeitersparnis erreicht wird.

In jedem Falle aber sollte man sich gesagt sein lassen, daß nur immer ein Verfahren zur Ausschmückung angebracht erscheint. Nicht selten wird von unerfahrenen Bestellern der Wunsch geäußert, einen mit Lacküberzug versehenen Bogen auch noch gepreßt zu erhalten. Unter dem Einfluß der Druckspannung geht die in dem spiegelglanzähnlichen Austrocknen des Lackes bedungene Wirkung total verloren. Durch solche Experimente werden nur die Herstellungskosten erhöht.

Der Lacküberzug ist zur Konservierung der Untergrundfläche sehr zu empfehlen, wenn auch nicht außer acht gelassen werden darf, daß die dadurch bedungene Wirkung nur dann tadellos sein wird, wenn die Papierqualität ebenfalls einwandfrei ist und und ein gleichmäßiges Auftrocknen des Lacküberzuges gewährleistet.

Ähnlich dem Lackauftrag war früher bei *Postkarten* die Hebung der Ansichtsfläche durch *Gelatineaufstrich* üblich. Die mit diesem Aufstrich versehenen Papiere kennen wir als Hochglanzdrucke.

Einmal kann dieser Hochglanz hervorgebracht werden, ähnlich wie auf den photographischen Papieren (bei Bromkarten nämlich), doch ist das ziemlich umständlich. Am häufigsten wird das Gelatineverfahren angewendet. Voraussetzung dabei ist, daß an den Seiten der zu gelatinierenden Flächen genügend Raum zum Anfassen der Bogen ist. Andernfalls würde man in den frischen Gelatineaufstrich hineinfassen, und das Ergebnis wäre eine Fleckenbildung an der betreffenden Stelle, hervorgerufen durch den Fingerabdruck.

Die Zubereitung des Gelatineaufstrichs ist kurz folgende: Man setzt aufgekochtem, weichem, d. h. Fluß- oder Regenwasser, soviel Gelatine (I a Qualität unbedingt erforderlich) zu, daß die gewonnene Masse nach dem Kaltwerden zwischen den Fingern klebt. Eine Probe auf Papier muß eine glänzende Fläche hervorbringen.

Um störende Bestandteile auszuschalten, wird die so gewonnene Lösung filtriert, und dann wird man zunächst probeweise einen Bogen streichen. Es muß stets darauf geachtet werden, daß Streifenbildung vermieden wird. Aus diesem Grunde muß man sich zum Aufstreichen der Masse eines ganz feinen Pinsels bedienen. Der so zubereitete Bogen zeigt nun allerdings noch nicht die gewünschte spiegelglatte Hochglanzfläche. Die wird erreicht durch Aufziehen der Bogen auf eine blankgeputzte Spiegelglasplatte. Daß die mit dem Aufstrich versehene Seite auf die Glasplatte kommen muß, dürfte einleuchten. Um ein glattes Aufliegen des Bogens zu erzielen und um zu vermeiden, daß sich infolge Luftzutritts Blasen bilden, andererseits noch das überflüssige Wasser herauszubefördern, wird die Rückseite mit einer steifen Bürste fest angerieben. Die Glasplatte mit dem aufgezogenen Bogen wird dann zum Trocknen aufgestellt. Wenn der Trockenprozeß beendet ist, springen die Bogen von selbst ab oder lassen sich leicht abziehen. Dann erst haben sie eine spiegelglatte Oberfläche.

Ein Zwischending von Gelatinieren und Lackieren ist ein diesen sehr nahekommendes Verfahren, das Grundieren der Oberfläche von Papieren.

In warmem Wasser gelöste Gelatine wird auf die zu bearbeitende Fläche vermittels eines weichen Schwammes aufgetragen. Die Fläche hat allerdings nicht jenes gleichmäßige Aussehen, wie solches durch Lacküberzug oder Gelatinieren erreicht wird. Immerhin ist dieses Verfahren ein Aushilfsmittel für besondere Fälle.

Oberflächenglanz kann man auch durch Schellacküberzug erzielen. In jedem Falle muß man sich eines guten, ganz weichen Schwammes zum Aufstreichen der Masse bedienen, um jeder Unregelmäßigkeit oder gar Streifenbildung vorzubeugen.

In Fällen, wo es sich um geprägte Artikel, wie beispielsweise Buchdeckel mit Metallpressungen handelt, wird man ebenfalls ein Mittel anwenden, um die Haltbarkeit des Glanzes zu erhöhen. Hierzu dient Zapon, eine Masse, welche die Eigenschaft hat, Erzeugnisse, die damit überzogen werden, zu konservieren; besonders schützt es solche Flächen vor vorzeitiger Oxydation, die auf dem Wege der Preßvergoldung verziert sind.

Wir haben eine Reihe von Arten kennengelernt, die sämtlich das eine Ziel gemeinsam haben, den Papieren, die der Verarbeitung dienen, ein besseres Aussehen zu geben.

Wir müssen uns darüber klar sein, daß jene Erzeugnisse auf dem Weltmarkt die bevorzugteren sein werden, die eine reiche, ansprechende Ausstattung aufweisen, die jeweils dem Charakter des Handelsproduktes angepaßt sein muß.

## Die Oberflächenbehandlung der Papiere zur Erhöhung ihrer Widerstandsfähigkeit

*Von Dr. Wolfgang Fühler, Frankfurt a. M.*[1])

Zur Erhöhung der mechanischen Festigkeit oder Widerstandsfähigkeit bedruckter oder unbedruckter Papiere oder daraus gefertigter Gebrauchsgegenstände werden heute verschiedene Verfahren und Materialien eingesetzt. Je nach Bedarf- und Verwendungszweck wird unter Berücksichtigung der Wirtschaftlichkeit dieses oder jenes Verfahren angewandt, um damit möglichst allen Wünschen des Auftraggebers gerecht zu werden.

---

[1]) Von dem Verfasser dieses Beitrages, Herrn Dr. Wolfgang Fühler, Frankfurt a. M., finden interessierte Leser in meinem Standardwerk für die Papierverarbeitung (zwei Bände) zwei Beiträge „Sind die Probleme des Heißkalandrierens gelöst?“ und ferner „Glanzkaschierung oder Lackierung?“. Damit dürfte diese Art der Papierveredelung erschöpft behandelt sein.

Beide Bände „Die Papierveredelung“ (12,80 DM) und der Fortsetzungsband „Die Praxis der Papierverarbeitung“ (18,— DM) erschienen im Technischen Verlag Herbert Cram, Berlin W 30, Genthiner Straße 13.

Viele Verfahren haben neben einigen Vorteilen jedoch auch Nachteile, über die man sich bereits vor der Ausführung im klaren sein muß.

Am längsten bekannt ist der Glanzüberdruck mit Firnissen verschiedener Zusammensetzung, die man sowohl im Buchdruck als auch im Offsetverfahren, vollflächig oder mit ausgesparten Feldern, verarbeiten kann. Vorteilhaft ist dieses Verfahren in erster Linie deshalb, da keine weitere maschinelle Einrichtung erforderlich ist, der Materialverbrauch verhältnismäßig gering ist und doch für viele Fälle ausreichender Glanz erzielt werden kann. Wie bei jedem anderen Veredelungsverfahren hängt der Erfolg aber auch hier von der Papierqualität, Eigenschaften der verwendeten Farben und selbstverständlich auch vom Firnis selbst ab. Saugfähige Naturpapiere, ungeleimte oder schwach geleimte und sogar manche gestrichene Papiere geben nur geringe Glanzwirkung. Ebenso schwierig ist es auf Chromoersatzkarton guten Glanz zu erzielen, da die Oberfläche dieser Papiere nicht völlig gleichmäßig gestaltet ist, der Firnis daher ungleichmäßig wegschlägt und „fleckigen" Glanz gibt. Es besteht wohl die Möglichkeit, derartige Papiere mit einem Vordruckfirnis vollflächig zu bedrucken aber dies würde einen zusätzlichen Arbeitsgang erforderlich machen, der nicht immer gerechtfertigt erscheint, da hierdurch auch eine Vergilbung des unbedruckt bleibenden Papiers begünstigt wird. Besser ist in jedem Fall von vornherein auf gute Papierqualitäten zurückzugreifen, falls in jeder Beziehung befriedigende Ergebnisse erwartet werden.

Nachteile des Glanzüberdruckfirnis sind darin zu erblicken, daß durch einmaligen Druck nur mäßiger Glanz erzielt wird, immer mit einer Vergilbung zu rechnen ist und das langwierige Trocknen abgewartet werden muß. Durch den Trocknungsvorgang werden außerdem flüchtige Spaltprodukte erzeugt, die den bekannten „Farbengeruch" hervorrufen. Drucksachen, bei denen dieser Geruch zu Beanstandungen führen kann, sollten daher nicht mit Glanzüberdruckfirnissen bedruckt werden. Durch Belüftung oder Aushängen der mit Glanzfirnissen überdruckten Bogen läßt sich der „Farbengeruch" jedoch weitgehend vermeiden. Der Glanzüberdruck mit Gleitstoffe enthaltenden Glanzüberdruckfirnissen wird heute noch vielfach auf dem Gebiet des Kartonagendrucks angewandt, da hiermit nicht nur ein Schutz gegen mechanische Einwirkung, sondern auch gegen eindringende Feuchtigkeit erzielt werden kann.

Neben dem genannten Verfahren spielt aber heute die Lackierung, Kalandrierung und auch das Überziehen von Glanzfolien verschiedener Beschaffenheit über manche Drucksachen eine sehr bedeutende Rolle. Lösungsmittelhaltige Lacke (Spiritus-, Nitro-, Nylon- und Kautschuk — etc.) werden heute in großer Zahl angeboten, die sich je nach Anforderung an das betreffende Druckerzeugnis bewährt haben. Neben den seit Jahren bekannten Naturkopalen kommen heute vielfach Kunstpokale mit günstigen Eigenschaften zur Anwendung. Nitrocellulose-, auch -Kombinationslacke oder Lacke aus hochelastischen Kunststoffen werden heute bevorzugt eingesetzt, da sie weitgehend vergilbungsfest sind, hochelastische Überzüge ergeben und sich in den meisten Fällen einwandfrei mit den Druckfarben verbinden. Vorsicht ist jedoch bei Verwendung von Spezialfarben geboten, die höhere Anteile an Gleitstoffen (Wachsen, Polyäthylen etc.) enthalten, oder die auf Schnelltrockenbasis aufgebaut sind, da diese oft eine einwandfreie Verankerung der Lacke verhindern. Nachträgliches stärkeres Erwärmen kann vielfach die genannten Schwierigkeiten beseitigen, doch bedeutet dies meist das Einschalten eines zusätzlichen Arbeitsganges.

Wichtige Voraussetzung zur Erzielung einwandfreier Lackierungen ist geeignetes Papier und gegen die Einwirkung der Lösungsmittel und Weichmacher der Lacke beständige Druckfarben. Stets sollte vor dem beabsichtigten Druck Rücksprache mit der Druckfarbenfabrik erfolgen, damit geeignete Farben hergestellt werden können.

Neben der seit Jahren bewährten Heißkalandrierung scheint der Hang zur Folienbeschichtung mancher besonders stark zu beanspruchender Drucksachen wieder in den Vordergrund zu treten, nachdem es einer bedeutenden deutschen Lackfabrik in Zusammenarbeit mit einer deutschen Spezialmaschinenfabrik gelungen ist, ein Cellophanierverfahren zu entwickeln, das einen Spezialkleber zum Einsatz bringt, der sich ohne Lösungsmittel verarbeiten läßt, nur mäßige Temperaturen zur Aufbringung der Folien benötigt und somit auch kein Schrumpfen der Folie durch das Abkühlen erfolgt. Es hat allen Anschein, daß dieses Verfahren in naher Zukunft geeignet ist, dem Kalandrierverfahren als ebenbürtiges Verfahren zur Seite zu stehen, speziell auf Gebieten, wo höhere mechanische Festigkeit und stärkere Feuchtigkeitsresistenz vonnöten ist. Speziell auf dem Gebiet der Schallplattenhüllen, Bucheinbände hat sich das Verfahren bestens bewährt, doch muß in jedem Falle berücksichtigt werden, daß auf gestrichenen Papieren eine etwas geringere Haftung der Folie erzielt wird — eine Tatsache, die bei Kalanderlacken ohne Bedeutung ist, da die Lacke durch die Schicht dringen und sich gut verankern.

Neben Cellophanfolien kommen in dem neuen Verfahren auch dünnste Acetatfolien zur Anwendung, die eine noch höhere Wasserbeständigkeit aufweisen. Preislich gesehen dürfte das Verfahren ebenfalls sehr interessant sein, da diese Folien in letzter Zeit erheblich billiger geworden sind und Gebiete die aus preislichen Gründen auf das Kalandrierverfahren übergegangen sind, wahrscheinlich wieder auf das Kaschieren zurückfinden werden.

Die aufkaschierten Folien können nach bisherigen Erfahrungen einwandfrei gerillt und genutet werden, da durch den neuen Kleber eine völlig einwandfreie Haftung erzielt wird. Nach Angaben des Herstellers können alle Farbentypen verwendet werden, ohne daß mit Schwierigkeiten zu rechnen ist.

Vorsicht ist jedoch mit Druckfarben geboten, die Gleitwachse oder höhere Mineralölzusätze (Schnelltrockenfarben) enthalten. Die Folien können von derartigen Farben leicht abgestoßen werden. Lackierungen und Folienüberzug sind auch geeignet, schlecht haftende Drucke auf manchen Kunststoffen oder kunststoffüberzogenen Materialien gegen mechanischen Abrieb zu schützen. Oft kommen sogar Schmelzen bestimmter Kunststoffe für ähnliche Verfahren in Betracht, wodurch die Farbe völlig geschützt wird. Das Verfahren hat in besonders gelagerten Fällen (Hart-PVC und andere Kunststoffe) zu günstigen Ergebnissen geführt, allerdings besteht patentrechtlicher Schutz und somit keine allgemeine Anwendbarkeit.

Viele Druckerzeugnisse müssen mit Speziallacken überzogen werden, damit sie ausreichende Festigkeit erhalten. Dies trifft auf dem Gebiet des Abziehbilderdrucks in hohem Maße zu, auch wenn diese im Siebdruckverfahren hergestellt werden. Hohe und bleibende Elastizität und Vergilbungsresistenz werden meist gefordert — Eigenschaften die nur durch Verwendung spezieller Rohprodukte zu erzielen sind. Es würde zu weit führen, näher auf Einzelheiten einzugehen, doch soll angedeutet werden, daß gerade auf diesem Gebiet erhebliche Schwierigkeiten bestehen, da industriell angewandte Abziehbilder den unterschiedlichsten Einwirkungen ausgesetzt werden und der Lack meist die Aufgabe hat, den Farbfilm „selbsttragend“ zu gestalten und außerdem die hohen Festigkeitseigenschaften zu erzielen, die von Abziehbildern gefordert werden.

## Das Kleben von Papier mittels Handarbeit und auf Maschinen

Das Papier, das als Werkstoff unserer papierverarbeitenden Industrie die Papierfabrik verläßt, erfordert eine verschiedenartige Behandlung. Wohl ausnahmslos wird es in irgendeiner Form veredelt oder bedruckt, um in dieser bearbeiteten Form dann weiterverarbeitet zu werden zu den verschiedensten Erzeugnissen.

In sehr vielen Fällen erfolgt zu diesem Zweck zunächst noch eine Zwischenverarbeitung, um den Papierbogen die Stärke zu geben, die für das betreffende Erzeugnis erforderlich ist.

Dies geschieht durch Unterklebung des Papierbogens ebenfalls mit einem Papierbogen, in den weitaus meisten Fällen jedoch durch Aufziehen auf Pappe. Über die damit zusammenhängenden betriebsnotwendigen Erfordernisse unterrichten auf Grund gesammelter Erfahrungen die nachstehenden Ausführungen.

In vielen Fächern der Papierverarbeitung bildet das Kleben von Bogen auf Bogen eine laufende Arbeit, welche besondere Kenntnisse und Sorgfalt erfordert. Die Hauptbedingungen dieser Arbeit sind in allen ihren Anwendungsgebieten gleich und für die Handhabung bekannt. Wir wenden uns daher im folgenden der Maschinenklebearbeit zu.

Eine Hauptaufgabe beim Kleben von Bogen auf Bogen, besonders mittels der Maschine, ist die richtige Beurteilung der verschiedenen Papiere hinsichtlich ihrer inneren und äußeren Beschaffenheit und der damit im engsten Zusammenhange stehenden besonderen Eigenschaften. Dies ist bei Handklebung schon von Bedeutung, noch viel wichtiger aber bei der Maschinenklebung.

Jedes mit Klebstoff bestrichene Papier dehnt sich nämlich infolge der Feuchtigkeitsaufnahme, aber das Maß der Dehnung ist verschieden, je nach Stoffzusammensetzung, Leimung und Satinage. Für glattes Bekleben ist von großer Bedeutung, daß diese Dehnung so vollständig wie möglich stattgefunden hat, bevor die Bogen aufeinander geklebt werden, damit das Papier nach dem Kleben nicht wieder aufstehen kann.

Bei Handklebung wird entweder mit Pinsel, Bürste, Schwamm oder — wie beim Spritzverfahren — mit dem Leimzerstäuber angeschmiert, wobei leicht dehnbare oder der Dehnung weniger unterworfene Papiere Zeit genug finden, sich soweit auszudehnen, wie es zur Erzielung einer glatten Kaschierung notwendig ist, besonders da nach Auflegen des Bogens, durch von der Mitte desselben nach seinen Außenkanten gerichtetes Anreiben mittels Hand oder Bürste, der vielleicht noch nicht ganz vollzogenen Dehnung nachgeholfen und der Blasenbildung entgegengearbeitet wird. Bei sehr harten, sich schwer dehnenden Papieren führt man bei Handklebung die erforderliche Papierdehnung dadurch herbei, daß man zwei oder drei Papierstöße nebeneinander legt und abwechselnd den oberen Bogen anschmiert, um so durch längeres Liegen der Bogen eine ausreichende Dehnung zu erzielen.

Läßt sich auch durch Handarbeit Gutes leisten, so macht es doch Schwierigkeiten, die für den fortgesetzt steigenden Massenverbrauch erforderlichen Mengen herzustellen; man bemüht sich daher schon lange, die Handarbeit durch Maschinenarbeit zu ersetzen.

In der Kartonpapierfabrikation sind seit langem neben großen Rollen-Klebmaschinen auch Bogen-Klebmaschinen bekannt. Diese aber tragen ihren Namen mit Unrecht, denn sie schmieren nur an, kleben aber nicht.

Die angeschmierten Bogen werden vielmehr der Maschine von Hand entnommen, aufeinander gelegt und noch feucht unter die Presse gebracht.

Wir hatten Bogen-Klebmaschinen, welche Anschmieren und Kleben selbsttätig ausführten, also Bogen auf Bogen klebten.

Bei den ersten Maschinen dieser Art wurde aber die Dehnung des Papieres nicht berücksichtigt, vielmehr gewaltsam unterdrückt, indem beide Bogen sofort miteinander verbunden wurden, sobald der Papierbogen mit seinem ersten Teile die Klebstoffwalze verließ, also erst einige Zentimeter mit Klebstoff versehen waren. Dies mag Berechtigung haben bei Papieren, welche sich infolge ihrer Stoffzusammensetzung und Leimung wenig oder gar nicht dehnen. Für Papiere aber, welche unter der Feuchtigkeitseinwirkung des Klebstoffes der Ausdehnung unterworfen sind — und das sind die weitaus meisten Sorten — muß eine Gelegenheit zur Ausführung derselben unbedingt vorhanden sein, wenn der Bogen nach dem Aufkleben glatt und blasenlos bleiben soll. Kann die Dehnung nicht *vor* dem Aufkleben erfolgen, so tritt sie nach dem Aufkleben ein, und dies bewirkt, daß sich der Bogen an unzähligen Stellen in Blasen und Bläschen von der Pappe abhebt (sogenanntes Aufstehen). Um dies zu vermeiden, ist also für die meisten Papiere eine Dehnungsgelegenheit *vor* dem Aufkleben unerläßlich.

Nun ist für viele lithographische Drucke, welche auf Pappe oder Karton geklebt und nachher geschnitten oder ausgestanzt werden, jegliche Dehnung vom Übel. Diese Drucke sind aber fast durchweg auf solchen Papieren hergestellt, die der Dehnung nicht oder nur ganz minimal unterworfen sind, so daß sie auch beim Vorhandensein einer Dehnungsgelegenheit durch schnelleren Gang der Maschine sich mit Sicherheit so kleben lassen, daß keine Dehnungsdifferenzen im Druck hervortreten.

Einzelne Papiere lassen sich freilich maschinell überhaupt nicht nutzbringend kleben, z. B. Pergament-, Pergamin-, harte Metall- und sonstige sehr harte Papiere. Diese dehnen sich so stark und benötigen dazu so viel Zeit, daß es nicht lohnen würde, die Maschine derart langsam laufen zu lassen, daß die Dehnung der angeschmierten Bogen *vor* dem Aufkleben eintreten könnte.

Als Klebstoff für Handkaschierung verwendet man am vorteilhaftesten Stärkekleister oder Kleisterersatz oder Kaltleim, den jede Fabrik, welche Klebstoffe anfertigt, liefern kann. Wo es sich um das Kaschieren besonders empfindlicher oder widerspenstiger Papiere handelt, empfiehlt es sich, stets ein Papiermuster der Klebstofflieferfirma einzusenden. Der Lieferant wird dann jederzeit in der Lage sein, einen geeigneten Klebstoff dafür anzubieten. Auch Kartoffelmehl eignet sich vorzüglich zum Kaschieren.

Hierbei tut man jedoch gut, dasselbe vor dem Gebrauch durch ein eng-
sollte, Kleisterersatz oder Kaltleim, den jede Fabrik, welche Klebstoffe anfertigt, liefern kann. Wo es sich um das Kaschieren besonders empfindlicher oder widerspenstiger Papiere handelt, empfiehlt es sich, stets ein Papiermuster der Klebstofflieferfirma einzusenden. Der Lieferant wird dann jederzeit in der Lage sein, einen geeigneten Klebstoff dafür anzubieten. Auch Kartoffelmehl eignet sich vorzüglich zum Kaschieren. Hierbei tut man jedoch gut, dasselbe vor dem Gebrauch durch ein engmaschiges Sieb durchzusieben, um etwa im Mehl vorhandene Klümpchen und sonstige Fremdkörper zu entfernen. Wo sich beim Anrühren des Kleisters Knollen oder Klümpchen gebildet haben, muß man denselben vor der Verarbeitung durch ein Tuch seihen oder drücken, damit alle Unreinigkeiten beseitigt werden. Diese beeinflussen den glatten Fortgang der Arbeit ungemein und verteuern das Kaschieren dadurch wesentlich. Das Kaschieren von Hand geschieht in folgender Weise: Das zu veredelnde Papier wird in kleinen Stößen von etwa 100 Bogen übereinandergelegt. Das Papier wird um einige Millimeter in Länge und Breite kleiner als der Pappbogen zugeschnitten und von einer Arbeiterin unter Zuhilfenahme eines großen Pinsels oder einer weichen Bürste auf der Rückseite möglichst gleichmäßig mit Klebstoff versehen. Dabei wird der Klebstoff, je nach der Beschaffenheit des Papiers, mehr oder weniger mit Wasser verdünnt. Die angeschmierten Bogen läßt man nun einen Moment weichen, um die angeschmierten Bogenseiten alsdann auf die bereitliegenden Pappen aufzulegen, und reibt dann mit dem Handballen oder mit einer Bürste auf der Oberfläche glatt.

Selbst diese augenscheinlich nebensächlichen Arbeiten erfordern eine gewisse Genauigkeit und Geschicklichkeit seitens des Personals.

Es empfiehlt sich also im Interesse des raschen Fortchreitens bei der Aufarbeit eines größeren Quantums, zum Kaschieren drei Arbeiterinnen zu verwenden, von denen eine zum Anschmieren benötigt wird, während die beiden anderen Mädchen das Kaschieren einschließlich des Glattstreichens bewerkstelligen. Dabei ist es wichtig, daß die Arbeiterinnen genügend Raum zur Verfügung haben, so daß sie bei der Arbeitsausübung nicht beengt sind.

Die fertig kaschierten Pappen läßt man nunmehr eine kurze Zeit an der Luft trocknen und legt sie dann in Stapeln übereinander. Eine praktisch angelegte Aufhängevorrichtung leistet dabei gute Dienste. Diese muß jedoch derart angelegt sein, daß die Luft von allen Seiten bequem Zutritt hat. Vor allen Dingen dürfen die Pappen nicht zu lange hängen, weil sie sonst anfangen, sich zu werfen. Sie sollen vielmehr nur leicht abtrocknen, um dann in übereinandergeschichteten Stapeln allmählich nachzutrocknen.

Wenn bedruckte Papiere zu kaschieren sind, so ist in erster Linie darauf zu achten, daß der Druck nicht zu frisch ist, weil derselbe sonst leicht abfärbt oder beim Reiben verwischt wird. Oft geht man dazu über, derartige Drucke vor dem Kaschieren entweder mit Federweiß oder Magnesia abzureiben. Dieses Verfahren ist jedoch nicht immer zu empfehlen, da der Druckausfall in den meisten Fällen darunter leidet und dadurch viel von seiner ursprünglichen Ansehnlichkeit verliert..

Das beste ist in solchen Fällen, wenn man Makulaturbogen zwischen die kaschierten Pappen legt und diese dann in nicht zu hohen Stapeln übereinanderschichtet.

Mit der fortschreitenden Technik war man mit Erfolg bestrebt, die Handklebearbeit nur den ganz kleinen Betrieben zu überlassen, für gesteigerte Anforderungen indessen den Vorgang des Aufstreichens des Klebestoffes, ferner das Glattstreichen des angeschmierten Bogens auf dem Pappbogen vollständig von der Maschine besorgen zu lassen.

Man erzielte dadurch einerseits ein genaueres und schnelleres Arbeiten, andererseits eine wesentliche Verbilligung durch sparsameren Verbrauch von Klebstoff und der Einsparung teurer Arbeitslöhne. Beides ist für die Gestehungskosten von großer Bedeutung im Wirtschaftsprozeß.

Bei der Aufarbeitung großer Posten, die alle mit demselben Papier kaschiert werden sollen, wobei das Format nicht gewechselt wird, empfiehlt es sich daher ausnahmslos, die Pappenklebemaschine zu verwenden.

Wesentlich wirtschaftlicher und sauberer als Handarbeit ist natürlich das Kaschieren mit Maschinen. Wenn es sich darum handelt, Papiere in Bogenformaten zu kaschieren, so empfiehlt sich die Anschaffung einer Bogen-auf-Bogen-Kaschiermaschine. Das gleiche gilt auch, wo es sich darum handelt, Papiere verschiedenster Qualitäten und in wechselnden Formaten zu kaschieren.

Bei der Bauart dieser Maschine war man nach jahrelangen Versuchen von der alten Ansicht, daß das Papier vor dem Aufziehen erst gründlich aufgeweicht und von dem Kleister durchzogen sein muß, abgegangen. Es wurde der Bogen maschinell unmittelbar nach dem Klebstoffauftrag unter sofortiger Pressung kaschiert. Bedingung war natürlich, daß kaschierfähige Papiere zur Verwendung gelangten.

Die Bogen-auf-Bogen-Kaschiermaschine wurde in zwei Typen gebaut, und zwar für einfachere Arbeiten, wobei der Papierbogen, der Maschine von einem Mädchen durch Hand zugeführt, selbsttätig mit Klebstoff versehen und gewendet wird, während ein anderes Mädchen den Pappbogen im Moment des Wendens dem angekleisterten Papierbogen zuführt, worauf sich beide Bogen selbsttätig verbinden bzw. unter Druck durch ein Walzenpaar zusammen kaschiert werden. — Mit diesen

Kaschiermaschinen können nur Papierbogen, bedruckt oder unbedruckt, auf glatte Pappen geklebt werden, wobei kleine Registerdifferenzen sowohl seitlich als auch in der Länge mit in Kauf genommen werden müssen. Es gibt auch Maschinen mit ungefähr der gleichen Arbeitsweise, wie vorstehend beschrieben, bei denen aber der Vortransport des Papier- und Pappbogens nach Anlegung beider Bogen an einen Winkel selbsttätig geschieht, so daß genaue Kaschierung auf die gewünschte Stelle gewährleistet ist.

Die Erfahrung hat jedoch gelehrt, daß nicht alle Papierschweren auf der Bogen-auf-Bogen-Kaschiermaschine sich den zu beklebenden Pappen glatt anschmiegen. Ein mit Kleister oder Kaltleim aufgetragener Bogen dehnt sich bekanntlich mehr, je leichter er ist. Da die mit dem Klebstoffauftrag versehenen Bogen unmittelbar der Pappe zugeführt werden, fehlt die Zeit, um sich genügend dehnen zu können. Es entstehen daher Falten trotz der Preßwalze in der Maschine.

Es ist deshalb notwendig, daß man Papiere bis 120 g pro Quadratmeter Schwere vor der Kaschierarbeit zwischen feuchte Makulatur legt, damit die unvermeidliche Dehnung vorher stattfindet.

Wird das Papier von der endlosen Rolle verarbeitet, so wird es mittels der Auftragwalze mit Klebstoff versehen, dann mit der Pappe zusammengeführt und kaschiert. Nach erfolgter Kaschierung wird das Papier durch eine Abschneidevorrichtung scharf an der Kante der Pappe getrennt oder abgeschnitten. Die kaschierte Pappe läuft hierauf zwischen geheizten Walzen hindurch und gelangt von hier aus fix und fertig getrocknet in den Auffangtisch der Maschine, um von hier aus dann sofotr in großen Stößen aufgestapelt zu werden. Wo Papiere und Pappen unter Zuhilfenahme der hier erwähnten Kaschiermaschine kaschiert werden, erfolgt die Auftragung des Klebstoffes natürlich viel gleichmäßiger und sparsamer als beim Kaschieren von Hand. Da derartige Maschinen jedoch erhebliche Anschaffungskosten erfordern, kann ihre Verwendung nur dann in Frage kommen, wenn täglich mindestens einige tausend Bogen zu kaschieren sind. Wo das nicht zutrifft, wird man sich nach wie vor mit der Handkaschierung begnügen müssen.

Für große Auflagen kaschierter Pappen, wie solche in den größeren Kartonagenfabriken, von Pappengroßhändlern usw. benötigt werden, und da, wo alle möglichen Sorten von Papieren, welche womöglich weniger kaschierfähig, d. h. stark zellulosehaltig sind, und wo viele Formate in Frage kommen, ist die Pappenklebemaschine mit selbsttätiger Abschneidevorrichtung unübertroffen. Die Maschine verarbeitet sämtliche Sorten Stroh-, Holz-, Grau- und Lederpappen in Bogen mit Papier jeder Art, weiß oder farbig, von der Rolle.

Der Vorzug dieser Maschine besteht insbesondere darin, daß das Papier nach dem selbsttätigen Ankleistern je nach Beschaffenheit kurz oder lang bis zu 5 m bis zum Moment des Zusammenkaschierens geführt werden kann, so daß also selbst das zellulosehaltige Papier Zeit und Gelegenheit genug hat, sich auszudehnen, wodurch ein durchaus faltenfreies und einwandfrei kaschiertes Klebeerzeugnis erzielt wird.

Es wird ohne weiteres jedem Fachmann einleuchten, daß die Vorteile der Maschinenklebung gegenüber der Handklebung durch die große Ersparnis an Lohn, Zeit, Raum und Kleister ganz bedeutend sind. sind.

Eine bekannte westdeutsche Maschinenfabrik hatte eine Bogen-auf-Bogen-Klebemaschine gebaut. Es war aber trotz aller Bemühungen der Konstrukteure nicht möglich, darauf absolut blasen- und faltenfreie Kaschierungen zu erzielen. Das aber ist eine unabdingbare Voraussetzung dafür, daß eine solche Maschine einwandfreie Arbeit liefert und demzufolge Eingang gefunden hätte in den Betrieben der Papierverarbeitung.

Das betreffende Werk, das wenigstens bemüht war, eine solche Maschine zu erstellen, hat diese Konstruktion wieder aus dem Verkehr gezogen. Vielleicht gelingt es später einmal, eine Maschine zu bauen, welche derartige Mängel nicht aufweist.

Der Schwerpunkt wird immer wieder das Papier sein, das nun einmal hygroskopisch ist und durch die aufgenommene Feuchtigkeit der Klebstoffe das Bestreben hat, sich zu verändern. „Papier lebt" sagt der Fachmann und nicht alles ist absolut vollkommen, selbst in unserer hochentwickelten Technik.

## Neuer Präge- und Stanzautomat zum Verarbeiten großformatiger Papiere und Kartons

Für das Prägen und Stanzen gibt es bekanntlich die verschiedensten Möglichkeiten, unter denen man die Wahl, abgesehen nach dem zu stanzenden Werkstoff, vor allem nach der jeweiligen Auflagehöhe, die in einer bestimmten Zeit zu bewältigen ist, und nach der erforderlichen Qualität des Stanzgutes trifft. Kleinere Stanzzuschnitte aus Papieren oder dünnem Karton stellt man noch vielfach auf Brücken- oder Schwenkarmstanzen mit Hilfe von Stanzmessern her. Daneben hat sich — ursprünglich von Amerika ausgehend — die Bandstahlstanzform immer stärker durchgesetzt, hauptsächlich wegen der größeren Stanzleistung, die mit ihr erzielbar ist, dann aber auch wegen der dadurch gegebenen Möglichkeit völlig gratfreien Stanzens. Die Bandstahlstanzform gestattet zwar das Stanzen immer nur eines einzelnen Kartonbogens; zufolge seines großen Formates aber kann in einem Stanzgang der Stanzzuschnitt in vielen Nutzen hergestellt werden, so daß sich dadurch eine qualitativ verbesserte und zugleich wesentlich höhere Leistung ergibt. Für kleinere bis mittlere Auflagen stellt nun der Stanztiegel für diese Arbeitsweise eine geradezu ideale Maschine dar, die in der Papierverarbeitungsindustrie immer ihre Bedeutung behalten wird. In dem Maße aber, in dem die Faltschachtelverpackung wachsend größere Kreise zieht und in dem — zufolge der Ausbreitung der Markenartikel — mit zunehmenden Auflagen gerechnet werden muß, machte sich die Notwendigkeit immer stärker geltend, große Stanzautomaten mit selbsttätiger An- und Ablage zu bauen, die auch Großauflagen gütemäßig hochwertig und rasch herzustellen gestatten. Eine solche vollselbsttätige Maschine stellt nunmehr auch der deutsche Maschinenbau der Verarbeitungsindustrie zur Verfügung, und von ihr soll nachstehend die Rede sein. Daß darüberhinaus noch Maschinen entwickelt wurden, die gleichzeitig stanzen und drucken oder auch zuerst drucken und dann stanzen, sei in diesem Zusammenhang nur am Rande erwähnt, wie schließlich auch die Tatsache, daß es, zumal in Amerika, Höchstleistungsmaschinen gibt, die rotierend stanzen bzw. rotierend drucken und stanzen, in diesem Zusammenhange nur gestreift sei; handelt es sich doch hierbei um Maschinen für Auflageziffern, wie sie für europäische Verhältnisse kaum in Frage kommen. Hinzu tritt ein in dem rotierenden Stanzen selbst begründeter Nachteil: Dadurch, daß der zu stanzende Bogen, von den Greifern des Stanzzylinders ergriffen, sich gewölbt um diesen herumlegt, wird es notwendig, die die einzelnen Nutzen untereinander und mit dem Bogen verbindenden Stege vermehrt zu setzen, um einem vorzeitigen ungewollten Ausbrechen der Nutzen zu begegnen.

Will man die neue deutsche Maschine mit wenigen Worten charakterisieren, so könnte man sagen, daß es ihr gelingt, auch sehr große Kartonformate zu prägen und zu stanzen, wobei die einwandfreie Fertigung durch eine überaus stabile Konstruktion von Ober- und Untertisch sowie durch die Tatsache gesichert ist, daß der auf seiner Unterseite die Bandstahlstanzform tragende Obertisch an vier Punkten von vier durch zwei Kurbelwellen bewegten Zugarmen zum Stanzdruck ansetzt. Auf diese Weise ist trotz des sehr großen Formates eine Durchbiegung des Obertisches nicht merkbar und die Stanztiefe ist an allen Punkten des großformatigen Kartonbogens bei richtiger Zurichtung die gleiche.

Die Maschine verarbeitet ein größtes Bogenformat von 920×1310 mm, wobei auch diese großen Formate nicht nur gestanzt, sondern auch geprägt werden können; als kleinstes Bogenformat werden etwa 600 × 800 mm angegeben. In der Hauptsache dürfte wohl Chromoersatzkarton als zu verarbeitendes Material in Frage kommen. Doch können auch Papiere sowie Papier-Folienkombinationen und Folien selbst bis herab zum Quadratmetergewicht von 80 g/qm geprägt und gestanzt werden. Auch für Behältervoll- und -wellpappe eignet sich der Stanzautomat, wobei als obere Gewichtsgrenze für das Material etwa 1000 g/qm anzusetzen sind. Natürlich richtet sich die Wahl des Anlegers nach dem zu verarbeitenden Werkstoff. Die Maschine ist mit dem Mabeg-Anleger ausgestattet. Infolge der Möglichkeit, auch Prägungen herzustellen, ist die Maschine beispielsweise auch zum Herstellen hochwertiger Schokoladepackungen verwendbar. Ihre Leistung beträgt bis zu 4000 Bogen pro Stunde, wobei natürlich Materialart und -stärke einflußgebend sind.

Nun zur technischen Beschreibung im einzelnen: Als Antriebsorgan dient ein Drehstromkollektormotor, der in einem Bereich 1 : 3 in den Drehzahlen von 700 bis 2100 Umdrehungen pro Minute regelbar ist. Durch die Wahl dieses regelbaren Motors entfällt der Einbau eines Regelgetriebes; es wird von seiner Riemenscheibe aus mit einem „Extremultus-Flachriemen“ über eine elektromagnetische Einscheiben-Trockenkupplung mit Bremse ein pfeilverzahntes Stirnradgetriebe angetrieben, so daß sich durch diese Übertragung insgesamt ein Übersetzungsverhältnis von 1 : 18 ins Langsame ergibt. Dieser Antrieb wird auf zwei Kurbelwellen geleitet, die nun über vier Zugarme den vollkommen aus Stahlplatten geschweißten durch Verrippung völlig starren Obertisch bewegen, der in der ganzen Länge seiner weit nach unten gezogenen Seitenteile in praktisch verschleißfreien, genau eingestellten Preßstofführungen geführt wird. Dadurch erreicht man, daß auch beim Verarbeiten kleiner Formate jegliches Kippen oder Verkanten des Obertisches ausgeschlossen und demzufolge völlige Parallelität zwischen Ober- und Unterwerkzeug gesichert ist. Die Lagerflächen der beiden Kurbelwellen sind oberflächengehärtet, so daß auch hier die Abnutzung gering ist*). Der Stanzhub beträgt 70 mm Hubhöhe.

Um hinsichtlich der Zurichtung der Stanzformen von der Hubzahl pro Minute, also von der Stanzgeschwindigkeit, unabhängig zu sein, hat man das Gewicht des Obertisches einschließlich der Zugarme durch federnde Elemente völlig ausgeglichen: der Obertisch wird nämlich durch vier Tellerfeder-Pakete nach oben gedrückt, damit während des Stan-

*) Die auf den Tafeln I und II gezeigten vier Abbildungen zu dem vorstehenden Beitrag stellte die Firma Wupa-Maschinen AG in Düsseldorf, ebenso wie diesen Beitrag, zur Verfügung.

zens keine Umkehrung der Lagerspiele eintreten kann und auch bei schnellstem Lauf der Maschine die Stanzwerkzeuge stoßfrei auf das Stanzgut aufsetzen. Würde man diese Sicherung nicht getroffen haben, so bestünde die Gefahr eines stoßweisen Aufsetzens des schweren stahlgeschweißten Obertisches mit einem Gesamtgewicht von 5,5 t auf den Karton und damit das Einsetzen eines stoßartigen Stanzdrucks, wobei die Stärke dieses Stoßes von der Laufgeschwindigkeit der Maschine abhängen würde.

Dadurch, daß bei der Maschine der Obertisch mit der unter ihm angebrachten Bandstahlstanzform auf und ab bewegt wird, der Untertisch aber in unveränderter Lage bleibt, ist stets eine flache Lage des Kartonbogens gewährleistet und jegliches Zusammenschieben, Stauchen oder Verkanten des Bogens ausgeschlossen. Natürlich kann man zum Zwecke des Zurichtens auch den Untertisch bis um 1,2 mm nach oben oder nach unten verstellen. Ein kurzer Druck auf einen Druckknopf genügt, um den Untertisch jeweils genau um 1/100 mm entweder nach oben oder nach unten zu verstellen, wobei längerdauerndes Drücken auch den Untertisch kontinuierlich bis zu seiner obersten oder untersten Stellung — eben mit dem Gesamtbereich von 1,2 mm — zu bewegen gestattet. Die Verstellung des Untertisches geschieht durch einen DEMAG-Bremsmotor, der genau im Augenblick der Stromunterbrechung abstoppt, über eine Sicherheitskupplung, Schnecke, Schneckenrad, Verstellschraube und Keilplatten. Wichtig ist, daß die Stellung des Untertisches genau an einem Meßgerät ablesbar ist, so daß der Bedienende weiß, welche Stellung der Untertisch gegenüber seiner Normalstellung in der Mitte jeweils einnimmt.

Betrachtet man den Arbeitsgang der zu prägenden oder zu stanzenden Bogen beim Lauf durch die Maschine, so ist zu sagen, daß der vom Anleger an die Greifer herangeführte Bogen von einer der fünf Greiferstangen mit je 13 Greifern ergriffen wird, die ihn nun auf dem Untertisch in die Arbeitsstellung bringen. Die Greiferstangen sind mit den ständig umlaufenden Greiferketten nicht fest verbunden, so daß sich die notwendige absatzweise Bewegung der Greiferstangen also nicht der Gesamtmasse von Greiferstangen und Ketten mitteilt, vielmehr laufen die Greiferstangen auf Rollen in Führungen. Mit den Ketten zusammen laufen sie nur für den Transport des Bogens durch die Maschine; zeitweise sind die Greiferstangen also mit den Ketten gekuppelt, zeitweise ausgekuppelt. Auf diese Weise erhält man eine verhältnismäßig geringfügige Massenbeschleunigung bzw. -verzögerung, da die Kette von diesen Bewegungsänderungen nicht erfaßt wird. Die Greiferstangen werden nach dem Auskuppeln von der Greiferkette durch Spezialgetriebe in die Ruhelage überführt.

Schließlich noch einige Worte über die Registerhaltung mit dieser Maschine: Die beiden Vorder- und Seitenmarken sind nach den Maßen der zuvor benutzten Druckmaschine einstellbar. Die Seitenmarken können z. B. in einem Abstand zwischen 160 und 260 mm von der Vorderkante des Bogens gemessen verstellt werden. Die Verstellung der Vorder- und Seitenmarken zur Erzielung des genauen Registers wird für beide Seiten der Maschine vom Bedienungsstand aus vorgenommen.

Damit die Vordermarken nicht ungenau werden können, werden sie nach der Anlage nicht abgeschwenkt. Elektrische Tastorgane mit sehr geringem Tastdruck an den Vordermarken kontrollieren die genaue Anlage des Bogens an diesen Marken. Damit jede Passerdifferenz ausgeschaltet wird, also ein einmal eingestelltes Register auch voll gewährleistet bleibt, werden die Greiferwagen sowohl in der Stanz- wie in der Anlagestation um einen geringen Betrag abgesenkt und dabei auf fest eingebaute verschleißfreie, teils kegelige, teils dachförmige Paßstücke gesetzt. In diesen Stellungen, wie auch in der Ablagestation, sind die Greiferwagen vollkommen von der weiterlaufenden Transportkette abgekuppelt und können zum Ausrichten frei bewegt werden. Kurz bevor das Stanz- oder Prägewerkzeug zur Ausführung seiner Arbeit auf dem Kartonbogen aufsetzt, ist dieser völlig eben auf dem Untertisch ausgestreckt. Da der Bogen, und dies gilt besonders für dünnere Papiere, beim Ausrichten auf den Untertisch meist eine leichte Wölbung erfährt, ist eine Einrichtung getroffen, den Bogen durch um 2,5 mm versetzte Achsen zwischen Greiferstange und Paßstück noch um den gleichen Betrag in Laufrichtung hin zur Ablage zu strecken, so daß damit also diese Wölbung vollständig ausgeglichen wird. Dies erscheint als ein sehr wichtiger Punkt in bezug auf genaues Einhalten des einmal eingestellten Registers. Dadurch vermeidet man die u. U. sonst bestehende Gefahr einer Bogenstauung.

Die Stanz- bzw. Prägeform, die unten am Obertisch befestigt ist, kann man seitlich aus der Maschine nach Lösen einer sicheren, aber durch einen Handgriff zu bedienenden Klemmvorrichtung herausziehen, so daß die Bandstahlstanzform zum Zurichten leicht zugänglich ist. Zugerichtet wird zwischen Obertisch und Bandstahlstanzform, wobei als Unterlage je ein 0,8 und 0,5 mm starkes Stanzblech dienen. Auf dem Untertisch ruht die 24,8 mm hohe Gegenstanzplatte, deren der Stanzform zugerichtete Oberseite aus einer 6 mm starken gehärteten Stahlplatte besteht.

Beim Zurichten kann man durch Drücken auf einen Schaltknopf die Maschine nur einen einzigen Stanzhub ausführen lassen. Ohne Stillsetzen der Maschine kann man auch jederzeit einen Probebogen entnehmen. Bei der Auslage hat man mittels eines DEMAG-Bremsmotors eine automatische Stapelsenkung von jeweils 6 auf 6 mm vorgesehen, so daß also die Auslage stets in gleicher Höhe erfolgt. Der gleiche Motor dient auch als Eilgangmotor für die Auslage und kann jederzeit — auch während der automatischen Stapelsenkung — durch Drücken auf einen Schaltknopf auf Eilganggeschwindigkeit geschaltet werden. Der Anlagestapel ist ebenfalls mit einem Eilgangmotor zum Auf- und Abfahren der Stapeltische ausgestattet. Auf Wunsch kann der Anleger sowohl mit Paternosteraufzug als auch als Nonstop-Anleger geliefert werden. Ein Hilfsrechen schaltet in eingeschobenem Zustand die automatische Stapelsenkung in der Auslage ab. Man bedient sich seiner, wenn man bei vollem Lauf der Maschine den Auslagestapel wechseln will. Hat der Anleger versehentlich einmal statt einen zwei Bogen gegriffen, so spricht eine Sicherheitseinrichtung an, die Maschine wird stillgesetzt und am Hauptbedienungsstand leuchtet eine Meldelampe auf, die die Ursache der Störung anzeigt.

Durch die neuartige Anordnung der Führungsschienen der Greiferstangen und eine eingebaute Beleuchtung ist der Stanzraum durch ein seitliches Fenster jederzeit zu übersehen, so daß hängengebliebene Teile des Bogens sofort erkannt werden können. Die Maschine kann sowohl in der Nähe des oberen Totpunktes als auch nach dem unteren Totpunkt stillgesetzt werden, ohne daß die Gefahr des Anstreifens der Stanzplatte an den Führungsschienen beim Herausziehen der Werkzeuge besteht.

Man kann überhaupt sagen, daß der Konstrukteur den Sicherheitseinrichtungen dieser Maschine besondere Sorgfalt zugewandt hat. Alle elektrischen Steuervorgänge sind sinngemäß gegeneinander verriegelt, so daß selbst bei sinnwidriger Bedienung Fehlschaltungen ausgeschlossen sind. Alle Verstelleinrichtungen sind durch Endlagenschalter abgesichert. Ist der Hauptmotor abgeschaltet, so regelt er sich automatisch zunächst auf seine geringste Drehzahl ein; man kann ihn also vorher irrtümlich nicht wieder einschalten. Schließlich sei noch bemerkt, daß die Maschine mit einer Universal-Ausbrechvorrichtung ausgerüstet ist.

## Das Kolorit als Ausstattungstechnik in der Papierveredlung

Das Kolorit ist die bekannteste Technik zur Ausstattung von Papierwaren*). Es nimmt in der Veredlung von Papierwaren auf dem großen Gebiete der Luxuspapierfabrikation eine führende Rolle ein. Teilweise

*) In meinem 1956 erschienenen Fachbuch „Die Veredelung des Papiers" berichte ich aus eigener Kenntnis über die manuellen künstlerischen Techniken des Kolorits und über die Farbspritz-Technik im Dienste der Papierveredelung (S. 25—45).

Die Veredelung des Papiers, DIN A 5, mit 10 Textabbildungen und 12 Tafeln, 153 Seiten, Halbleinen, 9,80 DM, erschienen im Technischen Verlag Herbert Cram, Berlin W 30, Genthiner Straße 13.

finden wir es auch in Verbindung mit anderen Verfahren, ebensooft aber auch als alleinige Ausstattungstechnik.

Für den weitaus größten Teil dieser Industrie ist die ununterbrochen wechselnde Farbenzusammenstellung bei der Ausstattung der mannigfachen Erzeugnisse für einen Erfolg des Geschäftes unumgänglich notwendig. Die Mode ist unerbittlich in dem Verlangen nach Abwechslung in der Gestaltung der Handelsartikel. Von der Farbengebung wird es abhängen, ob die Erzeugnisse die Gunst des Publikums für sich gewinnen oder nicht. Je sorgfältiger das Kolorit ausgeführt wird, desto wahrscheinlicher kann auch auf den erhofften Erfolg gerechnet werden.

Es muß eine Grenze gedacht werden zwischen dem Kolorit, das stilgerecht in der Anordnung der Farben gehalten ist, einen durchaus künstlerischen Charakter trägt, und dem billigen Kolorit, an das naturgemäß nur Anforderungen einfachster Art gestellt werden können. Besonders bei dem Kolorit der Bromsilberkarten seligen Gedenkens konnte man das leicht nachprüfen. Daß es auch hervorragend schöne Erzeugnisse auf diesem Gebiete gegeben hat, auch jetzt noch gibt, die natürlich entsprechend bewertet sind, sei nur beiläufig erwähnt. Für erstklassige Ware wird jedermann auch gern entsprechende Preise anlegen. Das Kolorit in seinen mannigfachen Anwendungs- und Ausführungsarten ermöglicht es, allen farblichen Ansprüchen auch vom künstlerischen Standpunkt gerecht zu werden.

Die Herstellung des Handkolorits wird zweckmäßigerweise von solchen Personen am besten auszuführen sein, die etwas künstlerisches Empfinden haben.

Wir finden das Handkolorit vornehmlich auf Büttenpapierbriefbogen, auf denen bildliche Darstellungen, Blumen oder Figuren, in Kupferdruck oder einer Nachahmung untergedruckt sind, und bei denen das Handkolorit die sonst drucktechnisch farbig erzeugte Bildwirkung ersetzen soll.

Das Kolorit hat an den Sondererzeugnissen der Luxuspapierfabrikation einen großen Anteil. Besonders für den wichtigsten Teil dieser Industrie, für das Luxuskarten- und Ausstattungsgeschäft, ist die ununterbrochen wechselnde Farbenzusammenstellung unumgänglich notwendig für einen Absatzerfolg.

Wenn wir hier die verschiedenen Arbeitsweisen der Farbgebung aufzählen, so werden wir zunächst von jener Art des Kolorierens zu sprechen haben, bei der die Farbe mit dem Pinsel direkt auf den zu bearbeitenden Gegenstand übertragen wird. Diese Technik — das Handkolorit — ist wohl als die künstlerischste Art der Ausschmückung von Papierwarenerzeugnissen zu betrachten.

Eine besondere Abart des Handkolorits kann man in dem Schablonenkolorit erblicken. Auf diese Weise werden nicht nur Bromsilber- und

Lichtdruckkarten, sondern auch auf der Buchdruckpresse gedruckte Karten mit der Hand koloriert.

Von der Farbenzusammenstellung wird es abhängen, ob die damit ausgestatteten Erzeugnisse das Publikum für sich gewinnen oder nicht. Je sorgfältiger das Kolorit ausgeführt wird, desto wahrscheinlicher kann auch auf den erhofften Absatz gerechnet werden.

Eine besondere Abart des Handkolorits kann man in dem fabrikatorisch aufgezogenen Schablonenkolorit erblicken, bei dem die Anforderungen an das technische Verständnis der ausübenden Personen bedeutend niedriger geschraubt sind. Das Kolorit erfolgt ausschließlich mittels der Schablonen; nur in den seltensten Fällen, bei besonders hochwertigen Arbeiten, werden die zu kolorierenden Nutzen einzeln mit einem Haarpinsel in der gewählten Farbe handkoloriert.

Die Schablone wird aus ganz dünngewalztem Blech (Zinkblech) oder Stanniol nach der fertigen Vorlage entsprechend ausgeschnitten, über die zu kolorierende Fläche gelegt, und dann werden die Farben mit einem breiten Pinsel, ähnlich der bekannten Form des Rasierpinsels, über die ausgeschnittenen Partien der Schablone gestrichen. In der Regel werden Aquarellfarben benutzt, denen etwas Ochsengalle zugesetzt wird, damit die Farben auf den zum Teil bereits vorgedruckten Farben besser haften.

Auf diese Weise werden nicht nur im Flachdruck hergestellte, sondern auch mittels Strich oder Autotypie auf der Buchdruckpresse gedruckte Karten mit der Hand koloriert.

Die Preisgestaltung des Schablonenkolorits ist verhältnismäßig niedrig. Diese Ausstattungstechnik wird wohl ausschließlich angewendet, wo es die Umstände gegenüber der mehrfarbigen Drucktechnik auch mit Bezug auf die Auflagenhöhe angebracht erscheinen lassen.

Insbesondere für Modeblätter sowie auch farbige Prospektausstattung erscheint die Kolorittechnik als wirksame farbige Ausstattung durchaus angebracht.

Wenn wir von den verschiedenen Arten des Kolorits sprechen wollen, so dürfen wir keineswegs die Technik übersehen, die Farbe mittels eines Zerstäubers auf die farblich auszustattende Fläche zu übertragen.

Die Aufwendungen zu einer solchen Einrichtung ermöglichen es auch dem kleinen Fabrikanten, sich eine solche für seine Zwecke zuzulegen. Wo Gelegenheit vorhanden ist, etwa vorhandene Kraft für die Erzeugung des zum Gebrauch der Spritzapparate notwendigen Luftdrucks zu benutzen, ist die Arbeitsleistung natürlich noch mehr vereinfacht, doch genügt zur Not auch ein Apparat mit Fußbetrieb. Je nach der Größe der Anlage sind 1 bis 3 Atmosphären Druck erforderlich, um die Farbe auf den zu dekorierenden Gegenstand zu übertragen.

Die kunstvollen Wirkungen, die wir zuweilen bei der Ausstattung der Erzeugnisse bewundern können, sind nicht in letzter Reihe auf die Geschicklichkeit und den Geschmack derjenigen Personen zurückzuführen, die als verantwortlich für die Wahl der Farben und deren Verteilung auf dem auszustattenden Gegenstand zeichnen.

Bei den Spritzungen wurde früher eine Farbe von links, eine andere von rechts gegen die ebene oder erhabene Bildfläche gespritzt, durch das Ineinanderübergehen der Farben ließen sich oft ansprechende Wirkungen erzielen.

Luxuskarten, als da sind: Tischkarten Menus, Glückwunschkarten, unter diesen sind wieder die Gelegenheitskarten besonders zu nennen, sowie Briefbogen u. a. m., das sind einige der Erzeugnisse, die wir am häufigsten mit Farbspritz-Kolorit versehen antreffen. Eine weitere Aufzählung der vielen Arten, für die diese dekorative Ausschmückung in Frage kommen könnte, können wir uns getrost ersparen. Sie begegnen uns immer wieder im praktischen Leben.

Die meist geprägten, also gewölbten Flächen, zeigen zarte, verlaufende Übergänge, während die dem Farbstrahl abgewendeten Flächen überhaupt keine Färbung annehmen. Es dürfte einleuchten, daß die Anwendungsmöglichkeiten des Spritzverfahrens außergewöhnlich groß sind. Dazu kommt noch, wie eingangs erwähnt wurde, daß die erforderlichen Einrichtungen sehr einfacher Art und verhältnismäßig nicht sehr teuer sind.

Von den vielerlei Nutzanwendungen, die der Preßluft abgewonnen werden, gelangt das Auftragen von flüssigen Farben zu immer größerer Bedeutung.

Die Anwendung des Spritzverfahrens ist auch besonders zur Erzielung äußerer dekorativer Wirkungen besonderer Artikel bestimmt, sei es, daß die gesamte farbliche Ausstattung in der Spritzmalerei liegt oder daß sie nur zur Unterstützung anderer Techniken dient (Hoch- und Flachdruck sowie des Monogrammprägedruckes). Besonders für Ränder und Einfassungen jeglicher Art dient das Spritzverfahren sowie u. a. auch vorzüglich zum Vignettieren bzw. zur Gesamtausstattung unter Verwendung von Schablonen.

Die angespritzten Ränder zeigen zartverlaufende Übergänge. Es lassen sich sehr schöne Wirkungen erzielen.

So finden wir Tonumränderung, farbige Ränder, gedruckte Medaillons in vignettierten Umrandungen, Trauerkarten, deren Ränder gedruckt, gestrichen oder angespritzt sind und deren gesamte Ausstattung bis auf die Mottos einzig und allein auf Spritzarbeit beruht.

Das Spritzverfahren findet zudem gern da Anwendung, wo es sich um keine geschlossene Farbenwirkung handelt, als Ersatz für die auf chromolithographischem Wege hergestellte Druckplatte. Gern druckt man eine Fläche auf der Stein- oder Buchdruckpresse vor und spart die Zeichnung aus, die dann reliefartig herausgeprägt und angespritzt wird. Das kann nun in einer oder in mehreren Farben geschehen, je nach der Art des Dessins. Auch die feinen Abtönungen in Licht und Schatten, wie sie der Lithographie eigen sind, lassen sich durch das regulierbare Aufspritzen der Farben erreichen. Allerdings gehört dazu schon eine Kunstfertigkeit, um plastische Wirkungen zu erzielen; auch muß auf eine hartbegrenzte Farbengebung gesehen werden, um ein günstiges Ergebnis zu erzielen.

Im Gegensatz dazu werden nicht selten die lithographischen Platten in Spritzmanier gehalten. Es muß offen gesagt werden, daß die Lithographie in keiner Weise als ein Ersatz der Feinheiten des Spritzverfahrens gelten kann; mit ungleich größerer Gewißheit aber gilt umgekehrt das Spritzverfahren in besonderen Fällen als Ersatz der Lithographie, und zwar da, wo es sich um besonders zarte Wiedergabe bestimmter Feinheiten in der Farbe und der Darstellung von Flächenwirkungen handelt.

Wir wollen uns in Nachstehendem noch etwas näher mit den Hilfsmitteln dieser Technik vertraut machen, da sie, wie bereits erwähnt, vermöge ihrer geringen Herstellungskosten sehr wohl geeignet ist, eine gewisse Rolle in der Ausstattungstechnik zu spielen.

Die Möglichkeit hierzu ist gegeben durch die Einführung des Farbspritzverfahrens mittels des Ärographen (Farbzerstäubers) bzw. der Spritzpistole (für umfangreichere Farbaufspritzungen).

Wo die Gelegenheit vorhanden ist, eine Kraftanlage für die Erzeugung des zum Gebrauch der Spritzapparate notwendigen Luftdrucks heranzuziehen, ist die Arbeitsleistung natürlich noch mehr vereinfacht, doch genügt zur Not auch ein Apparat mit Fußbetrieb. Je nach Größe der Anlagen sind ein bis drei Atmosphären Druck erforderlich. Der unter dem atmosphärischen Druck stehende Luftstrom wird durch die bekannten Apparate in eine Farbe- oder Klebeflüssigkeit von beliebiger Konsistenz geleitet; das hierdurch entstehende innige Gemisch von Luft und Flüssigkeit tritt durch eine feine Spritzöffnung — die Düse der Spritzpistole — aus. Dadurch erhält man einen regulierbaren feinen Strahl, der die Farb- und Klebstoffpartikel in feinster und gleichmäßiger Verteilung auf den auszustattenden Gegenstand aufspritzt. Richtet man diesen Strahl, der jede Regulierung gestattet, gegen eine zu bemalende Fläche, so kann man mit ihm besser, leichter und sauberer arbeiten als mit dem feinsten Pinsel.

Nach kurzer Übung gelangt jede nur einigermaßen geschickte Arbeiterin dahin, mittels dieses Spritzverfahrens in allerkürzester Zeit die reizendsten Nuancierungen und Farbwirkungen zu erzielen. Die überaus herrlichen, in ihrer Entstehungsweise Nichteingeweihten gar unerklärlichen farblichen Wirkungen, die sich aus der Anwendung des Sprizverfahrens ergeben, hat man sehr häufig an Prägearbeiten zu bewundern Gelegenheit.

In allen Zweigen fast sämtlicher Industrien unseres Gewerbes spielt das gleichmäßige Auftragen feinverteilter Farb- und Klebeflüssigkeiten eine bedeutende Rolle. Der Pinsel aber, das einzige Instrument, mit dem man bisher diese Arbeit ausführen konnte, bietet mancherlei Mißhelligkeiten.

Pinsel selbst sind teuer, sie arbeiten unökonomisch, da bei Abtropfen und beim Reinigen Farbe und Klebstoff verlorengehen, sie erlauben nur ein langsames und mühsames Arbeiten und verlangen in ihrer Handhabung Übung und Geschicklichkeit.

Es ist daher als ein bedeutender Fortschritt zu betrachten, wenn es gelingt, den Malpinsel mehr und mehr aus der Werkstatt zu verbannen und ihn durch ein anderes, schnelles und sauberes Verfahren zu ersetzen.

Die Spritzmalerei wird angewendet nicht nur auf Papier und Karton, sondern auch auf Stoffen aller Art: Velvet, Velour, Seide, Samt, selbst auf Zelluloid, Elfenbein und Porzellan. Die Farben müssen natürlich den Eigenarten der betreffenden Stoffe gemäß zusammengesetzt werden. Ganz besonders hervorragende Wirkung erzielt man auf geprägten Flächen. Für Lithographien, Photographien, künstliche Blumen, für die Porzellan-, Seiden-, Sammet- und Bordenindustrie werden die technischen Vorgänge des Aufspritzens von Farbe immer wieder Anwendung finden, da ihre Gestaltung in Form und Farbe mit der Geschmacksrichtung Schritt zu halten vermögen. Die Freude an der farblichen Gestaltung ist ewig alt und wird bleiben, solange die Natur selbst die Menschheit mit ihrer natürlichen Farbenpracht erfreut.

Vornehmlich zur Ausschmückung geprägter Flächen gedacht, erfüllt die Farbspritztechnik glänzend diesen Zweck für die koloristische Ausstattung glatter Flächen, und auch da läßt sie nicht nach in der Wirkung, wo es gilt, nur einzelne Teile eines auszustattenden Erzeugnisses durch Farbenauftrag dem Auge des Beschauers gefällig zu machen. Man kann dieses Verfahren als eine Art Zwischenstufe betrachten zwischen Hand- und Schablonenkolorit.

Es ist ein lobenswertes Zeichen unserer Zeit, nicht auf den errungenen Lorbeeren auszuruhen. Wir kennen in mehreren Farben gespritzte Fabrikate, die als eine Art Ergänzung des Vielfarbendruckes zu betrachten sind.

Hierbei muß ein Ineinanderlaufen der verschiedenen Farben vermieden werden, und daher wird die Fläche, welche von der Farbe nicht getroffen werden soll, mittels einer Schablone abgedeckt. Das geschieht in folgender Weise:

Von dem herzustellenden Bild wird eine Pause gemacht, diese auf Weißblech aufgezogen und die Ränder der Zeichnung mittels eines scharfen Messers alsdann ausgeschnitten.

Dadurch wird die Fläche bloßgelegt, die gespritzt werden soll, während alles andere durch das Blech geschützt wird.

Natürlich läßt sich ebensogut auch ein anderes Material verwenden, z. B. Pappe, doch ist diese wegen der geringen Widerstandsfähigkeit in bezug auf die Feuchtigkeitsaufnahme als Schablonenmaterial weniger empfehlenswert. Bei größeren Auflagen ist es notwendig, die Fläche von der anhaftenden Farbe zu säubern. Bei mehrmaliger Säuberung müßte die Pappschablone neu hergerichtet werden, während das bei der Verwendung vor hartem Material nicht notwendig ist.

Auch in der Buchbinderei hatte das Spritzverfahren seiner Zeit Eingang gefunden. Vor allem vergleiche man diese Papiere nicht mit den anderen Buntpapieren, da die Spritzpapiere etwas ganz anderes darstellen, als wir es bisher von anderen Arten kennen. Die Anwendung des Apparates und der Schablonen bringen es trotz Übung des Ausführenden mit sich, daß diese Papiere strenger — härter — in ihrer Form als etwa Kleisterpapiere wirken; sie entsprechen jedoch gerade dadurch unserer geschmacklichen Richtung. Mithin kann man dieses Papier nicht ganz als Hand- oder Maschinenpapier bezeichnen, sondern beide Arten — Hand- und Maschine — wirken hier erfolgreich zusammen. Dieses Zusammengehen bewirkte aber, daß der Phantasie mehr Schranken gesetzt sind als etwa beim Kleisterpapier, und es bedarf schon tüchtiger Schulung, um die Möglichkeiten gebrauchsfähiger Ausführungen ausfindig zu machen. Selbstverständlich lassen sich auch weich-malerische Wirkungen erzielen.

Die Anlage einer Spritzeinrichtung ist nicht so schwierig, wie es anfänglich erscheinen mag, aber für eine Kleinwerkstatt ist sie immerhin kostspielig, weil ihre Ausnutzung nicht voll gegeben ist. Es gibt dort nicht genügend Papiere und anderes anzufertigen, so daß sich solch eine Einrichtung lohnen würde. Bis jetzt sind es hauptsächlich größere Werkstätten, die mit Spritzanlagen versehen sind. Hier wurden aber auch andere Arbeiten damit ausgeführt, z. B. einfarbige Buchschnitte.

Bevor man mit der Anfertigung eines Spritzpapiers beginnt, muß man sich zunächst über die Art seiner Verwendung im klaren sein. Ein Überzugpapier behandelt man anders als ein Vorsatzpapier. Die Wahl des Rohstoffes muß zuerst erfolgen. Da, wie schon erwähnt, die Spritzpapiere meist stark in ihrer Formensprache sind, beachte man genau die Stärke und Größe des Buches, die Art der Rückenverzierung, damit man dann das Muster entsprechend abstimmen kann. Eine feine, zarte Rückenverzierung kann kein großmustriges Spritzpapier als Überzug erhalten. Solches und ähnliches beachte man, ehe man für ein bestimmtes Buch ein Papier anfertigt oder auswählt. Lediglich auf eine solche überlegte Behandlung kommt es an, ob sich das gespritzte Papier auch weitere Freunde erwerben wird.

Ferner sei noch erwähnt, daß es zwei Arten, die hauptsächlich angewendet werden, gibt. Stark plastisch (erhaben) wirkt diejenige Art, bei der die Farbe an der Linie stark und dicht aufgetragen ist und dann seitlich leichter, zarter, allmählich ausläuft. Die zweite Art besteht darin, eine Fläche oder Form gleichmäßig stark mit Farbe zu bespritzen. Werden solche Formen nebeneinandergesetzt (etwa quadratisch) in verschiedenen Farbstufungen, so wirkt auch diese Art etwas plastisch, doch bedeutend schwächer als die oben erwähnte.

Damit sind nun die Möglichkeiten, Kolorit herzustellen, noch keineswegs erschöpft. Es wird Schablonenkolorit auch auf maschinellem Wege hergestellt. Dazu dient eine, wenn auch wenig bekannte Maschine.

Diese Koloriermaschine kann sowohl durch Transmission als durch Elektromotor in Betrieb gesetzt werden und erfordert je nach Größe einen Kraftaufwand von ein viertel bis ein halbes PS. Zur Bedienung der Maschine genügt eine Anlegerin, welche die Bogen in die Maschine einlegt, und eine zweite zum Weglegen der fertigen Bogen (Auslegerin). Diese wird aber nicht voll beschäftigt und kann nebenher eine zweite Maschine bedienen oder zu anderen Verrichtungen verwendet werden.

Die Maschine arbeitet wie folgt: Die nach den Umrissen der zu kolorierenden Bilder in den einzelnen Farben geschnittenen Zinkblechschablonen werden auf einen Rahmen gespannt, der soviel Abteilungen enthält, als Farben aufgetragen werden sollen.

Der von der Arbeiterin eingelegte und punktierte Bogen wird von zwei Greifern erfaßt und auf ein endloses Stahlband geführt, das ihn mit Hilfe von Mitnehmerklammern die einzelnen Stationen passieren läßt. Unter jeder dieser Schablonen bleibt das Bild solange, bis die Bürsten, die vorher Farbwalzen passiert haben, darüber hinfahren und die entsprechende Farbe abgeben.

Die Farben werden einzeln selbsttätig von sich hin- und herbewegenden Bürsten über die Schablonen aufgetragen. Durch sinnreiche Bauart wird eine Gleichmäßigkeit und Sauberkeit erreicht, wie sie bei Handbetrieb unmöglich ist.

Die Bogen fallen nach dem Passieren der Farbenstationen auf einen vor die Maschine gestellten Tisch, werden hier gesammelt und etwa hundertstückweise von der Anlegerin weggenommen. Die Leistung der Maschine beträgt in der Stunde 500 bis 700 Bogen. Die Koloriermaschine fand Anwendung ausschließlich zur Herstellung von

Modeblättern oder Beilagen zu Zeitschriften, die sich in der Vorkriegszeit großer Beliebtheit erfreuten bei dem einschlägigen Käuferkreis — wohl vorwiegend die Frauen — den Abnehmern der modeschaffenden Industrie.

Ich habe diese Vorrichtung zum maschinellen Kolorit lediglich aufgeführt im Rahmen der koloristischen Hilfsmittel im Interesse der restlosen Ausschöpfung dieses interessanten und vielseitigen Themas zur künstlerischen Ausstattung der vielseitigen Erzeugnisse der papierverarbeitenden Industrie.

## Die Druckbestäubung im Buch- und Offsetdruck

Die hohen Laufgeschwindigkeiten der heutigen Druckmaschinen, der Zwang nach Leistungssteigerung und Erhöhung der Qualität und nicht zuletzt die Kalkulation der gedruckten Erzeugnisse, machten die Druckbestäubung zu einem selbstverständlichen und unentbehrlichen Hilfsmittel des Druckereibetriebes.

Vor rund 10 Jahren begann sich auch in Deutschland die Trockendruckbestäubung einzuführen und man kann sagen, daß sie sich inzwischen 100%ig durchgesetzt hat. Trotzdem kann man in fast periodischen Zeitabständen wieder hören, daß die Naßbestäubung wieder an Boden gewinne, weil irgend ein neues Wunderspritzmittel auf den Markt gekommen sei oder weil sich die Naßbestäubung für ein bestimmtes Druckverfahren, beispielsweise naß in Naßdruck, besser eigne, als die Trockenbestäubung. In der Praxis aber bleibt nach wie vor die Trockenbestäubung als die neuzeitliche und hauptsächlich verwendete Methode bestehen. Die Gründe wollen wir nachstehend näher erläutern und zunächst einmal die beiden Verfahren Naß- und Trocken-Druckbestäubung gegenüber stellen.

Um es gleich vorweg zu nehmen, am Ende ist die Wirkungsweise der Naß- und Trocken-Druckbestäubung die gleiche, lediglich sind die verwendeten Medien unterschiedlich. Die Wirkungsweise der Naßbestäubung besteht darin, daß man in Wasser lösliche Stoffe, wie Gummiarabikum, Dextrin oder Harzen, denen noch Spezialpräparate beigegeben sind, so vermischt und abstimmt, daß die aus den Spritzdüsen des Apparates zerstäubte Flüssigkeit fast im gleichen Augenblick erstarrt bzw. trocken ist, wo sie den Druckbogen erreicht. Sie bedeckt dann den Bogen in Form zahlloser Staubpartikelchen, die so winzig sind, daß sie mit dem Auge nicht wahrgenommen werden können. Dieser feine Film auf dem bedruckten Bogen bildet also eine mechanische

Trennschicht zwischen dem Bogen und verhindert, daß die bedruckte Fläche des Bogens mit der unbedruckten Fläche des darüberliegenden Bogens in direkte Berührung kommt.

Betrachtet man die Staubpartikelchen unter dem Mikroskop, so kann man feststellen, daß diese von einer sehr unterschiedlichen Größe sind, die je nach der Qualität des Spritzmittels in größerem Umfange variiert. Die kleinsten Partikelchen, die sogenannten Aerosole oder Schwebeteilchen, bleiben nicht am Druckbogen haften, sondern prallen ab und werden der Raumluft zugeführt. Schon nach kurzer Zeit bildet sich deshalb eine Art Nebel, der u. U. höchst unangenehm werden kann und der sogar gesundheitliche Störungen hervorrufen kann.

Außerdem hat die Naß-Druckbestäubung den weiteren Nachteil, daß die Maschine, vor allem bei größeren Auflagen, mit Spritzflüssigkeit verklebt und verkrustet ist. Bei Kettenauslegermaschinen verkleben rasch die Bogengreifer, so daß erhöhte Maschinenstillstandszeiten verursacht werden, zum Reinigen der Systeme und der anderen Maschinenteile.

Schließlich sei noch als weiterer Nachteil die Möglichkeit des Zusammenklebens der Druckbogen erwähnt, wenn die Dosierung der Spritzdüse zu stark eingestellt ist.

Der mechanisch-technische Aufwand eines Naß-Spritzapparates ist nicht unerheblich. Die Spritzdüsen können nur mit hochgespannter Luft betrieben werden, was einen Kolbenkompressor voraussetzt, der seinerseits einer gewissen Abnützung und vor allem einer regelmäßigen Pflege unterworfen werden muß. Auch die Spritzdüsen sind nach jedem Gebrauch sorgfältig auszuwaschen, damit ein Verkleben der mechanischen Teile nicht erfolgen. kann.

Schon in dieser Hinsicht hat der Trocken-Druckbestäuber erhebliche Vorteile. Er arbeitet mit niedergespannter Luft, die durch ein Niederdruckgebläse erzeugt wird, welches nahezu geräuschlos und wartungsfrei arbeitet. Die Trocken-Druckbestäuber sind handlicher und leichter, sie bedürfen nahezu keiner Wartung und es können bis zu 6 Sprühdüsen an einen Puderbehälter angeschlossen werden (Tafel III).

Die Wirkungsweise der Trockenbestäubung ist die gleiche wie die der Naßbestäubung, nur daß man nicht vorher die staubkornbildenden Medien in Wasser auflöst, sondern das Staubkorn direkt verwendet wird. In Deutschland hat sich als Druckbestäubungsmittel Kalksteinpuder durchgesetzt. Dieser Puder wird in verschiedenen Korngrößen geliefert, die durch ein bestimmtes Verfahren jeweils innerhalb einer bestimmten, ziemlich eng begrenzten Größenordnung liegen. Die Staubbelästigung ist deshalb weitestgehend ausgeschaltet. Ein Zusammenkleben der Druckbogen kann selbst bei stärkster Dosierung nicht erfolgen. Die Teile der Druckmaschine, welche durch den überschießenden

Puderstaub bedeckt werden, können rasch mit einem Reinigungslappen gesäubert werden.

Daß anfänglich die Trockenbestäubung sich nur schwer durchsetzte und äußerst kritisch und mit Vorbehalten vom Drucker aufgenommen wurde, lag weniger in der technischen Unvollkommenheit der ersten Apparate, als in der vollkommen falschen Einstellung und Handhabung des Bestäubers durch den Drucker. Hatte man früher bei der Naßbestäubung einen deutlichen Sprühstrahl gesehen, so genügt bei der Trocken-Druckbestäubung ein nur bei günstiger Beleuchtung kaum wahrnehmbarer Puderstrahl, um ein Abschmieren der Druckbogen zu verhindern. Weil nun gerade der Drucker keinen Sprühstrahl wahrnehmen konnte, dosierte er den Bestäuber so stark, bis er ebenfalls einen Puderstrahl sah. Der zuviel aufgestäubte Puder machte sich nun in höchst unangenehmer Weise bemerkbar, in dem er die Druckform zusetzte, sogar Beschädigungen der Klischees hervorrief, Schwierigkeiten im zweiten, dritten oder vierten Druckgang bereitete und manchmal sogar die Oberfläche der Drucke in eine rauhe Fläche verwandelte. Die Druckmaschine selbst und die nähere Umgebung wurde langsam mit einer weißen Staubschicht bedeckt.

Noch heute werden in sehr vielen Fällen die Trockenbestäuber nicht richtig gehandhabt, weil eben zu reichlich gespritzt wird. Wie bereits oben erwähnt, wird der Druckbestäubungspuder in verschiedenen Körnungen geliefert. Papiere mit glatter Oberfläche, wie z. B. Kunstdruckpapiere, werden stets mit der kleinen Korngröße bestäubt. Stellt sich aber bei einer Kontrolle des Auslegerstapels heraus, daß noch ein Ablegen erfolgt, so hat es wenig Zweck, die Puderbeimischung zu erhöhen, so daß man den zu den Düsen austretenden Puderstrahl sieht, sondern man muß die nächst gröbere Puderkörnung verwenden. Die Wirkungsweise der Druckbestäubung ist also nicht von der Menge des aufgestäubten Puders abhängig, sondern vielmehr von der Wahl der richtigen Puderkörnung.

Bei der Trocken-Druckbestäubung haben sich zwei Methoden entwickelt, und zwar

1. die Bestäubung des auf dem Auslagestapel ausgelegten, ruhenden Druckbogens, und
2. die Bestäubung des unter den Sprühdüsen hindurchlaufenden Druckbogens.

Erstere Methode ist für alle Buchdruckmaschinen ohne Kettenauslage geeignet, während die zweite Methode für alle Druckmaschinen mit Kettengreiferauslagen z. B. Buchdruck-Zweitouren-Maschinen und Offset-Maschinen, geeignet ist. Die Bestäubung des ruhenden Druckbogens erfordert keine besondere Einstellung des Bestäubers. Der Sprühtakt des Gerätes ist dem Arbeitsrythmus der Maschine gleichgeschaltet. Die Anzahl der Sprühdüsen richtet sich nach dem jeweiligen Papierformat. Hier haben sich sehr gut die Apparate bewährt, bei denen die Sprühdüsen an beweglichen Gelenken angeordnet sind und so jederzeit den Gegebenheiten angepaßt werden können. Diese Apparate haben außerdem eine im Puderbehälter eingebaute Stabheizung, die in den Puder eintaucht und ihn erwärmt, so daß ein Zusammenballen oder Festsitzen des Puders im Behälter und in den Zuleitungen zu den Düsen nicht stattfinden kann.

Die Bestäuber für Kettenauslegermaschinen arbeiten selbstverständlich ebenfalls im Rhythmus der Maschine, jedoch muß hier die Sprühdauer der jeweiligen Bogenlänge angepaßt werden. Dies erreicht man dadurch, daß man auf die Stirnseite einer Eintourenwelle eine doppelte Steuernocke aufschraubt, wobei die erste Nocke so fixiert wird, daß der Sprühtakt beginnt, wenn die vordere Bogenkante die Sprühdüsen unterläuft. Die zweite verstellbare Nocke wird so eingestellt, daß der Sprühtakt endet, wenn die hintere Bogenkante die Düsen passiert. Die Sprühdüsen selbst sind an einer Sprühstange aufgereiht, die zwischen die Ketten montiert wird. Der Sprühabstand von Düse zum Papier liegt dabei zwischen 10 und 15 cm. Besonders wirkungsvoll haben sich hierbei die Bestäuber bewährt, die den Druckbogen mit mehreren Sprühdüsen bestäuben. Der Puderverlust und die dabei entstehende Verschmutzung der Maschine konnte mit diesem Bestäuber wesentlich gesenkt werden. Durch die Möglichkeit des Abstellens bzw. Einschwenken des Sprühstrahles der außenliegenden Sprühdüsen ist eine exakte randscharfe Bestäubung jeder Papierformatgröße möglich. Wichtig ist aber bei beiden Bestäubungsmethoden, der Stapelbestäubung und der Durchzugs- oder Passagebestäubung, daß immer der ganze Druckbogen mit einer gleichmäßig dünnen Puderschicht bestäubt wird. Schwerpunktmäßiges Bestäuben der Druckform führt vor allem beim Hochstapel zu welligen oder schiefstehenden Stapeln, was beim nachfolgenden Anlegen zu erheblichen Schwierigkeiten führen kann. Es muß noch gesagt werden, daß der Drucker sich trotz des Einsatzes eines Trocken-Druckbestäubers befleißigen muß, die bestmögliche Zurichtung zu machen, eine körperreiche Farbe zu verwenden und mit einer möglichst mäßigen Farbgebung zu drucken. Auch muß darauf geachtet werden, daß nach wie vor einwandfreie Ätzungen dem Drucker zur Verfügung stehen.

Alle diese Voraussetzungen geben erst zusammen mit der Druckbestäubung die Gewähr für einen einwandfreien hochqualifizierten Druck bei gleichzeitig guten Druckleistungen.

## Aus der Papier-Prägepraxis

Es ist durchaus verständlich, daß jeder Fabrikant bestrebt sein muß, den von ihm erstellten Erzeugnissen eine Ausstattung zu geben, die zum Kauf anregt.

Das hat man in früheren Jahren bereits bis zum Überdruß bei den Artikeln der Luxuspapierfabrikation feststellen können.

Es gab nur wenige Artikel, deren Verkaufswirkung nicht durch die Prägung „gehoben" worden wäre, um dadurch den Warenabsatz und somit auch den Erlös zu steigern.

Nicht nur mit dem Monogrammbalancier und der Kniehebelpresse konnten die gewünschten Formen und Wirkungen erzielt werden.

Die Tiegeldruckpresse, bei erhöhtem Anspruch auch die Farbdruckpresse, vereinfachten das Verfahren bedeutend durch gleichzeitiges Drucken und Prägen.

Die Farbabgabe erfolgt bekanntlich nur auf die Stellen, welche durch den Schlag- oder Prägedruck aus der glatten Papierfläche herausgeholt und zu plastischer Wirkung gebracht werden sollen.

Es wird das treffend bewiesen durch die in diesem Verfahren hergestellten Adreßkarten, welche weiße Schrift auf farbigem Grunde haben. Wollte man Weiß auf eine farbige Fläche drucken und dann prägen, so müßte dazu besondere Sorgfalt aufgewendet werden, um alle Teile der weißen Buchstaben herauszuholen. Nun fällt das bekanntlich bei dem gleichzeitig erfolgenden Prägedruck weg, weil die glatte farbige Fläche gedruckt, der weiße Schrifttext jedoch ausgespart und gleichzeitig herausgeprägt wird. Das läßt sich natürlich auch auf andere Farbzusammenstellungen ausdehnen. Ausnahmslos wird die Fläche, welche die größere ist, durch Aufdruck zur Deckung benutzt, während die kleinere, auf die besonders der Wert der Ausstattung gelegt wird, meist in Farbe ausgespart wird.

Wir kommen nun zur Besprechung der Reliefprägung und der damit verbundenen Schwierigkeiten, die in der Praxis die häufigste ist, zu der prägetechnischen Ausstattung. Wenn es schon eine Bedingung ist, sich schon vor Fertigstellung einer Auflage über die geeignete Verarbeitung der Ware schlüssig zu werden, so muß auch, um mit einem möglichst geringen Ausfall bei der Verarbeitung zu rechnen, alles das ausgeschaltet werden, was irgendwie zu Beanstandungen führen könnte. Zu diesen Möglichkeiten gehört in allererster Linie das Prägen der Vielfarbendrucke auf den Balancierpressen.

Eine mangelhafte Prägung wird in erster Linie in der Beschaffenheit der Matrize ihre Ursache haben; auch kann der ausgeübte Schlagdruck auf der Presse nicht genügend sein. Um einerseits die Ausarbeitung der

Platten zu kontrollieren und andererseits festzustellen, ob sich das zu verwendende Papier auch für die Art der Prägung, an die zuweilen große Ansprüche gestellt werden, eignet, ist ein Anprägen des zu verarbeitenden Papiers oder des Kartons vor der Druckausführung dringend geboten. Dadurch wird festzustellen sein, ob der Graveur die nötige Ausdruckskraft in die Platte gelegt hat, oder ob ein Verstärken oder Abschwächen einzelner Teile der Gravur notwendig erscheint. Im übrigen wird die geprägte Papieroberfläche die Güte des zu verarbeitenden Papiers bzw. Kartons erkennen lassen. Wenn der Druckkarton auf der Oberfläche bei Anprägungen abblättert, so wird entweder die Prägung abgeschwächt werden, oder man wird sich zur Wahl einer geeigneteren Kartonsorte entschließen müssen. In jedem Fall ist hier Abhilfe rechtzeitig geboten, um sich vor größerem Schaden zu bewahren. Da es häufig vorkommt, daß durch die Eigenart der Gravur oder auch durch die Matrize, die stellenweise zu scharf ist, nicht nur eine Prägung erfolgt, sondern daß die Platte oder der Druck so scharf ist, daß der Karton platzt, so muß jede Arbeit vor der Aufarbeit daraufhin geprüft werden. Wer jedoch bei der Beurteilung der Prägung auch die Rückseite der Prägeblätter prüft, der wird sich vor unangenehmen Enttäuschungen schützen können, indem er etwa auftretende Schneidestellen rechtzeitig abstumpft. Bei Prägungen von zwei und mehreren Nutzen, wie sie besonders häufig in der Luxuskartenfabrikation anzutreffen sind, empfiehlt sich das vorherige Anprägen der Konturen. Wer doppelte Arbeit ersparen will, der drucke die Konturen auf dem für die Auflage in Aussicht genommenen Druckpapier bzw. Karton an.

Eine der hauptsächlichsten Schwierigkeiten ist das Verziehen des Drucknutzens. Wer es vermeiden will, daß sich fertige Prägungen verziehen (werfen), wie es besonders bei dünnen Papieren vorkommt, der soll diese vorher leicht hinterkleben, weil dadurch ein Gegenzug hergestellt wird, der bewirkt, daß sich die zusammengeklebten Lagen strecken und die flachliegende Form behalten.

Im allgemeinen wird die größte Schwierigkeit in der Verarbeitung frischer Drucke liegen. Besonders bei Flachdruckformen nimmt das Papier bzw. der Karton durch die Feuchtwerke eine prozentual erhöhte Feuchtigkeit in sich auf, dehnt sich entsprechend, um bei deren Verdunstung unter das ursprüngliche Maß zu schrumpfen. In solchen Fällen ist die Möglichkeit des Passens besonders schwierig. Hier wird die Erfahrung des Prägemeisters ausschlaggebend sein, der es verstehen muß, durch Feuchten, d. h. Dehnen oder Wärmen bzw. Schrumpfen der einzelnen Prägenutzen denjenigen Ausgleich zu finden, der eine einwandfreie Prägung ermöglicht.

Bei mehrfarbigen Drucken kommt es häufig vor, daß ein Teil der Drucknutzen paßt, ein anderer wieder nicht. Das kommt daher, daß die Prägenutzen in verschiedenerlei Faserlaufrichtung zugeschnitten wurden. Das ist zumindest fahrlässig gehandelt. Es gibt aber auch noch andere Umstände für etwaige Schwierigkeiten beim Prägevorgang.

Bei Verwendung besonders der weniger dankbaren Dessins werden häufig Teile von vorhandenen Platten, andere wieder von neu angefertigten aufgearbeitet. Die Ausschlachtungstheorie erstreckt sich nicht nur ausschließlich auf die Wiederverwendung vorhandener Lithos, sondern auch die bereits beschafften Matrizen sollen nach Möglichkeit wieder nutzbar gemacht werden, sofern die Art der neugeschaffenen Erzeugnisse das zuläßt und durch die Art dieser Verwendung nicht größere Kosten entstehen als durch Neuanschaffungen. Besonders bei großen Auflagen, wie es gewisse Artikel der Luxuspapierfabrikation bedingen, wird das Zusammenbringen von mehreren kleinen Platten zu einer großen zweckmäßig sein, um die Kosten der Prägeausführung auf das Mindestmaß zu beschränken. Natürlich wird es bei Druckzusammenstellung auch wieder Bedingung sein, Zusammengebrachtes auch zusammen zu belassen, um nicht unnötig Prägungen machen zu müssen.

Wenn jedoch in solchen Fällen ein gutes Passen nicht zu erreichen ist, so wird ein Zerkleinern notwendig werden, wodurch dann der Ausgleich geschaffen wird. Es wird schon beim Umdrucken alter Lithos auf die Stellung der Prägeplatten Rücksicht genommen werden müssen. Die Prägeplatten sollten stets nach den Schwarzkonturen hergestellt werden. Wenn Wärmen oder Feuchten und alle sonstigen Mittel nichts helfen, so wird ein zweimaliges Prägen der Erzeugnisse notwendig sein. Das kann sich natürlich nur auf solche Dessins beschränken, welche in der Art ihrer Ausstattung stets sich wiederholende Formen zeigen.

Das *Stechen der Punkturen* ist ein wesentlicher Faktor für das Gelingen einer Prägung. Man glaubt allgemein, daß das eine gleichgültige Verrichtung sei, doch ist das ein durchaus falscher Rückschluß. Diese unabdingbare Vorarbeit wird zuweilen von dem Arbeitspersonal, das die Prägung herstellt, meist aber von besonders in der Praxis geschultem Personal geleistet. Das bedeutet für das Prägepersonal eine bedeutende Erleichterung, doch werden sich die Vorzüge nur dann zeigen, wenn geübte Stecherinnen zur Hand und die Druckarbeiten vor allem in dem Zustande sind, daß die Prägenutzen sich nicht verdehnen durch Schrumpfung. Passen die Prägungen nicht, das heißt, liegt neben der Prägung noch untergedruckte Farbe, so muß erstere „herübergezogen" werden. Das ist dadurch zu bewerkstelligen, daß beim Stechen die Durchstiche weiter nach links oder rechts gelegt werden, je nachdem es die Differenz der unter der Prägung liegenden Druckfarbe geboten erscheinen läßt. Die sachgemäße Benutzung von Lineal und Winkeleisen des Umdruckers werden unter Erfüllung der für das Steindruckfach erforderlichen Voraussetzungen in bezug auf die technische Herstellung und die Verwendbarkeit des Materials für das Arbeitspersonal stets eine gewisse Garantie dafür bieten, gut passende Prägungen zu erzielen.

In jedem Falle werden sich Sünden beim Druck auch bei der weiteren Verarbeitung bemerkbar machen. In erster Linie zeigt sich das bei der Verarbeitung frischer Drucke. Wenn die Farbe noch zu früh und der Farbe womöglich etwas zu viel Fett (Talg) zugesetzt wurde, um sie geschmeidiger zu machen, setzt sie sich ausnahmslos in der Gravur der Platte ab. Vorheriges Abreiben der Drucke mit Talkum vor dem Zerkleinern wird eine gewisse Garantie dafür bieten, daß die Weiterarbeit nicht durch solche Begleiterscheinungen gar zu unliebsam aufgehalten wird.

Das Abbürsten der Platten nach jedem Druck, besonders bei solchen Artikeln, die viele Durchbruchstellen haben, soll schließlich nicht unerwähnt bleiben, weil nicht selten in die Gravur sich ablegende Papierteile die plastische Wirkung der Prägung ungünstig beeinflussen können.

Die Herstellung der Prägeplatten ist der vorbereitende Arbeitsgang zur praktischen Ausführung der Prägearbeit. Die Plattenherstellung wird von Graveuren besorgt. Es sei vorausgeschickt, daß das Bestellen der Prägeplatte, von der der Ausfall der Prägearbeit abhängt, ein weitgehendes fachtechnisches Wissen nicht nur über die Technik der Gravur selbst voraussetzt. Auch die weitere Verwendbarkeit beim Prägen in bezug auf das Verarbeiten der Ware erfordert Sachkenntnis, da diese nicht selten durch technische Schwierigkeiten Veränderungen ausgesetzt ist, die in dem Dehnungsprozeß des Papiers ihren Ursprung haben.

Die Arbeit des Prägens beginnt mit der Anfertigung der Matrize, die ein positives Bild der Stempelgravur bietet. Durch das haarscharfe Einpassen der erhaben gearbeiteten Matrize auf der gravierten Stempelfläche ist das Gelingen der Prägung erst gewährleistet. Für die Prägung kleiner Flächen, Mottos, Buchstaben und anderer Dinge, dient der Monogrammbalancier, für größere die Kniehebelpresse. Die Tiegeldruckpresse, bei erhöhten Ansprüchen die Farbdruckpresse, erscheinen ebenfalls berufen, die durch die einzelnen Techniken bedingte Aufwendung an Zeit und Kosten infolge des kombinierten Arbeitsverfahrens durch das gleichzeitige Drucken und Prägen zu vereinfachen. In Fällen, in denen es sich um kleine Flächen, Schriftmottos, Ornamental- oder Randverzierungen usw. handelt, bedient man sich der Prägepresse für Handbetrieb (Balancier); für größere und schwerere

Stücke reicht der Handbetrieb nicht aus, da muß auf den Kraftantrieb zurückgegriffen werden. Für besonders schwere Prägungen werden hydraulische Pressen verwendet, bei denen der Prägedruck natürlich ganz besonders stark ist. Die sogenannten Blitzpressen ergeben täglich einseitig 3000 bis 3300 Prägungen; auf beiden Tischen also das Doppelte, sofern alles glatt vonstatten geht und die Maschine ununterbrochen läuft. Die schnellsten Pressen für Prägen und Stanzen arbeiten heute vollautomatisch mit einer enormen Druckkraft.

Für die Herstellung der maschinellen Prägearbeiten ist von besonderer Wichtigkeit die Beschaffenheit des Materials, das verarbeitet werden soll. Zur Vermeidung von Schwierigkeiten kann der Präger viel tun. Er soll größere Warenposten in einer bestimmten Auflagenhöhe der gleichen Art möglichst hintereinander aufarbeiten, und er darf keine zu frische Druckware verarbeiten, weil sich die aufgedruckte Farbe sonst in die Stempelgravur ablegt. Schwierigkeiten hinsichtlich der Beschaffenheit fallen nicht dem Präger zur Last, sondern ihre Vermeidung ist Sache der Betriebsbeamten, die das aus der Druckerei kommende zu verarbeitende Material hinsichtlich seiner Verwendbarkeit kennen müssen.

Wird das Papier nur Relief (blind) geprägt, so besteht der Arbeitsvorgang nur aus dem Auflegen des Papiers über die Punkturnadeln. Hiernach ist die Matrize mit den Stiften in die Führungslöcher einzuführen, und es erfolgt der Prägedruck. Die Platten für glatte Prägungen erfordern keine weitere Behandlung im Vergleich zu denen, die für Durchbrucharbeiten bestimmt sind, weil sich bei solchen die Abfallteile der ausgeschnittenen Partien leicht in die Gravur der Platte ablegen und die durch die Hochprägung bedingte plastische Wirkung ungünstig beeinflussen. Daher ist die Herstellung von Prägungen mit mehr oder minder vielen Durchbruchteilen der Papierfläche schwierig. Bei diesen erfolgt gleichzeitig mit dem Prägen das Schneiden, das jedoch auch gesondert ausgeführt werden kann. Bevor das zu prägende Papierblatt auf die Platte gelegt wird, muß diese jedesmal mit einer entsprechend präparierten, kräftigen, dichtborstigen Bürste mehrmals gleichmäßig überstrichen werden, um ein Anhaften der Prägeblätter an der Platte zu verhindern. Das Ausbürsten der Platten erfolgt bei unlackierten Drucken mit einer über Talg gestrichenen, bei lackierter Ware mit einer in Öl getränkten Bürste. In letzterem Falle gießt man Öl auf ein Stück Filz und läßt das Öl durch die porösen Schichten des Filzes gut durchziehen, so daß der Filz gut getränkt ist. Auf diese elastische Masse drückt man von Zeit zu Zeit die Bürste und streicht dann damit gleichmäßig und leicht über die Gravur der Platte. Es sei ausdrücklich davor gewarnt, Platten zur Prägung unlackierter Drucke auf Kreidepapier etwa mit einer in reinem Öl getränkten Bürste zu überstreichen, weil durch die Ölaufnahme in die Stoffteile der Prägeblätter infolge der Saugfähigkeit des Papierstoffes die Ware unbrauchbar werden würde.

Bei Reliefprägeplatten mit Schneidelinien ist in gleicher Weise zu verfahren wie bei getrennten Schneide- und Prägeplatten, nur ist nach dem Auflegen des zu bearbeitenden Papiers bzw. Kartons eine Stanzpappe auf die Platte zu legen und dann Druck zu geben, um zunächst den Prägenutzen zu durchschneiden. Nach Abheben der Stanzpappe ist der äußere Papier- bzw. Kartonabfall sorgsam zu entfernen und dann die Matrizenpappe aufzulegen. Größere, ausgeschnittene Teile lassen sich durch Aufklopfen mit der flachen Handfläche leicht aus der Platte abheben; kleinere Teile haften jedoch oft fest und müssen mit der Ahle ausgehoben werden. Um ein Festhaften von Durchbruchprägeblättern an der Platte zu vermeiden, ist es empfehlenswert, Stellen, an denen diese Schwierigkeiten besonders zu befürchten sind, mit Kupferblech auszulegen, wodurch ein glattes Loslösen der Prägestücke aus der Platte ermöglicht wird. Bei ungleicher Ausarbeitung der Schneideplatten wird es auch empfehlenswert sein, an besonders schwierigen Stellen (Durchbruchstellen auf den Stahlstempeln) auf der Rückseite der Platte Papierstücke aufzukleben, weil die geschaffene Erhöhung die Schneidekraft verschärft, wodurch beim Preßdruck ein glatter Durchschlag erzielt wird.

Bei sehr fein gearbeiteten Gravuren solcher Artikel, die von der Platte zugleich geschnitten werden, und die aus sehr dünnen Stoffen bestehen, wie beispielsweise Kuchenpapier, müssen diese vorher präpariert werden. Es handelt sich bei diesen Artikeln wohl ausschließlich um holzfreie Papiere von äußerst dünner Qualität (sog. Florpostpapiere, die sich unter dem großen Prägedruck auf dem Balancier während des Stanzens so fest aneinanderschmiegen, daß die einzelnen Lagen nur mit großer Mühe auseinander zu bekommen sind, wobei natürlich sehr viel Ausschuß entsteht. In solchen Fällen tut man gut, die auf Formate geschnittenen Papierlagen vorher durch Talkumpulver zu ziehen. Durch die gleichmäßige Fettaufnahme der Papieroberfläche wird dem Zusammenkleben sehr wirksam vorgebeugt. Natürlich muß das Durchziehen durch das Pulver mit großer Sorgfalt geschehen, um alle Teile der Papieroberfläche mit diesem in Berührung zu bringen.

Daß Artikel, besonders Klappkarten aller Art, auch gleichzeitig von der Platte während des Prägevorganges geritzt werden können, um eine Umbruchstelle zu haben, sei noch beiläufig erwähnt; doch muß besonders bei stark auftragendem Inhalt (besonders bei Kreidepapieren) auf die Möglichkeit Rücksicht genommen werden, daß Brüche entstehen oder die Auftragsschicht abblättert. Diesen Übelständen helfen nur Stichproben *vor* der Verarbeitung ab. Dem völligen Durchbrechen der Umbruchstellen läßt sich — wenn nicht schon durch eine entsprechende Qualität des Papiers — durch vorheriges Hinterkleben der Kniffstellen vorbeugen. Durch Hinterkleben mit Vorschnitten und nochmaliges Prägen lassen sich abgebrochene Teile wieder ungesehen machen und bewahren somit die Ware von dem Unbrauchbarwerden.

Abschließend noch einige Hinweise über die getrennten Arbeitsvorgänge des Prägens und Stanzens. Beide kombiniert in einer Form bereiten oft Schwierigkeiten beim Einrichten und Drucken.

Um diese zu vermeiden, wird man am zweckmäßigsten jeden dieser Arbeitsvorgänge getrennt ausführen. Durch die Möglichkeit, dafür rationell arbeitende Maschinen einzusetzen, wird der Nachteil eines gesonderten Druckganges oftmals aufgewogen.

Das Einrichten ist weniger kompliziert, und man kann die preiswerteren Bandstahlschnitte benutzen. Die Entscheidung, wie eine solche Arbeit ausgeführt wird, ist allerdings abhängig von ihrer Art und Auflagenhöhe.

Über die getrennten Arbeitsvorgänge erhielt ich die nachstehenden Ausführungen von einem bekannten Fachexperten.

Auch auf dem Gebiet des Prägens und Stanzens hat die Entwicklung der letzten Zeit Fortschritte gebracht, die nötig waren, um mit der allgemeinen Entwicklung in der Papierverarbeitung Schritt zu halten. Vollautomatische Pressen mit enormer Druckleistung mit modernem Schuppenanleger, die eine maximale Paßgenauigkeit gewährleisten, sind heute bis zum ganzen Offset-Bogen in Gebrauch. Insbesondere die Verpackungsindustrie bedient sich dieser modernen Pressen, die sogar gekuppelt, an Spezial-Rotationsmaschinen fertig mehrfarbig gedruckte Packungen geprägt und gestanzt auswerfen.

Die bekanntesten und schwersten Pressen dieser Art sind die Bobst-Pressen. Aber auch den bekannten Original-Heidelberger Druckautomaten gibt es in einer Sonderanfertigung speziell für Präge- und Stanzarbeiten. Die Stanzunterlage, in diesem Fall eine herausnehmbare Stahlplatte, ergibt plus Druckmatrize die richtige Druckhöhe des Tiegels.

Das Stanzen auf solch einer Stahlunterlage hat den Vorteil, daß die Schneiden des Bandstahls sich nicht in die Unterlage eindrücken und damit das zu stanzende Material an der Unterlage festhalten und einen zerfranzten Schnitt erzeugen.

Das Arbeiten mit einer solchen harten Unterlage erfordert eine gewisse Umstellung, weil wegen der Schonung der Stanzen mit dem minimalsten Druck gearbeitet werden muß. Die Stanzflächen sind aus einem gehärteten Edelstahl gefertigt und etwas härter als die Bandstahlschnitte.

Welchen Umfang eine solche Stanzform haben darf, ohne die Maschine zu überlasten, wird man sich vorher errechnen müssen. Technische Daten hierüber werden von der Maschinenfabrik zur Verfügung gestellt.

Die Druckkraft des ORIGINAL - Heidelbergers 26 × 38 wird vom Werk mit 40 t angegeben, die des größeren mit 34 × 46 cm mit sogar 60 t. Hieraus ist zu ersehen, daß diese Maschinen für einen großen Teil der Prägearbeiten gut zu verwenden ist.

Die zu immer größerer Genauigkeit entwickelten automatischen Maschinen, die heute insbesondere für Großauflagen eingesetzt werden, machen für einen großen Teil der anfallenden Prägearbeiten das zeitraubende Nadeln und Anlegen auf Nadeln bei vorgedrucktem Prägegut überflüssig. Da sich Schwierigkeiten bezüglich des Passers hauptsächlich bei großen Druckbogen durch Verziehen des Papiers ergeben, ist bei genauen Prägearbeiten zu überlegen, ob man die Nutzenzahl nicht zu Gunsten eines besseren Passers und der Möglichkeit, die Prägung auf automatischen Pressen herzustellen, verringert, und damit mit einem kleineren, weniger kritischen Bogenformat zu tun hat.

## Der Druck mit Farbfolien und Prägepapieren

Der Druck heller Farben auf dunkle Papiere wird trotz seiner schwierigen und umständlichen Ausführung verhältnismäßig oft ausgeübt. Bei dem guten und wirkungsvollen Aussehen der Druckarbeiten, die z. B. auf dunkler Fläche einen reinen Weißdruck zeigen, nimmt man die umständliche Arbeitsweise mit in den Kauf. Beim Foliendruck wird es sich fast stets um den Druck auf Papier bzw. Karton handeln; auch der Druck auf Leinwand, Kaliko usw. dürfte hin und wieder vorkommen.

Handelt es sich um den Druck heller Farben auf dunkle, glatte Papiere, so sollte, wenn irgend möglich, der helle Karton mit der Farbe, die das Papier haben soll, bedruckt werden, in welcher Druckplatte, Schrift und Ornamente negativ ausgespart sind. Man erhält so in einfacher Arbeitsweise einen tadellosen Weißdruck, nämlich einen Druck, der Schrift und Ornamente in der Farbe des Papiers zeigt. Diese Arbeitsweise wird technisch unmöglich, wenn es sich z. B. um den Druck heller Farben auf dunkle, rauhe Papiere und Kartons handelt. Hier muß der direkte Farbdruck zur Anwendung kommen, der bei vorangegangenem Unterdruck mit Bronze und nachheriger öfterer Wiederholung des Farbdruckes allein zu erreichen ist. Auch solchem direkten Farbdruck, der ziemlich umständlich ist, kann man den Druck auf andere Weise ausführen, die bei einmaligem Arbeitsgang Ornamente und Schriften in jeder gewünschten Farbe gut deckend auf farbige Papiere aller Art zum stehen bringt. Dies erreicht man durch Verwendung der Farbfolien.

Die Folien sind äußerst dünne, aus Bronzen oder Farbpulver und einem Klebstoff gefertigte Tafeln, die in ähnlicher Weise wie Blattmetalle verarbeitet werden. Zwischen Blättern in dünnen Büchelchen untergebracht, sind sie allerdings etwas stärker als die äußerst feingeschlagenen Blattmetalle.

Sie werden auf das auszustattende Papier gelegt, durch entsprechenden Druck etwas angepreßt und an den Druckstellen mit ihm fest verbunden. Damit die Folie auf dem Druckträger besseren Halt findet, bedarf diese eines Bindemittels, welches je nach Art der Arbeitsweise, d. h. ob man den Druck mit kalter oder warmer Presse ausführt, ausgewählt wird.

Wird der Druck kalt ausgeführt, in welchem Falle der Präger oder Buchdrucker das gewöhnliche Schriftmaterial wie er es zum Farbdruck braucht verwenden kann, so ist ein Vordruck mit einer gut mit Trockenstoff versetzten Farbe notwendig, damit die Folie an der Druckfläche genügend festhält.

Diese Unterdruckfarbe soll sich in ihrem Aussehen der Farbe der Folie anpassen und muß in ihrer Zusammensetzung die Saugfähigkeit des Papiers berücksichtigen. Je größer diese ist, um so strenger muß die Farbe und um so reichlicher muß auch der Zusatz an Trockenstoff zur Farbe sein, damit sie möglichst schnell verharzt und die Folie fest an die Druckfläche bindet.

Der Aufdruck der Unterdruckfarbe darf aber nicht in übermäßiger Deckung erfolgen, damit sie nicht über den Rand der Druckfläche hinweg gequetscht wird. Die aufgelegte Folie würde dann auch dort antrocknen, wo die Farbe übergetreten ist, so daß Schrift und Ornamente von zu scharfen Konturen begrenzt sein würden.

Ist der Vordruck ausgeführt, so warte man mit dem Auflegen der Folie wenige Minuten und drücke sie dann mit einem Wattebausch an Schrift und Ornamente an. Hierauf lasse man den Druck unter genauer Anlage und bei gründlich gesäuberter Form nochmals unter Druck durch die Maschine gehen, um die Folie ganz gleichmäßig an den Unterdruck anzupressen. Foliendrucke lassen sich am besten auf einer guten Tiegeldruckpresse und, falls sie auf Steindruckarbeiten ausgeführt werden, auf der Handpresse herstellen.

Nachdem die Folie auf den Druck genügend aufgetrocknet bzw. dieser erkaltet ist, wird das überschüssige Material mit einer mittelharten Bürste unter kreisförmiger Bewegung derselben abgebürstet.

Während des Druckes ist es hin und wieder notwendig, die Form gründlich zu säubern, weil das Grundiermittel sich nach und nach an der Druckfläche ansetzt und unsaubere Drucke ergibt. Diese Säuberung geschieht durch Abreiben mit einem Lederlappen, in dem einige Tropfen Stearinöl verrieben sind.

Außer den Farbfolien gibt es auch Bronzefolien in den verschiedensten Tönungen, die gegenüber den Blattmetallen den Vorzug haben, daß sie ohne vorherige Grundierung verarbeitet werden können.

Bronzefolien, die sich viel leichter und schneller verarbeiten lassen als Blattmetalle aller Art, zeigen einen vorzüglichen Glanz und sind von guter Haltbarkeit besonders gegenüber den neuesten unechten Kompositions-Metalldrucken.

Sobald es sich in der Ausstattungstechnik um den Druck von Bronzen auf Karton, Leder, Leinwand und sonstiges Material handelt, wird gerne zum *Foliendruck* gegriffen. Die Arbeit des Foliendruckes ist gegenüber dem Druck mit Puderbronze ungleich sauberer, einfacher und alles in allem wesentlich rascher.

Wenn eine mit Heizeinrichtung ausgestattete Vergoldepresse zur Verfügung steht, sollte der Foliendruck stets warm ausgeführt werden, da die Herstellung und der Druck haltbarer ist als bei vorbeschriebener Arbeitsweise. Dazu ist es allerdings ein Erfordernis, daß die zum Druck dienenden Schriften und Ornamente in Stahl oder Messing graviert sind, weil Bleischriften der Wärme nur geringen Widerstand bieten und zu starker Abnutzung unterliegen würden.

Gravierte Schriften und Ornamente, Platten usw. werden in der Regel in Höhe von 7 mm geliefert, wenn man das Material nicht gleich schrifthoch bestellt, was sich in manchen Fällen empfehlen dürfte. Diese niedrigen Schriften müssen zum Gebrauch auf eine entsprechend dicke Eisenunterlage geklebt werden.

Für Folien empfiehlt es sich, möglichst nur Messinggravuren zu benutzen. Nur wo schon Zinkätzungen vorhanden sind, kann man diese im Notfall dazu verwenden. Man hat aber mit Zinkplatten immer Schwierigkeiten beim Folienprägen.

Sind die Stempel aufgeklebt und in der Presse angehangen, so ist dann die Hauptsache eine gute Justur. Zu stark druckende Stellen schneidet man aus einem dünnen Papier heraus und zu schwachdruckende werden aufgelegt. Über das Ganze legt man dann einen schwachen festen Karton.

Das Schneiden der Folie kann im ganzen Buch geschehen, indem man das Buch samt Folie in die gewünschten Teile mit der Pappschere zerlegt. Ein Hin- und Herwiegen der geschnittenen Folie läßt sie an den Schnittflächen von dem dazwischen liegenden Papier los, so daß sich dann die einzelnen Stückchen leicht auftragen lassen. Geübte Aufträgerinnen schneiden auch jedes Blatt einzeln mit dem Goldmesser im Buch.

Für Stoffe, welche keinerlei Klebmittel enthalten, z. B. gewebte Stoffe, Seide, Samt, Plüsch usw., gibt es Folien, welche noch eine besondere Klebschicht enthalten.

Eine als Goldersatz angewandte Folie ist die *Antioxydfolie.* Diese ist durch einen Lacküberzug gegen Oxydation geschützt. Das Prägen erfolgt genau so wie bei der Bronzefolie. Eine Prägung mit Antioxydfolie behält jahrzehntelang einen schönen Goldglanz. Bei Artikeln, welche eine längere Lebensdauer haben sollen, empfiehlt es sich, an Stelle von unechten Goldmetallen diese Antioxydfolie zu verwenden.

Ein gutes Werkzeug beim Folieprägen ist der Gebrauch einer weichen Messingdrahtbürste zum Ausbürsten der Stempel. Mit einer solchen Bürste kann man am schnellsten die Stempel und Schriften reinigen.

Ein weiteres, sehr gutes Hilfsmittel ist auch das leichte Abreiben des zu prägenden Nutzens oder Gegenstandes mit irgendeinem feinen Pulver (Mehl, Kartoffelmehl, Reismehl usw.). Es gibt Papiere oder dergl., bei denen sich die Folie infolge des Heißdruckes leicht an den Rändern der Prägung festsetzt, so daß es Schwierigkeiten beim Ausputzen mit der Bürste macht, um die überschüssige Folie zu entfernen. Nach einem Abreiben mit Puder geht das Ausputzen viel schneller vonstatten, so daß die geringe Mühe diese Vorarbeit reichlich lohnt.

Beim Druck mit warmer Presse läßt sich auch mit Vorteil und bei größter Sparsamkeit Prägepapier verwenden. Es hat das Aussehen wie Kreidepapier, nur daß der Farbstoff nicht glatt am Papier, sondern mehr rauh obenauf liegt. Dieses Folienpapier wird mit dem Farbstoff nach unten auf den zu bedruckenden Gegenstand aufgelegt und durch den Druck wird die Farbschicht von dem Papier abgenommen und an die grundierte Druckfläche angepreßt. Das Arbeiten mit diesen Folien ist recht bequem und sparsam, da sich das bedeutend stärkere Papier schnell in beliebige Stücke schneiden und bequem auflegen läßt. Nach erfolgtem Druck wird das überflüssige Papier von der Druckfläche abgezogen.

Die Verwendung von *Prägepapier* als Blattmetall- und Folienersatz erspart Zeit und Material, es wird nur mit *mäßig warmer Presse* geprägt, eine Grundierung des Arbeitsstückes mit Eiweiß, Pulver etc. ist in der Regel nicht erforderlich, es prägt ohne Grundierung Papiere und Kartons aller Art. Die Prägepresse richte man wie für Metallfolien, die Kartusche etc. befestige man in üblicher Weise, als Druckunterlage dient eine dünne, feste Pappe (Preßspan). Die richtige Wärme ist durch Probieren zu ermitteln und durch Regulierung der Heizung beizubehalten; die Presse darf nicht so heiß sein wie für Blattmetall. Das Prägepapier (Bogenformat 51 × 61 cm) schneide man packweise in Blättern nach Größe der zu prägenden Fläche, lege ein Blatt *mit der Farbschicht nach unten* auf das Arbeitsstück und nach einem raschen, kurzen Zuschlag zieht man sofort das Papier wieder ab; das Abziehen muß leicht ohne Rauschen und Reißen gehen; reißt das Prägepapier beim Abziehen und bleibt die Farbschicht ganz oder teilweise auf dem Arbeitsstück kleben, so war entweder die Presse zu heiß oder der Zuschlag zu anhaltend (zu langsam) oder beides zusammen.

Besonders beachte man dies bei dem Weiß- und Goldprägepapier, dagegen ist bei den farbigen, speziell dunkelfarbigen Prägepapieren der Zuschlag ein klein wenig länger anzuhalten; bei dem Prägen mit *Goldprägepapier* lege man das Arbeitsstück *nach dem Abziehen* nochmals in die Presse und präge mit einem kurzen, harten Zuschlag blind nach, dadurch bekommt das Gold einen hohen Glanz wie bei Metallfolie. Man präge niemals Arbeitsstücke aus verschiedenem Material gleichzeitig hintereinander, da fast ein jedes Material eine andere Wärme benötigt.

Die Regel ist, daß in Buchbindereien Kaliko, Rohpapiere, Pappen, Horn, Holz etc. *mehr* Wärme benötigen als Leder, Kunstleder, Dermatoid, Zelluloid, als z. B. appretierte, lackierte Kalbleder-, Cambric-, Gelatine-Papiere.

Prägeplatten sind in einem ungeheizten und kühlen Raum in Papier eingeschlagen aufzubewahren, um das Austrocknen zu verhüten; das Papier muß sich immer etwas feucht anfühlen. Sollte es im Hochsommer zu trocken geworden sein, muß es *vor Verwendung* einige Zeit in einem feuchten Raum (Keller) ausgelegt oder mit druckfeuchter Makulatur durchschossen werden.

Nach dem Prägen größerer Flächen, Umrandungen etc. werfe man das abgezogene Prägepapier nicht weg, denn das Stück ist an allen Stellen, an welchen die Farbdecke noch nicht abgehoben ist, wieder verwendbar, gleichviel ob das Stück (Blatt) ein- oder mehrmals in der

Presse unter Druck stand; es müssen solche Stücke *vor Wiederverwendung* etwas Feuchtigkeit anziehen können.

Diese Ausnutzung der Prägepapiere bis auf das kleinste Stückchen ist ein Vorteil gegenüber den Metall- und Farbfolien und erhöht dessen Ersatzwert bedeutend.

## Der Druck mit Farb- und Bronze-Folien *)

Mit Ausnahme besonders wertvoller künstlerischer Arbeiten, die in reinem Blattgold ausgeführt werden sollen, hat man diese heute auch weitgehendst rationalisiert. Man arbeitet fast ausschließlich mit Farb- und Bronze-Folien von der Rolle. Bei letzteren wird heute fast immer Antioxydbronzefolie benutzt, bei der durch eine besondere Schutzschicht das Oxydieren der Bronze weitgehendst reduziert wurde.

Die Rollenfolie wird auf Papier oder Zellunterlage in den gewünschten Breiten vom Lieferwerk geschnitten. Hat man viel mit derartigen Arbeiten zu tun, so wird man sich ein ausreichendes Lager in verschiedenen Rollenbreiten halten müssen und den eingehenden Aufträgen entsprechend diesen Bestand stets rechtzeitig ergänzen müssen.

Bei Bestellungen sollte man im eigenen Interesse stets angeben, auf welchem Material die Pressung erfolgen soll. Es gibt Folien für alle möglichen Materialien bis zur Kunststoffolie. In Zweifelsfällen ist es ratsam, sofern es die Zeit erlaubt, einige Materialproben an den Hersteller der Rollenfolie zu schicken, der dann auf Grund von Testen, die im Herstellerbetrieb gemacht werden, die geeignete Folie und die beste Verarbeitungstemperatur feststellen.

Heute haben alle für diesen Zweck gebaute Pressen, sogar die kleinsten Handpressen, eine Vorrichtung zum automatischen Weitertransport der Rollenfolie, die sich entsprechend der Stempelbreite einstellen läßt. Es verfügen derzeitig fast alle Pressen über eine elektrische Heizvorrichtung mit Thermostat. Eine gewünschte Pressentemperatur wird eingestellt und der Thermostat sorgt für die konstante Innehaltung der eingestellten Temperatur.

Bei größeren Pressen finden wir auch Einrichtungen für das Arbeiten mit mehreren Rollen nebeneinander, so daß man auch mehrfarbige Arbeiten in einem Arbeitsgang herstellen kann.

Nach neuesten Informationen haben die Heidelberger Maschinenfabriken jetzt auch einen Vollautomaten für diese Arbeiten herausgebracht.

---

*) Von Jah. Kirstein, Hamburg.

## Das Arbeiten mit Oeserfolien

Die nachstehenden Ausführungen stellte mir die Firma Oeserwerk, Ernst Oeser & Söhne K. G., Berlin - Schöneberg, zur Verfügung. Ich habe diese Gebrauchsanweisungen nach den Originalberichten der Firma aufgenommen. Interessenten werden sich selbstverständlich mit der Lieferfirma direkt in Verbindung setzen und dabei alles Wissenswerte in Erfahrung bringen. Der beschränkte textliche Raum eines vielseitigen Fachbuches erlaubt es nicht, alle Einzelheiten zu bringen, sondern es muß der Text auf das Wesentliche beschränkt werden.

Es sei indessen nicht unterlassen, darauf hinzuweisen, daß die Lieferwerke einen ausgezeichneten Kundendienst haben. Sie beraten gerne, wenn Zweifel auftreten, welche Folie für bestimmte Arbeiten die geeignetste ist.

Wer Materialproben ins Werk schickt unter näherer Angabe der Art der Proben, wird auf Grund eines Werkversuches dann zweifellos die geeignete Folie bezeichnet bekommen.

### *1. Gebrauchsanweisung und Angaben über die Verwendungszwecke von Oeser-Rollen-Folie in Gold, Silber und Farben*

Ein einwandfreies Prägen mit Oeser-Rollen-Folien in Gold-, Silber und Farben auf den verschiedenartigen Materialien hängt von der Auswahl der Qualität ab. Die nachstehende Übersicht soll als Anleitung dafür dienen, welche Qualität man am zweckmäßigsten für ein bestimmtes Material verwendet. Dabei gilt als Grundsatz, daß die

*Prägungen im allgemeinen mit einer Prägetemperatur zwischen 100 und 120° C bei kurzem, kräftigem Druck*

ausgeführt werden.

*STELLA Hochglanz Marke B* Nr. 101—110 auf weißem Pergamyn

Eine Rollenfolie mit gutdeckender Bronzeschicht und füllendem Fond, der die Unebenheiten des Materials ausgleicht und die Prägungen satt und flächig erscheinen läßt. Geeignet für leichte Gewebe wie Mattleinen, Battistleinen, aber auch für Kaliko, Buckram, Alkor, Karton und ähnliche Einbandstoffe.

*STELLA Hochglanz Marke V* Nr. 101—110 auf weißem Pergamyn

Eine spezielle Rollenfolie für Prägungen auf Velourpapier, die die Fasern bindet und niederhält und sich auch auf Samt, Velvet, Atlasseide und ähnlich gearteten Stoffen prägen läßt.

*STELLA Hochglanz Marke G (oxydgeschützt)* Nr. 201—210 auf weißem Pergamyn

Eine oxydgeschützte Rollenfolie mit guter Bronzebeschichtung und besonderem Hochglanz für scharfkonturige Prägungen auf Glacépapier, Chagrinpapier, wenig geleimten Karton und sonstigen Papieren, aber auch für Ballonleinen und Halbleinen geeignet.

*STELLA Antioxyd Marke B* Nr. 501—507 auf grünem Pergamyn

*STELLA Antioxyd Marke V* Nr. 501
Rollenfolien mit besonderem Antioxyd-Schutz für die gleichen Anwendungsgebiete wie für oben aufgeführte STELLA Hochglanz Marke B und Marke V.

*STELLA Antioxyd-Film* Nr. 3501—3510 auf Cellophan
Eine sehr beliebte Rollenfolie für hohe Ansprüche, die infolge der Weichheit des Cellophanträgers auch bei feinsten Stempeln kontrastreich und klar ausprägt. Fast für alle Prägearbeiten geeignet. Kein Nachwischen! — Prägetemperatur ca. 110—120° C.

*STELLA Farbfix* 42 Farben auf weißem Pergamyn
Die elegante farbige Rollenfolie für die verschiedenartigsten Einbandmaterialien, auch bei Celluloid und für Titelschilder auf Leder geeignet, die sauberes Überprägen mit Echtgold ermöglicht. Zu prägen mit *ca. 85—100° C* bei kurzem, festem Druck, bei Titelschildern auf Leder und Celluloid ca. 120° C, etwas nachziehendem Druck.

*STELLA FARBFILM* 21 Farben auf Cellophan
Eine neu entwickelte Rollenfolie, farbig, auf Cellophan für Prägungen auf Leder, feinem Leinen, Karton usw. Die Prägungen sind sehr haltbar und auch gegen Feuchtigkeit widerstandsfähig.

*QUALITÄT AM, farbig* 10 Farben auf weißem Pergamyn
Eine farbige Rollenfolie mit guter Deckkraft für Matt- und Grobleinen, Karton, Velourpapier und ähnlichen Materialien. — Prägetemperatur ca. 120° C — ziehender, fester Druck.

2. *Gebrauchsanweisung für das Prägen mit Oeser-Farb-, Bronze- und Antioxyd-Folien in Blättern*

*Die Auswahl* der richtigen Marke in OESER-FOLIE ist für das Prägen sehr wichtig. Es gibt ungrundierte, leicht- und starkgrundierte OESER-FOLIEN.

*Die ungrundierten OESER-FOLIEN* haben nur in sich eine Leimschicht, die durch die Hitzeeinwirkung der Prägepresse die OESER-FOLIE zum Haften bringt. Man kann sie also nur auf den Materialien verwenden, die eine solche ungrundierte OESER-FOLIE durch ihre Oberflächenbeschaffenheit genügend festhalten, wie z. B. Kaliko, geleimte und gelatinierte Papiere, poliertes und lackiertes Holz, Celluloid, Kunsthorn, Galalith u. a. m.

*Die leichtgrundierten OESER-FOLIEN* haben eine dünne Schellackschicht, die dazu dient, diese leichtgrundierte OESER-FOLIE auf den Stoffen einwandfrei zum Haften zu bringen, deren Oberflächenbeschaffenheit etwas rauh oder leicht abstoßend ist, folglich eine leichtgrundierte OESER-FOLIE erfordert, um eine genügende Bindung zu erzielen, wie z. B. Ballonleinen, Mattleinen, Seide, Alkor, gut geleimte Papiere u. a. m.

*Die starkgrundierten OESER-FOLIEN* haben, wie ihr Name schon sagt, eine starke Schellackgrundur und sollen auf den Materialien verarbeitet werden, die von sich aus überhaupt nicht binden und sozusagen trocken sind, wie z. B. Sammet, Baumwollgewebe, ungeleimte Papiere, Filz, unlackiertes Holz u. a. m.

*Die Hitze der Prägepresse* muß den verschiedenen Stoffen, die geprägt werden sollen, angepaßt sein. Helle Farben sowie Bronzefolien, mit Ausnahme der starkgrundierten Marke P, werden möglichst heiß geprägt. Schwarze Folien sind sehr heiß zu prägen. Dunkle Farben müssen mäßig heiß geprägt werden. Zu große Hitze verbrennt die Farben, wodurch die Prägungen ein fleckiges Aussehen bekommen. Den erforderlichen Hitzegrad wird man am besten durch Ausprobieren feststellen und beibehalten. Nicht aufgezogene Papiere und Stoffe brauchen eine gute Hitze.

*Der anzuwendende Druck* ist ebenfalls verschieden und muß nach den verschiedenen Materialien ausprobiert werden. In der Regel prägt man mit einem kurzem, harten Druck, schon um Festkleben und Verbrennen der Folien zu verhindern. Prägungen mit Bronzefolien erhalten einen höheren Glanz, wenn man beim Prägen zweimal zuschlägt. Alle dünnen Stoffe und Papiere, die nicht aufkaschiert sind, prägt man unter Benutzung einer Unterlage.

*Die Stempel:* Oeser-Folien werden im allgemeinen auf der heißen Prägepresse unter Anwendung von Stahl- oder Messingstempeln bzw. Platten geprägt. Die Stempel müssen gut poliert und sauber sein. Man poliert die Stempel, indem man einige Tropfen Stearinöl auf dickes Riemenleder träufelt und die Stempel damit abputzt. Falls sich der Stempel durch zu heißes Prägen verschmutzt, ist er mittels einer Bürste und Spiritus zu reinigen.

*Die Unterlage* muß hart und eben sein. Dadurch wird bewirkt, daß alle Teile des zu prägenden Stoffes gleichmäßig vom Stempel getroffen werden, was für eine saubere, festhaltende Prägung unerläßlich ist. Die Prägungen bekommen dadurch scharf umrissene Konturen. Am besten für eine Unterlage eignet sich Preßspan oder eine durch mehrmaligen Blinddruck auf der Prägepresse glatt gepreßte Holz- oder graue Pappe. Wenn die Unterlage sorgfältig ausjustiert ist, so daß jede Stelle vom

Stempel gut ausgeprägt wird, so wird man einen sauberen Druck erzielen. Bei fertigen Decken ist eine Unterlage nicht notwendig.

*Ausputzen der Prägungen*

Nach dem Prägen entfernt man die vom Stempel nicht getroffenen Teile durch Abblasen oder Abklopfen von der Rückseite und sucht größere Folienstücke ganz herunter zu bringen, um unnötiges Stäuben und Verschmutzen der Prägungen zu vermeiden. Alsdann bürstet man leicht nach. Zum Abbürsten kann man sich einer nicht zu weichen Wurzelbürste bedienen. Diese ist schräg zu halten, denn die Kantenborsten putzen am besten aus. Die Bewegungen der Bürste sind kreisförmig auszuführen, dadurch wird Verschmieren verhindert. Starkes Reiben und Aufdrücken der ganzen Bürstenflächen ist zu vermeiden.

3. *Gebrauchsanweisung über das Prägen von Plastic (auch PVC Kunststoffe benannt) mittels gewöhnlicher Buchbinder-Prägepresse*

In immer stärkerem Maße setzt sich das Beschriften von Plastic in Gold, Silber und Farben durch. Als Spezialfabrik für Prägefolien empfehlen wir hierfür die Verwendung unserer ungrundierten *Oeser-Farb-Folien* Marke C, unserer Emaille-Folien wasserfest weiß und farbig, der ungrundierten Antioxyd-Oeser-Folien PVC-Hitzeschreckverfahren citron Nr. 900, orange Nr. 901 und Silber Nr. 910.

Man kann dieses Hitzeschreckverfahren auf einer normalen Buchbinderprägepresse unter Beachtung folgender Winke durchführen:

Die Temperatur des Prägestempels wird auf 150 Grad Celsius gebracht und die Prägung sodann mit ganz kurzem, leichtem Druck vorgenommen. Es empfiehlt sich zwecks Ausübung des leichten Druckes den Prägetisch der Prägepresse möglichst hoch zu schrauben, so daß der Kniehebel frühzeitig anschlägt.

Bei vorgenannter Prägetechnik wird die Prägung nicht durch Druck bewerkstelligt, sondern lediglich nur durch die hohe Temperatur, die zu einem leichten Anschmelzen der Oberfläche des Plasticmaterials führt und nach Erkalten die Folie so fest bindet, daß sie selbst bei stärkerem Biegen und Brechen nicht herunter geht. Das Verfahren ist vorwiegend für das Prägen von glatten oder leicht genarbten Plastics geeignet. Bei stark genarbten Plastics läßt sich die Narbung nur bei einigen spezialbeschichteten Plastics im Hitzeschreckverfahren einebnen, ansonsten ist hier das Hochfrequenzverfahren anzuwenden.

Als *Rollen-Folie* empfehlen wir in Gold und Silber unseren Stella Antioxyd-Film Marke PVC auf Cellophan in den lieferbaren Bronzetönungen orange Nr. 3901, weißgold Nr. 3904, hellgold Nr. 3905, hellzitron Nr. 3907 und Aluminium (Silber) Nr. 3910. Dieser Stella

Antioxyd-Film Marke PVC ist bei Normalstellung des Prägetisches mit ca. 120 bis 130 Grad Celsius und kurzem, kräftigem Druck zu prägen. Die Prägungen zeichnen sich durch gute Wischfestigkeit aus. In *farbig* eignet sich hervorragend die Oeser-Rollen-Folie Stella Farbfilm auf Cellophan bei Anwendung einer Temperatur von 100—110 Grad Celsius und kurzem, festem Druck. Auch hier ist die Wischfestigkeit sehr gut und die Prägung steht scharfkonturig.

4. *Gebrauchsanweisung über das Prägen von Plastic im Hochfrequenz-Schweißverfahren*

Der Hochfrequenzstrom allein genügt nicht, um die Prägefolie fest und sicher mit dem Plasticmaterial zu verbinden. Man arbeitet daher mit Hochfrequenz und elektrisch beheiztem Elektroden-Stempel, der tief und scharfkonturig graviert sein soll. Je nach dem, welches Plastic-Material beprägt werden soll, wählt man die Hitze des Prägestempels zwischen 90 und 140° C. Die Plastic-Folien werden in den verschiedensten Qualitäten geliefert, die jeweils etwas veränderte Prägebedingungen erfordern. Unsere Prägefolien sind so eingestellt, daß sich mit ihnen nach einiger Übung auf allen Materialien auch die anspruchsvollsten Prägungen erzielen lassen.

*Farbige Blattfolien* leiten den Hochfrequenzstrom nicht und können daher — mit Ausnahme schwarzer Folien — direkt in *einem Arbeitsgang* mittels des heißen Stempels und mit Hochfrequenz aufgeschweißt werden. Die Prägebedingungen wähle man je nach Plasticmaterial (siehe hierzu auch den folgenden Abschnitt).

*Bronzefolien in Blättern und Rollen* leiten infolge ihres Kupfer- oder Aluminiumgehaltes den Hochfrequenzstrom ab. Daher sind zwei aufeinanderfolgende Arbeitsgänge erforderlich. Auch beim Prägen mit *Farbfilm auf Cellophan* empfiehlt sich die folgende Arbeitsweise:

1. Durch eine Blindprägung mit Hochfrequenz wird das Bett für die Prägung vorbereitet. Der Abstandsbegrenzer wird so eingestellt, daß der Stempel gerade tief genug in das Material eindringen kann. Die Stromabgabe soll nur ganz kurz erfolgen (0,3 Sekunden). Die Stromstärke sowie die Temperatur des Prägestempels richten sich ganz nach dem Plasticmaterial. Sehr weiches Material erfordert mildere Bedingungen (90 mA, 100° C) festeres entsprechend schärfere (bis zu 130 mA und bis zu 140° C).

   Außerdem werden diese Werte durch die Größe des verwandten Prägestempels beeinflußt. Größere Prägestempel erfordern eine etwas längere, bzw. stärkere Stromgabe.

2. Nun wird die Prägefolie aufgelegt und lediglich mit dem heißen Stempel kurz zugeschlagen. Hierzu empfiehlt es sich, den Präge-

stempel mittels des Abstandsbegrenzers etwas tiefer zu stellen. Bei niedrigeren Temperaturen kann der Druck etwas verhalten sein, bei höheren genügt ein kurzes, festes Aufdrücken.

Bei Verwendung von glatten, bzw. wenig genarbten Plastics kann auch umgekehrt zuerst mit dem beheizten Stempel die Gold-, Silber- oder Farbprägung gefertigt und dann nach Ausputzen der Prägung mit Hochfrequenz nachgeschweißt werden.

## Torten- und Plattenpapiere

*Ein Kapitel über die Spitzenpapierfabrikation*

Durch den Bau von Maschinen für endlose Streifen ist die Spitzenpapierfabrikation in vollständig neue Bahnen gelenkt worden. Wer die frühere stückweise Arbeitsmethode kannte, wird den ungeheuren Fortschritt erkennen, der auf diesem Gebiet der Papierverarbeitung vor sich gegangen ist; während man beim Arbeiten von einer gravierten viereckigen Platte mit Bleihammer oder Walzwerk nur notdürftig einen sauberen Schnitt oder einen mangelhaften Schein von Prägung erzielte, besorgen die heute gebauten Maschinen in einem Arbeitsgange die vollständige Fertigstellung der Spitzenpapiere. Der Grundgedanke, nach dem diese Maschinen arbeiten, ist derselbe wie bei den Rotations- und Buchdruckmaschinen.

Beginnen wir zunächst mit der Beschreibung der Maschinen und deren Arbeitsweise. Sie bestehen aus einem fundamentalen Unterbau mit starken Seitenteilen, in denen die drei Arbeitswalzen gelagert sind, welche mittels starken Druckes gegeneinander das Papier schneiden und prägen. Das zu verarbeitende Papier wird in Breite der Walzen auf Spulen gewickelt. Von letzteren werden je nach Stärke des Papiers zwei, drei oder auch vier Spulen angebracht. Um ein leichteres Auseinandernehmen der zusammenlaufenden Papierbahnen zu ermöglichen, ist es notwendig, Talkumpulver zwischenzustreuen, was mittels Streuapparaten geschieht, die vor den Arbeitswalzen angeordnet sind.

Die mit Schneide- und Reliefgravierung versehene Stahlwalze lagert in der Mitte, unter dieser die glatte Stahl- oder Bleiwalze, während sich seitlich dazu die Papier- oder Matrizenwalze befindet. Die zum Ausschneiden der durchbrochenen Teile dienende Stahl- oder Bleiwalze sowie die gravierte und die Papierwalze liegen in festen Lagern. Bei den Maschinen mit Bleiwalzen ist unterhalb derselben noch eine glatte Stahlwalze angebracht, welche die durch die Schneiden entstehenden Unebenheiten wieder glatt drücken.

Die nach dem Talkumieren in eine Bahn zusammenlaufende Papierlage passiert zuerst die gravierte Stahl- und die glatte Unterwalze zur Herstellung des Durchbruchs, läuft um die erste herum und passiert dann wieder die gravierte Stahlwalze, während von der Seite die mit Relief versehene Papierwalze drückt und die schönsten Stickerei- und Häkelmuster hervorbringt.

An Stelle des Färbeapparates lassen sich auch Spritzpistolen so anordnen, daß die durchlaufend geprägten Stellen selbsttätig von links und rechts seitlich angespritzt werden können, wodurch die Wirkung des Reliefs bedeutend erhöht wird.

Um die einzelnen Papierstreifen aus den Durchbruchstellen leichter entfernen zu können, läßt man, wenn erforderlich, die fertigen Streifen noch zwischen zwei Walzen laufen, die mit langhaarigem, bürstenartigem Plüsch überzogen sind.

Wie bereits erwähnt, benutzt man zum Ausschneiden der Durchbruchteile entweder Unterwalzen aus Stahl oder Bleilegierung. Erstere werden nur für Streifen aus Schirting und für Papierstreifen mit möglichst offenen Mustern, wie Stickerei-Imitation, angewandt. Es ist daher notwendig, daß die gravierten Stahlwalzen vor dem Arbeiten genügend gehärtet werden, um ein Stumpfwerden der Schneiden zu verhüten. Für Häkelei und sonstige feine Durchbruchmuster ist es praktischer, Bleiwalzen zum Ausschneiden zu benutzen. Diese werden aus einem bestimmten Gemisch von Blei, Antimon und Zinn gegossen, und das Material läßt sich, wenn abgenutzt, durch Umguß unter Hinzufügung frischen Materials wieder verwenden. Die Herstellung der Gravierung auf der eigentlichen Hauptwalze zu den Spitzenpapiermaschinen muß Spezialgraveuren übertragen werden, die große Erfahrung in diesem Fach besitzen.

Die Breite der Walzen richtet sich nach der Arbeitsbreite der Maschinen, die in 20 und 60 cm gebaut werden.

Auf Maschinen in Breite von 20 cm werden hauptsächlich Kartonagenstreifen, Küchenstreifen, kleine Tortenpapiere, Aufleger für Konfektschachteln usw. hergestellt, während die Maschinen in Breite von 60 cm zur Herstellung von mittleren und größeren Tortenpapieren, ovalen Tellerpapieren, Shelfpapieren usw. dienen.

Tortenpapiere und Spitzenpapiere mit ringsherum abgegrenzten Mustern, die stückweise verkauft werden, fallen nicht einzeln aus der Maschine heraus, sondern sind durch Verbindungen zusammengehalten. Beim Auslauf aus der Maschine werden diese Bahnen an den Verbindungen mittels Querschneider abgetrennt. Diese Längen werden dann von besonderen Arbeiterinnen, genau nach Muster, fest aufeinandergelegt und dann in Lagen von 100 oder 144 mittels Stechbeutel an den Enden der Verbindungen abgestochen.

Die Papier- oder Matrizenwalzen bestehen aus hydraulisch zusammengepreßten, auf einen Eisenkern aufgeschobenen Papierscheiben, welche an den beiden Enden der Walze durch angeschraubte runde Eisenplatten festgehalten werden. Nachdem die Oberfläche dieser Papierwalzen glatt abgedreht worden ist und genau denselben Durchmesser wie die gravierte Walze erhalten hat, läßt man beide Walzen längere Zeit in der Maschine fest zusammenlaufen. Die Gravur oder Walze drückt sich dann in den Papiermantel ein, wodurch die eigentliche Matrize gebildet wird.

Das zur Verarbeitung kommende Papier für die Spitzenstreifen usw. muß möglichst holzfrei und zähe sein, um nicht nur die Spannung beim Lauf durch die Walzen auszuhalten, sondern auch, um feinen Spitzen eine gewisse Festigkeit zu geben. Außerdem ist es notwendig, daß von den Papierfabriken auf eine möglichst feste Wicklung Rücksicht genommen wird.

Unter den Küchenstreifen gibt es eine besondere Abart, die den Namen Schrankpapier führt. Diese Sorte findet ganz besonders Absatz auf dem englischen Markt, auf dem sie unter dem Titel Shelfpaper bekannt ist.

Diese Schrankpapiere unterscheiden sich von den gewöhnlichen Küchenstreifen dadurch, daß sie nicht wie letztere durch irgendwelche Befestigungsmittel an den Randlinien der Regalbretter ihren Stützpunkt finden, sondern daß unmittelbar an der inneren Kantenlinie ein glatter Papierfortsatz bleibt. An der Trennungslinie dieses Fortsatzes sowie des Spitzenmusters selbst wird das Stanzpapier gefalzt bzw. umgebogen. Wird nun auf die Kante des Regals dieses gefalzte Papier gelegt, so fällt jede besondere Befestigungsart ohne weiteres weg. Es zeugt dieses besonders für den englischen Markt berechnete Erzeugnis von dem praktischen Sinn unserer Vettern jenseits des Kanals.

Die technische Herstellung der Schrankpapiere ist genau die gleiche wie die der Küchenstreifen. Zu ihrer Herstellung werden lediglich breitere Papierrollen naturgemäß Verwendung finden.

---

Über die Spitzenpapierfabrikation finden Interessenten eine eingehende technische Darstellung in dem 1958 erschienenen Fachbuch des gleichen Verfassers „Die Papierverarbeitung" (Kapitel VI, Seiten 89—94). Auch der 1960 erschienene Fortsetzungsband „Die Praxis der Papierverarbeitung" bringt zum gleichen Thema auf den Seiten 161—164 Ausführungen über die Spitzenpapierherstellung.

Hess, „Die Papierverarbeitung", 1958, 37 Textabbildungen und 22 Tafeln, DIN A 5, XI, 199 Seiten, Halbleinen, 12,80 DM.

Hess, „Die Praxis der Papierverarbeitung", 1960, 34 Textabbildungen, 6 Tabellen und 48 Tafeln, DIN A 5, 200 Seiten, Halbleinen, 18,— DM.

Beide Bücher sind erschienen im Technischen Verlag, Herbert Cram, Berlin W 30, Genthiner Straße 13.

# NEUZEITLICHE WERKSTOFFE FÜR DAS DRUCKGEWERBE UND FÜR DIE PAPIERVERARBEITUNG

## Der Mehrfarbendruck auf Gewebestoffen

Unsere Drucktechnik ermöglicht es uns nicht nur, Papier und Karton in Bogen oder Rollen auf Druckmaschinen zu verarbeiten, sondern wir sind bekanntlich auch in der Lage, Stoffe zu bedrucken. Es gibt wohl niemand unter uns, der nicht bedruckte Kleiderstoffe aus eigener Anschauung kennt. Weniger bekannt ist der Vorgang des Druckens auf Gewebestoffen, wie sie zum Bezug von Mappen, Kartonagen, Kissen usw. verwendet werden; mit Vorliebe wird meist weiße oder auch farbige Seide verwendet. Es lassen sich auch auf ihr nicht nur prachtvollere Farbenwirkungen erzielen als auf Papier oder Karton, sondern diese Wirkungen werden noch erhöht durch den der Seide eigenen Glanz. Die Hintergründe, die bei Drucken auf Papier oft sehr schwer sind und auf deren Ausfall zuweilen die ganze Wirkung berechnet ist, fallen beim Seidendruck natürlich weg, weil durch die reichliche Farbenabgabe die Drucke nur sehr schwer zum Trocknen zu bringen sind. Das Abreiben frischer Drucke — bei Papier und Karton üblich — ist hier nicht angängig. Der Druck auf Seide wird hier in gleicher Weise vollzogen wie bei besseren Papieren. Nur muß man wegen der Kostbarkeit des Materials Vorsicht walten lassen, denn jeder Ausschußbogen hat fast den Wert in Mark, den ein Papierbogen in Pfennigen hat.

In einigen Anstalten, wo besonders auf das Loskommen der bildlichen Darstellung gesehen wird, glaubt man sich durch Unterdrucken von Deckweiß das Stehenbleiben der Farben sichern zu müssen. Das ist jedoch nicht nötig, da auch ohne diese Plattenunterdrucke (die immerhin recht genau passen müssen, damit sie nicht an den Rändern unter den Konturen der aufgedruckten Farben durchscheinen) die Farben gut decken, wenn sie zweckmäßig, ohne Anwendung von sogenannten Geheimmitteln, zubereitet sind.

Als Bindemittel für die auf Karton aufzuziehenden Seidendrucke dient ein besonders fein verriebener Kleister, denn das Gewebe muß sich dem untergelegten Papier eng und glatt anschmiegen. Um ein Abplatzen des bereits vor dem Druck aufgezogenen Stoffes an der Greiferseite zu vermeiden, muß man die Anlegeseite mit einem Streifen dünnen Papiers von etwa 2 cm Breite überkleben, der genau mit der Schnittfläche des Unterkartons abschließt. Der Unterkarton muß natürlich größer sein als die auf ein bestimmtes Maß geschnittene Seide. Das Auftragen von Wachs wird dann Anwendung finden, wenn der Seidenstoff vom Bogen, seiner Stütze, wieder abgezogen werden muß und als Stoffdruck für die verschiedensten industriellen Zwecke Verwendung finden soll.

Natürlich muß die verhältnismäßig dünne Seide so auf den mit Wachs gestrichenen Unterkarton oder das Papier aufgezogen werden, daß Blasenbildung vermieden wird, weil sonst Quetschfalten entstehen würden. Das Auftragen der Wachsmasse muß stets gleichmäßig erfolgen, und zwar stets streifenweise, weil dadurch eine in allen Teilen gleichmäßige Klebefläche erzielt wird. Bei stellenweise zu starkem Auftrag, besonders dann, wenn dem Wachs viel Terpentin zugesetzt wird, kommt es bisweilen vor, daß das Fett durch das Gewebe hindurchdringt.

Scheint die Wachsschicht durch, so beruht das wohl in zu starkem Auftragen derselben; doch kann der Fehler auch in der Zubereitung der Masse liegen. Bei richtiger Zusammensetzung der Streichmasse läßt sich die Seide leicht von der Wachsschicht abziehen. Durch Auflegen einer Löschpapierschicht und Benutzung eines heißen Bolzens lassen sich später im abgelösten Bogen Fettflecke durch Bügeln wieder wegbringen, wenn auch diese Handhabung etwas umständlich ist. Selbst Quetschfalten lassen sich durch Plätten mit dem Bügeleisen aus den Stoffdrucken entfernen, ebenso lassen sich Flecke aus der Seide mit Benzin beseitigen.

Unaufgezogene Wachsbogen sollen nie lange vor der Verarbeitung liegen; am zweckmäßigsten ist es für jede Auflage, die gebrauchte Menge Aufziehbogen frisch zu streichen und die geschnittene Seide dann gleich damit zu verbinden. Die gestrichenen Wachsbogen müssen in kühlen Räumen lagern, weil bei warmer Temperatur die Wachsmasse schmilzt und die Bogen zusammenkleben. Tritt ein solcher Fall ein, dann gibt es kein anderes Mittel als das Auseinanderreißen der Bogen und nochmaliges Aufstreichen der Wachsschicht. Auch das unrichtige Zubereiten der Wachsschicht fördert das Zusammenkleben. Beim Zusammenlegen sollten die gestrichenen Seiten aufeinanderkommen, weil sich sonst beim Schichten der Bogen die Klebeschicht an der trockenen Rückseite der aufliegenden Bogen festlegt. Bei der Zusammenstellung von Auflagen auf Seide muß darauf Rücksicht genommen werden, daß die Anordnung der Bilder auf dem Auflagebogen so vor sich geht, daß die Längsrichtung der Bilder mit dem Querfaden der Seide parallel steht. Dadurch wird bei dem Zerkleinern der Auflage im Interesse einer zweckmäßigen Ausnutzung des teuren Materials das Ausfasern an den Rändern vermieden. Auf diese Weise erhält man eine saubere Arbeit, andernfalls müssen die Ränder erst nachträglich mit der Karton- oder Handschere beschnitten werden. Das Fasern macht sich besonders unangenehm bei den zum Einkleben bestimmten Bildern bemerkbar, die mittels eines Stanzmessers aus dem Stoff herausgetrennt werden.

Beim Zusammenstellen der betreffenden Auflagen sollte nicht der Umstand vergessen werden, daß die Einpaßkreuze auf der Seide selbst sein sollten, und daß von ihnen bis zur Schnittfläche reichlich ein halber Zentimeter frei bleibt, da das Gewebe sich beim Druck zusammenzieht (einläuft), was seinen Grund in dem Eintrocknen der Streichmasse hat. Bei fest aufgeklebter Seide wird sich das Einlaufen noch mehr bemerkbar machen als bei solchen Bogen, die, auf Wachs gespannt, zum Abziehen bestimmt sind. Während bei diesen das Format der Bogen an den Seiten nur etwa dreiviertel Zentimeter breiter sein muß als die Druckfläche selbst, wird bei der aufgezogenen Seide diese um weitere dreiviertel Zentimeter an jeder Seite zu vergrößern sein. Andernfalls kann es bei dem Einlaufen des Stoffes vorkommen, daß eine ganze Reihe Bilddrucke unvollständig auf den Stoff, zum Teil aber auch auf den Unterkarton zu liegen kommt.

## Metallfolien und Metallfoliendruck

Die Metallfolie findet heute in der Kartonagenindustrie, besonders aber für Luxuspackungen u. dgl., immer mehr Verwendung. Man kann wohl auch kaum mit einem zweiten Material dermaßen geschmackvolle, reizvolle und vor allen Dingen mannigfaltigere Wirkungen und Effekte erzielen als gerade mit ihnen. Man kann daher auch mit vollem Recht sagen, daß die Metallfolien in ihren verschiedensten Verarbeitungsarten, besonders aber bei solchen Packungen, bei denen es auf eine ganz bestimmte oder charakteristische äußere Wirkung ankommt, von keinem anderen Stoff übertroffen werden können. Aber auch da, wo eine Reklamewirkung hauptsächlich beabsichtigt ist, wie z. B. bei Zigarettenpackungen, Schokoladenpackungen und ähnlichen, stellen diese Metallfolien einen besonders brauchbaren Stoff dar.

Als Grundstoff dieser Metallfolien dient Zinn und Aluminium, namentlich aber das letztere. Durch besondere Verfahren werden diese Stoffe, besonders aber das Aluminium, so behandelt und gefärbt, daß man auch Folien in den verschiedensten Farbtönen herstellen kann. Was die Oberfläche anbetrifft, so ist man ebenfalls in der Lage, sich allen nur erdenklichen Wünschen der Verbraucher anzupassen, indem man sie blind oder farbig, glatt oder gemustert (gaufriert), matt oder glänzend, lackiert und auch bedruckt liefern kann. In den Handel kommen diese Metallfolien sowohl in etwa 40 cm breiten Rollen von großer Länge (sogenannten Rollen), oder in die verschiedensten Formate geschnitten, je nachdem sie weiter verarbeitet oder verwendet werden sollen.

Die Oberflächenbehandlung der Rohfolien erfolgt nun auf ganz besonderen Maschinen, die dem speziellen Zweck angepaßt sind, denn es ist hierbei mancherlei zu beachten, was in der Eigenart des Stoffes begründet ist. Zum Färben, aber auch zum Gaufrieren oder Prägen und zum Dessinieren oder Mustern verwendet man am vorteilhaftesten die Metallfolien in endlosen Rollen, während das Bedrucken wieder teils in endlosen Rollen auf mit Dessinierwalzen ausgerüsteten Spezialmaschinen oder in Formaten auf Buchdruckmaschinen erfolgt. Bei diesen Formaten ist man nun allerdings immer gewissen Grenzen unterworfen, die einmal durch die übliche Herstellungsbreite der Folien, nämlich 40 cm, gegeben sind und dann das andere Mal dadurch, daß der verhältnismäßig schwere Stoff, den diese Metallfolien darstellen, bei größeren Formatlängen schwer zu handhaben ist und sehr stark zum Knittern oder gar zum Reißen neigen würde. Kaschierte und unkaschierte Folien werden im Tiefdruck- und Gummidruckverfahren bedruckt. Unkaschierte kann man überhaupt nur in diesen beiden Verfahren bedrucken. Im Buchdruck und Offsetdruck werden nur kaschierte Folien bedruckt, da unkaschierte beim Anlegen zusammenrutschen würden und ein Drucken von der Rolle sich von selbst verbietet. Offsetdruck und Steindruck sind bekanntlich Flächendruckverfahren, man kann sie infolgedessen auch bei den geprägten und gaufrierten Metallfolien nicht anwenden, weil nämlich durch das Drucken der ganzen Flächen die feine Musterung niedergedrückt werden würde und dann natürlich verschwindet. Bei den nicht gepreßten oder gaufrierten Metallfolien liegt diese Gefahr nicht vor, man kann aber das Flächendruckverfahren hier ebenfalls nicht anwenden, weil wieder andere schwerwiegende Nachteile entstehen würden; Offsetdruck und Steindruck sind bekanntlich Naßdruckverfahren, die also eine Oxydation der aus unedlen Metallen bestehenden Folien zur Folge haben müßten, außerdem ermöglichen diese Flächendruckverfahren überhaupt keine solchen schönen Effekte wie das Buchdruckverfahren, daß ein Hochdruckverfahren ist. Infolge der Wirkung des Buchdruckes werden an den bedruckten Stellen die geprägten Folien wieder glatt gedrückt, so daß schon dadurch eine außerordentlich mannigfaltige und reizvolle Wirkung entstehen wird. Diese Tatsache macht nun vor allen Dingen auch die Anwendung des Blinddruckes, also ohne alle Farben, vorteilhaft, weil man dadurch schöne, reliefartige Effekte erzielen kann. Als ein ganz besonderer Vorteil ist dabei aber zu beachten, daß nur ein verhältnismäßig geringer Druck erforderlich ist, allerdings aber nur da, wo man die Folien im Urzustand bedruckt, denn wenn man sie bereits kaschiert hat, dann wird man diese Effekte nur mit einem wesentlich höheren Druck und oft gar auch nur unvollständig erzielen können. Die anzuwendenden Druckformen können sowohl aus dem sonst im Buchdruck auch üblichen Linien- und Satzmaterial, als auch aus Klischees (Strichätzungen) und so weiter bestehen, wobei aber wieder zu beachten ist, daß auch hier wieder möglichst kleine Flächen schönere und sauberere Wirkungen ergeben als große, da letztere die Folien infolge des Niederdruckes der Gaufrierung zu sehr strecken, während die kleinen Flächen eben reliefartig wirken.

Die Maschinen zum Bedrucken dieser Metallfolien werden nun entweder mit Walzen ausgerüstet, auf die wieder Gummiringe aufgeschoben werden, welche die Muster in reliefartiger Weise tragen, oder man verwendet sowohl zum Blinddruck wie auch zum Dessinieren gravierte oder geätzte Metallwalzen. In beiden Fällen ist aber beim Farbdruck die Verwendung besonderer spirituslöslicher Anilinfarben unbedingt erforderlich, welche weder die Metallwalzen noch die Gummiwalzen angreifen können. Diese Farben müssen aber auch sonst für das Bedrucken der Metallfolien bestens geeignet sein, denn gewöhnliche Buchdruckfarben kann man dazu nicht verwenden, wie z. B. beim Papier oder beim Karton. Diese Farben für Metallfoliendruck müssen vor allen Dingen in kürzester Zeit auftrocknen, ohne zu kleben, weil das Bedrucken in endlosen Bändern erfolgt, die sofort wieder aufgewickelt werden müssen, denn nur auf diese Weise kann das Verfahren wirtschaftlich sein und wird von den Metallfolienfabriken auch nur in dieser Weise gehandhabt.

Beim Bedrucken dieser Metallfolien in Buchdruckpressen ist weiter zu beachten, daß sich namentlich aber beim Mehrfarbendruck und auch bei Paßformen leicht Unterschiede ergeben, weil durch den Druck die Metallfolien, besonders aber die gepreßten und gaufrierten, sehr gestreckt werden.

Wenn nun schon zum Mustern oder zum Dessinieren besondere und auch vor allen Dingen sehr schnell trocknende Farben erforderlich sind, so ist das noch mehr der Fall beim Bedrucken der Folien. Die Blinddrucke, die, wie schon erwähnt wurde, an sich ja sehr schöne Wirkungen ergeben können, verursachen in dieser Beziehung natürlich keine Schwierigkeiten; anders ist es aber bei den Farbendrucken. Das Metall nimmt die an und für sich schon fette Farbe nicht so leicht und willig an, geschweige denn in sich auf, wie z. B. Papier und Karton, aber auch viele andere zum Bedrucken verwendete Stoffe, die mehr oder minder saugfähig und geeignet sind. Man hat das bei der Metallfläche wohl dadurch zu verbessern gesucht, indem man sie grundierte, und zwar mit einem ganz besonderen Lack. Aber auch das genügt noch nicht, es werden trotzdem an die zu verwendende Farbe ganz besondere Ansprüche gestellt. Die Farben für solche Drucke müssen nämlich besonders konsistent sein und vor allen Dingen sehr schnell in sich trocknen, ohne daß dabei aber eine spröde Schicht entstehen kann, die natürlich leicht abbröckeln und reißen würde. Es muß sich vielmehr eine sehr elastische und filmartige Schicht bilden, wie man das auch beim Bedrucken von Zelluloid, Cellophan und ähnlichen Stoffen findet. Die zur Verwendung kommenden Farben sind Lasurfarben, man kann aber mit Deckfarben zusammen besonders schöne Effekte erzielen, die durch den Glanz des Metalles noch wesentlich erhöht werden.

Infolge aller dieser Eigenschaften bilden Metallfolien in ihren verschiedenen Verarbeitungsarten ein außerordentlich vielseitiges Hilfsmittel, namentlich auch in der Kartonagen- und Verpackungsmittelindustrie, ganz besonders aber für Luxuskartonagen usw., bei denen es auf eine weitgehende äußere Wirkung ankommt.

## Über das Bedrucken von Metallfolien

*Von Dr. Martin Hartmann, Frankfurt a. M.*

Es gibt viele Arten von Metallfolien, die für Druckzwecke Verwendung finden, die sich aber oft sehr unterschiedlich beim Bedrucken verhalten. Sie spielen heute vornehmlich in der Verpackungsindustrie eine täglich größer werdende Rolle, so daß immer häufiger an Druckereien die Aufgabe herantritt, irgendwelche Metallfolien zu bedrucken. Es dürfte daher von Interesse sein, die einzelnen Folienarten vor allen Dingen im Hinblick auf ihre Bedruckbarkeit zu besprechen.

Die ältesten Folien sind die von Hand geschlagenen echten Goldfolien, das sogenannte Blattgold. Die Goldschlägerei wurde schon im Altertum ausgeübt und bis auf den heutigen Tag in fast unveränderter Weise. Das Gold wird mit Spezialhämmern zuerst zu grober Blattform geschlagen, dann werden die Blättchen in Zwischenlagen aus echtem Pergament, also tierischer Haut, heute aus der Außenhaut von Rinderblinddärmen bestehend, nach und nach zu einer Feinheit von 1/10 000 mm ausgeschlagen, und zwar meistens von Hand, heute aber in steigendem Maße maschinell. Ihre Größe ist meistens 80 mm im Quadrat, die in kleinen Büchern jeweils zwischen zwei Seidenpapierblättern liegend gehandelt werden. Diese echten Goldplättchen dienen zum Belegen von Skulpturen in der Bildhauerei und sie werden in der Malerei, Buchbinderei und für echte Goldprägungen verwendet. Bedruckt werden sie nicht, so daß sie hier nur der Vollständigkeit halber erwähnt sein sollen.

Eine wesentlich größere Bedeutung hatten bis vor wenigen Jahrzehnten, etwa bis zum ersten Weltkrieg, die Zinnfolien, allgemein als Stanniol bezeichnet (vom lateinischen Wort stannum = Zinn). Stanniol fand und findet z. T. noch heute ausgedehnte Anwendung zum Verpacken von Lebensmitteln, besonders von Schokolade, da Zinn ein vollkommen ungiftiges Metall von hoher Widerstandsfähigkeit ist; kochte man doch früher im Haushalt und heute noch besonders im Gastwirtsgewerbe gern in Kupfergefäßen, die innen verzinnt sind. Auch war bekanntlich der Zinnteller der Vorläufer des Porzellans und Steinguts als Eßgeschirr. — Das Stanniol wird auf schweren Walzmaschinen aus heißgemachten Zinnblöcken ausgewalzt, der gleiche Vorgang, den heute die großen Walzwerke zur Herstellung von Eisen-, Stahl-, Kupfer- und Aluminiumblechen anwenden. Da Zinn auf dem Weltmarkt immer einen ziemlich hohen Preis hatte und für viele, besonders militärische Zwecke unentbehrlich ist und es außerdem durch die steigende Ausnutzung der Weltwasserkräfte zur Elektrizitätserzeugung gelang, Aluminium aus Bauxit, einem in der Natur häufig vorkommenden Aluminiumhydroxyd, (genannt nach dem Ort Les Baux in Südfrankreich) auf wesentlich billigere Weise herzustellen, wurde die Zinnfolie mehr und mehr durch die Aluminiumfolie oder durch die Leichtmetallfolie, eine Legierung aus mehreren Leichtmetallen, verdrängt. Daher besteht heute die überragende Menge aller in der graphischen Industrie verarbeiteten Folien aus Leichtmetall. Auch diese Folien werden aus heißgemachten Blöcken auf sehr schweren Walzmaschinen zu beachtlicher Feinheit ausgewalzt. Bei diesem Walzprozeß werden sie dauernd mit einer bohrölartigen Flüssigkeit berieselt, die sie mit einem Fetthauch überzieht. Durch letztere würde beim Bedrucken die Annahmefähigkeit von Farben erschwert werden, so daß die Folien anschließend gebürstet, heute aber meistens sofort mit einem Klarlack oder gefärbten Lack überzogen werden. Auf diese Weise werden Folien in verschiedenen Goldtönen, Kupferton oder mit Farbtönen jeder Art hergestellt.

Wenn man Folien, seien es Zinn- oder Leichtmetallfolien, bedrucken will, so wie sie von der Maschine kommen, so geschieht das am besten von der Rolle, und zwar im Gummidruckverfahren. Würde man sie auf Bogen schneiden, so besteht, ganz gleich, in welchem Verfahren man sie bedruckt, immer die Gefahr der Faltenbildung, des Zusammenrutschens durch ihr Eigengewicht. Im Buch- und Offsetdruckverfahren würden sich schon beim Anlegen Schwierigkeiten ergeben. Außerdem müßten die bedruckten Folien ausgelegt werden, da die aufgedruckten Farben nicht einschlagen können und auf der Oberfläche trocknen müssen, beim Stapeln die Folien also zusammenkleben würden. Das Auslegen verbietet sich aber wegen der Umständlichkeit und des hohen Platzbedarfs von selbst. Folien sind eben sehr empfindlich, knicken und knittern leicht.

Aus diesem Grunde werden solche Folien heute so gut wie gar nicht mehr bedruckt, und man ist sehr bald dazu übergegangen, die Folien auf Papier oder Karton zu kaschieren. Solche Folien kann man leicht handhaben, ohne Faltenbildung, Knittern befürchten zu müssen, und man kann sie sowohl von der Rolle als auch in Bogen bedrucken.

Leichtmetallfolien (auch echte Zinnfolien) sind von Natur hell, silberfarben. Wenn man nun aber Goldfolien verarbeiten will (echtes Gold verbietet sich des hohen Preises wegen von selbst), so könnte man wohl goldfarbene Buntmetalle, also Bronze oder Messing — bei Kupfertönen auch Kupfer — zu Folien auswalzen. Das ist auch früher geschehen, aber seit dem Aufkommen des wohlfeilen Aluminiums geschieht es nicht mehr. Man beschreitet heute den um vieles einfacheren und billigeren Weg, die Leichtmetallfolien mit einem gelblichen (nach Art des Reichgoldes) oder rötlichen (nach Art des Bleichgoldes) Klarlack zu überziehen. Mit einem rot gefärbten Lack erhält man dann den Eindruck einer echten Kupferfolie. Diese Lacke sind absolut transparent, so daß sich im Auge des Beschauers der Silberglanz der Folie mit der Farbe des aufgetragenen Lackes vereinigt und damit Folien entstehen, die einer echten Goldfolie oder Kupferfolie nicht nur ähnlich sehen, sondern gleich erscheinen. Man kann dieses Herstellungsverfahren leicht nachweisen, wenn man auf eine solche Folie ein paar Tropfen Spiritus oder eines anderen Lösungsmittels aufbringt, worauf sich der aufgebrachte Gold- oder Kupferlack sofort löst und die Silberfarbe der Leichtmetallfolie zum Vorschein kommt. Heute werden fast ausschließlich mit farblosem Klarlack — des besseren Bedruckens, der Farbannahmefähigkeit wegen — überzogene Leichtmetallfolien meist auf Papier oder Karton kaschiert, und in gleicher Weise mit Goldlack überzogene Folien. Die echte unlackierte oder mit Goldlack überzogene Zinnfolie wird zwar heute auch noch hergestellt, ist aber durch die Leichtmetallfolie fast ganz verdrängt worden.

Wenn nun solche kaschierten Leichtmetallfolien bedruckt werden sollen, so geschieht das auch hier am besten von der Rolle, und zwar entweder im Gummidruckverfahren oder im Tiefdruckverfahren. In beiden Fällen kann die frisch bedruckte Folie, da sie über Trockeneinrichtungen geleitet wird, durch die die frisch aufgedruckten Farben augenblicklich trocknen, sofort durch den Querschneider auf Format geschnitten werden oder auf einer angeschlossenen Beutelmaschine durch Falzung, Klebung usw. sofort weiterverarbeitet werden.

Das Bedrucken von gold- oder farbig lackierten Folien in diesen Druckverfahren kann insofern Schwierigkeiten mit sich bringen, als der Lackauftrag einen ähnlichen Aufbau haben kann wie die aufgedruckten Gummi- oder Tiefdruckfarben. In solchen Fällen ist es leicht möglich, daß die in diesen Farben naturnotwendigerweise enthaltenen Lösungsmittel den gefärbten Grundlack anlösen, der nun seinerseits die aufgedruckten Farben anzufärben vermag. Das tritt besonders leicht beim Bedrucken mit Deckweiß auf, das dann einen elfenbeinartigen, chamoisfarbigen Ton annimmt, was unerwünscht ist. Beim Aufdruck von Schwarz oder Buntfarben macht sich das meistens nicht bemerkbar, oder aber man kann die Buntfarben entsprechend nuancieren, so daß sie, auch wenn sie den Goldlack etwas anlösen, doch den gewünschten Farbton annehmen. Zum Beispiel braucht man ein Grün nur ein wenig bläulicher zu halten als gewünscht, das dann mit dem Goldlack den verlangten gelblich-grünen Farbton wiedergibt. Beim Drucken von Deckweiß dagegen kann man dem Weiß einen ganz leichten Blauzusatz geben, der den gelösten Goldton annähernd wieder aufhebt, oder aber man muß ein Deckweiß verwenden, dessen Lösungsmittelaufbau den Goldlack nicht anzulösen vermag. Das ist aber oft sehr schwierig.

Wenn auf Tiefdruckmaschinen ein zusätzliches Farbwerk zur Verfügung steht, so kann man auch den Goldlack im Tiefdruck auf die silberblanke Folie unter Aussparung der Stellen aufdrucken, die in den folgenden Farbwerken mit Buntfarben oder Deckweiß bedruckt werden sollen. Dadurch bekommt man immer ein ganz reines, nicht angefärbtes Weiß. Wenn das aber nicht durchführbar ist, muß sowohl im Tiefdruck als auch im Gummidruck mit Farben gearbeitet werden, deren Lösungsmittel den Goldlack nicht anzulösen vermögen. Auch das ist oft schwierig, denn in erster Linie müssen die Farben doch einwandfrei ausdrucken und sich verarbeiten lassen.

Im Tief- und Gummidruck bedruckte Folien zeigen bei richtiger Behandlung keinen für das Verpacken von Lebens- und Genußmitteln störenden Geruch, der nur auf dem Gehalt der Farben an Lösungsmitteln beruhen kann. Diese aber werden durch die Heiz- und Trockenvorrichtung ausgetrieben und auch die letzten Reste, die oft noch dem zum Kaschieren benutzten Papier oder Karton anhaften, lassen sich schnell und restlos beseitigen, wenn man die die Maschine verlassenden Zuschnitte nicht flach liegend fest zusammengepreßt stapelt, sondern ohne Pressung auf der Kante stehend einige Tage an Frischluft stehen läßt.

Das Bedrucken von Folien im Buch- oder Offsetdruck ist bei unkaschierten Folien praktisch nicht durchführbar, sondern nur bei kaschierten, auf Bogen geschnittenen Folien. Beim Buchdruckverfahren muß mit sehr weichem, elastischem Aufzug gedruckt werden, damit die Folien keine Schattierung zeigen, was beim Stapeln Beschädigungen des frischen Farbaufdrucks bewirken kann. Während beim Tief- und Gummidruck die Farben beim Verlassen der bedruckten Bahn weiterverarbeitungsfähig trocken sind, sind die im Buch- oder Offsetdruck aufgedruckten Farben gleich nach dem Druck noch vollkommen frisch, weil sie im Gegensatz zum Papier in die metallische Oberfläche nicht einzuschlagen vermögen. Sie müssen naturnotwendigerweise auf der metallischen Oberfläche in sich trocknen. Das gibt natürlich Stapelschwierigkeiten. früher wesentlich langsamer laufenden Maschinen war das auch ohne Makulatur und setzte in kleinen Stapeln auf Horden weg. Bei den früher wesentlich langsamer laufenden Maschinen war das auch ohne weiteres möglich, würde aber heute denkbar unlukrativ sein. Im Buchdruck werden heute Folien nur selten bedruckt, weil die Galvanokosten und die hohen Kosten des zeitraubenden Zurichtens zu sehr ins Gewicht fallen. Das Offsetverfahren kommt für das Bedrucken kaschierter Metall-folien meistens aus kalkulatorischen Gründen in Frage, vor allen Dingen dann, wenn aus irgendwelchen Gründen nicht von der Rolle im Tief- oder Gummidruckverfahren gearbeitet werden kann, oder wenn wegen zu geringer Auflagenhöhe das Ätzen von Tiefdruckzylindern zu stark verteuernd ins Gewicht fallen würde. Der Druck einer mehrfarbigen Auflage von 10 000—20 000 Bogen oder mehr in mehreren Nutzen ist sowohl in der Druckformherstellung als auch im Fortdruck (eventuell auf einer Zweifarbenmaschine) im Offset wesentlich billiger als in anderen Verfahren, z. B. dem Buchdruck und selbstverständlich auch im Tief- und im Gummidruck, die bei kleineren Auflagen unlukrativ sind und typische Druckverfahren für Großauflagen im Rollendruck sind.

Die Eigenart des Offsetdruckes bedingt aber den Einsatz von Farben, die nicht durch Verdunstung von Lösungsmitteln (wie beim Tief- und Gummidruck) trocknen, sondern die nur oxydativ trocknen können. Das aber bringt wiederum Schwierigkeiten im Stapeln der frischen Drucke und die Gefahr des Abliegens mit sich, und zwar vor allen Dingen dann, wenn sich die Folie infolge etwaiger höherer Luftfeuchtigkeit nach einer oder zwei Seiten wirft und somit sich das Bogengewicht nur auf einen Teil des Bogens verlagert.

Beim Foliendruck ist trockene Raumluft stets günstig und es ist unbedingt erforderlich, daß die Folien schon einige Tage ausgepackt im Drucksaal gelagert und damit klimatisiert sind. Da die Temperaturempfindlichkeit der oberen Metallschicht, ihre Ausdehnung bei Temperaturerhöhung eine andere ist als die der unteren Papier- oder Kartonschicht, darüber hinaus noch Feuchtigkeitsschwankungen in bezug auf ihre Dehnung unterliegt, ist bei solchen Folien bei Temperatur- und Feuchtigkeitsschwankungen die Gefahr des Werfens, Rollens größer als bei Papier oder Karton. Daher muß unbedingt eine Angleichungsmöglichkeit an die Raumtemperatur und -feuchtigkeit gewährleistet sein.

Bezüglich der Gefahr des Abliegens im Stapel, da die Farben wie gesagt auf der Folienoberfläche, ohne daß die Möglichkeit des Einschlagens gegeben ist, trocknen müssen, spielen das Eigengewicht der Folien und die Beschaffenheit der Unterseitenkaschur eine wichtige Rolle. Echte, kaschierte Zinnfolien sind wesentlich schwerer als Aluminiumfolien, letztere werden aber heute fast ausschließlich verwendet. Sind die Folien auf einen sehr harten und glatten und vielleicht sogar schweren Karton kaschiert, so ist die Berührung im Stapel zwischen der bedruckten Vorderseite und der unbedruckten Rückseite viel inniger, als wenn die Kaschur leicht ist und eine rauhe Rückseite hat, die immerhin noch ein gewisses Luftpolster zuläßt, was dem Trocknen der Farben nur förderlich ist. Bei sehr glatter Unterseite vergrößert sich naturgemäß die Gefahr des Abliegens und Zusammenklebens; ist die Unterseite rauh, so verringert sich die Gefahr. Wieweit ein Stapeln der Folien möglich ist, hängt außer von diesen Gegebenheiten noch von vielen anderen Umständen ab, und zwar in erster Linie vom Farbauftrag, ob es sich um große Farbflächen, die vielleicht dazu noch übereinander liegen, oder um Raster oder Strichzeichnungen handelt. Es ist geradezu hier eine Selbstverständlichkeit, daß zum Druck nur Farben allerhöchster Ergiebigkeit und Farbkraft verwendet werden, die es gestatten, mit einem Minimum an Farbgebung zu arbeiten. Man schadet sich selbst, wenn man bei Folienfarben für Offset zu sehr auf den Preis statt auf die Farbkraft und Ergiebigkeit sieht. Ein weiterer wichtiger Punkt für die Farbtrocknung und die Ausschaltung der Gefahr des Abliegens ist die Art des Lackauftrages der Folien. Während früher oft unlackierte und manchmal sogar ungebürstete Folien verarbeitet wurden, was immer größere Schwierigkeiten bereiten konnte, verwendet man heute in allen Druckverfahren wohl fast ausschließlich lackierte Folien. Die Lackierung sollte aber für Folien, die im Tief- und Gummidruckverfahren verarbeitet werden sollen, eine andere sein als für Folien, bei denen das Bedrucken im Buch- und besonders im Offsetdruck vorgesehen ist. Eine dementsprechende Lackierung kommt sowohl der Annahmefähigkeit der Farben, der Bedruckbarkeit, als auch dem Trocknen der Farben entgegen. Bei Vorliegen einer unlackierten Folie hat die Farbe keinerlei Eindringungsmöglichkeit, die aber gegeben sein kann, wenn eine geeignete Lackierung vorliegt. Diese kommt der Bedruckbarkeit, der Farbannahmefähigkeit und dem Trocknen und Haften der Farben entgegen. Der Vorgang des Bedruckens von unlackierten Folien ist absolut mit dem Vorgang beim Blechdruck identisch, wo bekanntlich verzinnte Bleche, Weißmetallbleche oder auch Leichtmetallbleche — letztere in letzter Zeit in ständig steigendem Maße — bedruckt werden. Aber beim Blechdruck werden die frisch bedruckten, sowohl Weißmetall- als auch Aluminiumbleche, stets durch einen Trockenofen geleitet, bevor sie — und dann noch oft auf Hordenwagen — gestapelt werden. Das ist im Offsetdruck nicht möglich, weil höhere Temperaturen Spannungen zwischen der eigentlichen Metallfolie und der Kaschur geben würden und auch die Gefahr von Passerdifferenzen gegeben wäre. Das Trocknen von Buch- und Offsetdruckfarben auf Folien braucht Zeit und Luftzutritt. Nun ergibt aber der Lacküberzug der Folien je nach seiner Art und Schichtdicke die Möglichkeit einer gewissen augenblicklichen Verbindung der Farbe mit der Lackoberfläche. Während man früher beim Bedrucken von Metallfolien im Buch- und Offsetdruck unbedingt mit rauher Makulatur einschießen mußte und gezwungen war, in kleinen Stapeln auf Horden abzusetzen, ist es heute durch die Verwendung eines geeigneten Lacküberzugs in Verbindung mit höchstergiebigen, für den Verwendungszweck besonders angeriebenen Farben möglich, ohne einzuschießen zu stapeln, wobei sich die Stapelhöhe nach den oben geschilderten Gegebenheiten richten muß.

Von USA wird heute in steigendem Maße von den Groß-Aluminium-Erzeugern stark für das Bedrucken der Folien im Offsetverfahren geworben, mit der Behauptung, daß man ohne einzuschießen mehrere hundert Bogen stapeln könne. Das ist aber an sich nichts Neues, nur kann man das nicht grundsätzlich behaupten, denn auch bei diesen in USA erzeugten, lackierten Folien sind die Farben nach erfolgtem Offsetdruck genausowenig augenblicklich trocken wie bei den deutschen Folien, sondern müssen in Abhängigkeit von dem Faktor Zeit oxydativ trocknen. Es kommt also auch hier genauso darauf an, ob große Farbflächen oder Raster, Text und feine Strichzeichnungen vorliegen, ob mehrere Farben aufeinander liegen, ferner auf das Eigengewicht der Folien und die Beschaffenheit (Glätte oder Rauhheit ihrer Rückseite). Es ist gar keine Frage, daß auch deutsche lackierte und kaschierte Metallfolien sowohl im Buchdruck als auch besonders im Offsetdruckverfahren ohne Schwierigkeiten verarbeitet werden können, vorausgesetzt, daß mit Umsicht und dem nötigen Verständnis vorgegangen wird. Es ist natürlich erforderlich, daß die Druckfarben für den Foliendruck für diesen Zweck eingestellt werden, besonders in Berücksichtigung der Art des Folienlackes. Die Folienfabriken sollten bei der Auswahl der Überzuglacke für Metallfolien berücksichtigen, ob die Folien in einem mit Lösungsmitteln arbeitenden Verfahren (Tief- oder Gummidruck) weiterverarbeitet werden sollen, oder ob dies im Buch- oder Offsetdruck geschieht. Die Farben müssen höchst ergiebig sein, damit man mit minimalster Farbgebung arbeiten kann, und sie müssen schnelltrocknend gehalten werden, was naturgemäß bei längerem Maschinenhalt die Gefahr des Antrocknens im Farbwerk mit sich bringt. Je nach Art des Sujets (hier sollte schon in der Anlage des Entwurfs das vorgesehene Druckverfahren berücksichtigt werden), der Größe der Farbflächen, des Übereinanderliegens mehrerer Farben, der Folienart und Kaschur und dem Eigengewicht der Folien schwankt die mögliche Stapelhöhe. Der Trockenverlauf der Farben muß selbstverständlich beobachtet werden, die Bogen müssen rechtzeitig belüftet und umgesetzt werden, und zwar oft mehrere Male, wenn die Art der Arbeit und die Schwere der Folien es erforderlich machen. Die Aufnahmefähigkeit der Folien für die Druckfarben, deren Verbindung mit der Folie richten sich nach dem Lack, der zum Lackieren der Folien genommen wurde, seiner Art und seinem Aufbau und der Schichtdicke.

Beim Bedrucken von Metallfolien im Offsetverfahren gibt es noch manches zu bedenken. Es sollte mit einem Minimum von Wischwasserführung gearbeitet werden, weil sich die Farbe bekanntlich während des Auflagendrucks bei reichlicher Wasserführung mit dem Wasser anreichert und dadurch Trockenschwierigkeiten auftreten können, da das Wasser von den Folien im Gegensatz zum Papier nicht aufgenommen werden kann. Auch hohe Raumluftfeuchtigkeit sollte vermieden werden. Wenn die Folie wellig oder sehr starr ist, besteht Gefahr, daß sich Spuren der Rollen in der Zeichnung markieren. Daher eignen sich Maschinen mit größeren Zylindern besser zum Foliendruck. Trotz allem bereitet das Bedrucken von Metallfolie im Offsetdruck keine Schwierigkeiten, wenn alles Wesentliche beachtet wird. Dazu gehört in erster Linie, daß die Farben speziell für das Bedrucken von Metallfolien angerieben sein müssen und beim Maschinenfertigmachen keine ungeeigneten, z. B. das Trocknen verzögernden oder verhindernden Zusätze verwendet werden. Keinesfalls sollte auf einen Maschinenandruck verzichtet werden, der möglichst abends zu beenden ist, damit man am anderen Morgen das Trocknen der Farben kontrollieren kann. Die Farben sollen so streng und so mager wie möglich verdruckt werden. Links und rechts muß am Bogen genügend Raum (mindestens 2 cm) vorhanden sein, um Farbabnehmerstreifen anbringen zu können. Diese verhindern, daß sich die am Rande befindlichen Teile der Form zu sehr mit überschüssigem Feuchtwasser anreichern und dadurch erst nach langer Zeit nagelhart durchtrocknen. Man sollte nur feinstgekörnte Aluminiumplatten oder die fast kornlosen, vorbeschichteten Folien oder galvanische Platten zum Metallfoliendruck verwenden. Die Feuchtung ist so knapp wie irgend möglich zu halten, und es ist ratsam, am Feuchtduktor seitlich Rollen anzubringen. Vor dem Auflagendruck lasse man genügend Makulaturbogen vorlaufen und, wenn möglich, zwischendurch hin und wieder Bogen aus holzfreiem Offsetpapier mitlaufen, um die Feuchtigkeit vom Gummituch immer wieder abzunehmen. Selbstverständlich müssen solche Makulaturbogen von Offsetpapier die gleiche Stärke haben wie die Folien, da sonst die Gefahr des Doublierens besteht. Es ist zu empfehlen, mit grobem Pulver zu bestäuben, ferner die Stapelhöhe den gegebenen Verhältnissen und Schwierigkeiten anzupassen. In besonders schwierig gelagerten Fällen kommt man nicht umhin, die Stapelhöhe zu reduzieren. Beobachtung des Trockenverlaufs ist unter allen Umständen wichtig, um rechtzeitig belüften und gegebenenfalls umstapeln zu können.

Da das Bedrucken von Metallfolien im Buch- und Offsetdruck in der Mehrzahl wohl zum Zweck der Herstellung von Zuschnitten von Beuteln und Packungen für Lebens- und Genußmittel dient, interessiert die Frage des Geruchs der bedruckten Folien. Da in diesen beiden Verfahren die Farben oxydativ an der Oberfläche trocknen müssen und eines ausreichenden Trockenstoffzusatzes bedürfen, damit sie nicht nachkleben, besteht natürlich die Gefahr einer Geruchsentwicklung, die zu Beanstandungen führen kann. Die Gefahr ist um so größer, je höher die bedruckten Folien gestapelt werden, weil mit der Stapelhöhe der Luftzutritt mehr und mehr unterbunden wird, Luft aber bei oxydativen Trockenprozessen die wichtigste Voraussetzung für geringstmögliche Geruchsentwicklung bildet. Selbstverständlich wird jeder verantwortungsbewußte Farbenlieferant darauf bedacht sein, wenn ihm mitgeteilt wird, daß es sich um den Druck von Einwicklern von Lebens- und Genußmitteln handelt, die Farben von vornherein so geruchârm wie möglich einzustellen. Geruchlose Farben gibt es nicht und wird es nie geben. Darüber hinaus muß aber beim Maschinenfertigmachen der Farben durch den Drucker darauf geachtet werden, keine stark riechenden und Geruch entwickelnden Hilfsmittel zu verwenden. Am sichersten geht man, wenn nur die vom Druckfarbenhersteller eigens für den Druck von Lebens- und Genußmittelpackungen empfohlenen Druckhilfs- und Zusatzmittel Anwendung finden.

Zusammenfassend kann gesagt werden, daß das Bedrucken von Metallfolien am besten im Tiefdruck- oder Gummidruckverfahren von der Rolle geschieht, besonders bei großen Auflagen, daß aber der Druck, wenn es sich um Folien in Bogen handelt, ebensogut im Buchdruck, besser sogar im Offsetdruck ausgeführt werden kann, weil im letzteren vom elastischen Gummituch gedruckt wird und damit die Bildung der Schattierung des Buchdrucks fortfällt, die nachteilige Folgen haben kann. Es liegt aber auf der Hand, daß in beiden Fällen mit Umsicht und Verständnis gearbeitet werden muß, denn Metallfolien sind eben nicht Papier und stellen beim Bedrucken besondere Anforderungen, die der nur im Papierdruck Geübte nicht gewohnt ist.

## Die Metallfolien und ihre Verwendung in der Verpackungsmittelindustrie

Es ist nur erklärlich, daß der rastlos vorwärtsstrebende menschliche Erfindergeist bestrebt ist, immer neue Möglichkeiten aufzuspüren, die in merkantiler Hinsicht zur Auswertung zu bringen sind. So ist es allgemein bekannt, daß gewisse Erzeugnisse zu ihrer Frischhaltung besonderer Vorkehrungen bedürfen. Aber auch die äußere Ausstattung einer Warenpackung erfordert aus werbetechnischen Gründen gewisse Voraussetzungen, da die Verpackung als solche gewissermaßen als Angebotsträger zu betrachten ist. Wir finden z. B. Südfrüchte, wie Datteln und Feigen, in mit Gold gedruckten Gelatinepackungen, Apfelsinen in Seidenpapier mit Buchdruckaufdruck gepackt, wir finden Pralinen in Metallfolien eingehüllt, wie wir früher einmal die Zigaretten in Papp- oder Blechschachteln verpackt erhielten. Wohl die bekannteste Verpackungsart dürfte die der Schokolade sein, nämlich in Aluminiumfolie.

Es gibt in der Papierausstattung Erzeugnisse, zu deren Ausstattung das Blattmetall Verwendung gefunden hat. Es sei nur an die unendlich vielen Möglichkeiten der Preßvergoldetechnik erinnert. Zur Verpackung selbst sind Blattmetalle als solche wohl als ungeeignet zu betrachten. Diese Blattmetalle sind in Wirklichkeit ganz dünn geschlagene Metallfolien, die zu ganz bestimmten Zwecken der Verzierungstechnik bestimmt sind. Es sei bei dieser Gelegenheit festgestellt, daß zwischen Blattmetall und Metallfolie, soweit es sich um die Substanz handelt, lediglich ein struktureller, nicht jedoch ein prinzipieller Unterschied besteht. Dagegen ist ein grundlegender Unterschied in der Herstellung der beiden Metallfabrikate zu erblicken, indem das Blattmaterial durch Schlagen oder Hämmern, die Folien dagegen durch einen Walzprozeß hergestellt werden. Dieser Unterschied in der Herstellungsweise bedingt, daß Blattmaterial stets nur in verhältnismäßig kleineren Formaten hergestellt werden kann, d. h. soweit es sich um geringe Stärken handelt, meist nur in einem Format von 100 × 100 mm oder weniger darüber. Diese letztere Größe findet allgemein in der Heißprägetechnik Verwendung. Dagegen werden Metallfolien für die Verarbeitung von der Rolle hergestellt. Es sei noch auf die stärkemäßige Differenz zwischen einer geschlagenen und gewalzten Folie hingewiesen, welche ja praktisch eine Zehnerpotenz darstellt. Verpackungsfolien werden normalerweise geliefert in den Stärken von 0,009 bis 0,012, währenddessen sich die geschlagenen Folien in den Stärken von 0,0005 bis 0,0009 bewegen. Die Tatsache, daß geschlagene Folie für Verpackungszwecke nicht eingesetzt werden kann, rührt in erster Linie von der ungenügenden Festigkeit dieses dünnen Materials und gleichzeitig von der hohen Porosität desselben her.

Folien sind in großen Formaten und auch in endlosen Bändern ohne weiteres von der Rolle, meist nicht über 600 mm, zu kaschieren, und hierdurch ist eine weit größere Produktion zu erzielen. Es muß indessen festgestellt werden, daß Blattmaterial als solches wegen seiner viel zu geringen Widerstandsfähigkeit zum Verpacken von Zigaretten, Schokoladen und anderen Lebensmitteln nicht brauchbar ist. Die Verwendung von gewalzten Folien an Stelle von Blattmetall bedeutet an sich einen wirtschaftlichen und technischen Fortschritt, indem die mühsame Arbeit des Belegens mit kleinen Stückchen Blattmetall, was ja fast immer von Hand erfolgen muß und sehr geschickte Arbeiter erfordert, durch ein rein maschinelles Verfahren des Kaschierens der Folien von der Rolle auf einer einfachen Rollenkaschiermaschine ersetzt werden kann. Es ist für den Fachmann einleuchtend, daß auf diese Weise mit der gleichen Anzahl von Arbeitskräften ein vielfaches der Produktion erzielt werden kann.

Das Kaschieren auf Karton hat unvorhergesehene Schwierigkeiten gezeigt. Viele Versuche mit verschiedenen Kartonqualitäten sind lange ergebnislos geblieben. Die Schwierigkeiten bestanden durchweg in der Faltenbildung. Indessen hat der Versuch mit einem Karton, etwa 350 g pro Qudratmeter, ein befriedigendes Ergebnis erbracht, so daß dadurch die Frage der Verwendung der Metallfolien als Verpackungsmaterial als gelöst zu betrachten sein dürfte. Diese Packungsart unterscheidet sich dadurch vorteilhaft von den bisher zum Verpacken gegen Feuchtigkeitseinflüsse empfindlichen, sowie vor dem Austrocknen zu schützenden Waren, daß diese anstatt mit Papier mit Metallfolien überzogen sind. Der Überzug erfolgt je nach dem Verwendungszweck der in Frage kommenden Schachteln entweder innen oder außen.

Es werden heute im endlosen Band die verschiedensten Papiersorten von 20 g/qm Schwere bis zu 500 g/qm Schwere verarbeitet, wobei in erster Linie Chromo-Ersatz-Karton von 200 bis 500 g/qm sowie ein- und beidseitig gedeckte Kartonsorten Verwendung finden.

Es sei darauf hingewiesen, daß es eine Reihe verschiedener Kaschierverfahren gibt, welche sich in erster Linie durch die Art des eingesetzten Kaschiermittels unterscheiden, so z. B. das Kaschieren mit pflanzlichen Leimen, mit Paraffin-Wachsen, mit Kunststoff-Lacken sowie mit Bitumen. Je nach der weiteren Verarbeitungsweise, sowie abgestimmt auf die vorgesehene Verwendung, wird das eine oder das andere Kaschierverfahren eingesetzt.

Den bisher für den genannten Zweck aus reinem Metall gefertigten Packungen gegenüber bietet die mit Metallfolien überzogene Kartonagenpackung bei gleicher Zweckmäßigkeit den Vorteil größerer Leichtigkeit, was bei dem Versand von Waren von großer Bedeutung ist, sowie den weiteren Vorteil wesentlicher Verbilligung in sich schließt. Es ist hierbei nebensächlich, ob es sich bei der Herstellung der Kartonagen um runde, ovale oder eckige Formen handelt.

Die Idee, derartige Verpackungsmittel zu verwenden, ist an sich nicht neu. Vorteile bei Anwendung von mit Metallfolien beklebten Packungen bestehen nur dann, wenn der Inhalt nach dem Öffnen der übrigens auch wirklich luftdicht zu verschließenden Packung sofort verbraucht wird, sonst ist das Einzeleinschlagen der verpackten Gegenstände, z. B. Pralinen — obgleich mehr zeitraubend — für den luftdichten Verschluß vorteilhafter.

In nachstehendem werden wir uns nun noch mit der Aluminiumfolie näher befassen.

Unter den Metallfolien (Zinnfolien, gemeinhin als Stanniol bezeichnet, Bleifolien und Aluminiumfolien) hat die Aluminiumfolie in den letzten Jahren eine stets mehr und mehr zunehmende Bedeutung gewonnen. Die Metallfolien dienen vorwiegend Verpackungszwecken.

Dabei sind eine ganze Reihe von Industriezweigen, z. B. die Zigaretten- und Schokoladenindustrie, welche früher in erster Linie Zinnfolien zum Verpacken ihrer Erzeugnisse benutzten, zur Verwendung von Aluminiumfolien übergegangen. Der Grund dafür ist darin zu suchen, daß die Aluminiumfolie um das 2,6fache leichter ist wie die Zinnfolie und sich daher im Gebrauch ganz wesentlich billiger stellt. Die Geschmeidigkeit, mit der die Aluminiumfolie sich den zu verpackenden Gegenständen anschmiegt, ist, vorausgesetzt, daß ein erstklassiges, gutes Erzeugnis der Aluminiumfolienfabrikation in Frage kommt, der Schmiegsamkeit der Zinnfolie gegenüber gleichzustellen. Auch in *gesundheitlicher* Beziehung macht nach dem Urteil maßgebender Fachleute die Aluminiumfolie den übrigen Metallfolien den Vorrang streitig.

Es muß nach dem heutigen Stand der Technik gesagt werden, daß auf dem Verpackungsgebiet die Aluminiumfolie nahezu ausschließlich Verwendung findet. Die Ursache dafür liegt einerseits in rein preislichen Gründen, da die Aluminiumfolie, auf den Quadratmeter der Oberfläche gerechnet, ein wesentlich ergiebigeres Produkt ist, als die vergleichsweise bekannten Zinn- und Bleifolien. Folien aus Blei sind gesundheitsschädlich.

Für die Verwendung der Aluminiumfolie spricht der Vorzug, daß sie durch ein Weich-Glüh-Verfahren am Ende des Walzprozesses, welches bei einer Temperatur von rund 400 Grad durchgeführt wird, praktisch keimfrei und völlig steril aus der Fabrikation hervorgeht, währenddem die metallische Eigenart der anderen Metallfolien ein solches Verfahren nicht gestattet, so daß diese Folien auf der Oberfläche immer noch mit gewissen Resten von Walzmitteln verunreinigt sein werden.

Neben dem Verpackungsgebiet hat sich die Aluminiumfolie aber auch eine Reihe technischer Gebiete erobern können, wie z. B. die Verwendung für das Wickeln von Kondensatoren im Gebiete der Elektrotechnik, für die Herstellung von Druckplatten im Offsetdruck oder z. B. für die Abdichtung von Bauwerken und für Dacheindeckungen.

Ein weiterer Umstand, welcher der Aluminiumfolie zu ihrer stets steigenden Beliebtheit verholfen hat, ist die unbegrenzte Mannigfaltigkeit, welche derselben in bezug auf ihre Ausstattung vermittels Druck und Prägung gegeben werden kann. Ich kenne eine erstaunliche Reichhaltigkeit von Druck- und Prägemustern, welche auch den verwöhntesten Geschmack zu befriedigen vermögen. Für die Schokoladen- und Pralinenindustrie gibt es Muster von ein- und mehrfarbigen Phantasiedrucken in den geschmackvollsten Aufmachungen.

Den Verwendungszwecken entsprechend werden die Aluminiumfolien auch mit Seidenpapier oder mit Paraffinpapier kaschiert geliefert, so z. B. für Pfefferminz-, Brotpackungen usw. Die Folien werden in beliebigen Formaten, wie auch in endlosen Rollen geliefert. Zum Verpacken von Weichkäse, z. B. Camembert, Brie, Steinbuscher, Gervais u. a. m. werden Aluminiumfolien verwendet, ebenso zum Verpacken von Tabak, insbesondere von Schnupftabak. Die Aluminiumfolie eignet sich überall da als Verpackungsmaterial, wo es sich um Schutz gegen Luft- und Feuchtigkeitseinflüsse handelt. Die Möglichkeit, durch Prägung und mehrfarbige Druckausstattung dabei das Nützliche und Zweckmäßige mit einem ansprechenden gefälligen Äußeren zu verbinden, sichert dabei der Aluminiumfolie auf diesem Gebiete einen Platz an erster Stelle.

Es sei nicht unerwähnt, daß Aluminiumfolie in verschiedenen Ausführungen als allgemeingültiges Verpackungs-Produkt in der gesamten Molkerei-Industrie eingeführt ist. Die Verpackung von Schmelzkäse erfolgt in einer Folie, welche auf der Innenseite eine in gesundheitlicher Hinsicht unbedenkliche Schutzlackierung trägt, welche einen korrosiven Angriff seitens der Schmelzsalze auf das Metall zu verhindern hat.

Eine sehr große Bedeutung hat die Folie weiterhin bekommen für die Verpackung von Butter und Margarine, welche sich mehr und mehr auch in Deutschland durchsetzt.

Es sei ferner hingewiesen auf den Einsatz sogenannter heißgesiegelter und damit völlig luft- und dampfdichter Folienbeutel für die Verpackung von Nahrungsmitteln, wie z. B. die Suppen der Firmen Maggi und Knorr. Die Verpackung von Schnupftabak sowie Kautabak, für welche nach wie vor Folie Verwendung findet, ist mengenmäßig sehr in den Hintergrund getreten, da beide Produkte in ihrem Absatz immer mehr zurückgehen. Dagegen ist die sogenannte Weich-Packung für Rauchtabak ohne die Aluminiumfolie überhaupt nicht mehr zu denken.

Mit Ausnahme einiger spezieller Produkte erfolgt die gesamte Verpackung von Rauchtabak in Weichpackungen aus kaschierter Aluminiumfolie.

Es ist selbstverständlich, daß nur eine Fabrikationsmethode ersten Ranges, ausgestattet mit Hilfsmitteln moderner Technik und angewandter Chemie auf Grund langjähriger Erfahrung in der Lage ist, eine solche hochwertige erstklassige Ware herzustellen, welche den an sie gestellten Anforderungen in jeder Hinsicht zu entsprechen vermag.

## Der Anilindruck auf Zellglas und Spezialfolien

Für den Druck auf Zellglas verschiedenster Art kann auf Grund der besonderen Struktur dieses Materials praktisch nur Rotationsdruck, d. h. von Rolle auf Rolle bezw. Rolle auf Bogen, in Frage kommen. Zellglas läßt sich von Einzelbogen in Stapelform nur außerordentlich schwer verarbeiten, auch ein Druck mit körperhaltigen Farben, die einem bestimmten Trocknungsvorgang unterworfen sind, kann praktisch nicht durchgeführt werden. Die Gründe dafür dürften heute jedem einigermaßen auf der Höhe befindlichen Drucker bekannt sein, so daß sich hier längere Ausführungen erübrigen.

Man hat also von Anfang an — nach einigen mißglückten Versuchen, das Material auf der Schnellpresse zu verdrucken — ein wirtschaftliches Verdrucken einzig und allein mit Hilfe schnelltrocknender Farben, und das sind die in Spiritus oder ähnlichen Lösungsmitteln verflüssigten Anilinfarben, durchgeführt. Zellglas hat eine absolut homogene Oberfläche, die ein Eindringen der Farben nicht erlaubt, während die sofort an der Luft trocknenden Anilinfarben selbst ein Übereinanderdrucken in mehreren Farben ermöglichten. So konnte man also das infragestehende Material, das in seinem ganzen Verwendungszweck nicht nur als hygienisches Verpackungsmittel, sondern auch *werbemäßig wirkend* gedacht war, in verschiedenen, blicktechnisch beinahe aufsehenerregenden Formen bringen.

Neben dem Tiefdruck, der sich beim Bedrucken von Zellglas weitgehend hat durchsetzen können, spielt der Anilindruck immer noch eine bedeutende Rolle. Allerdings verlangt dieser vom ausführenden Drucker ein hohes Maß an fachlichem Können und auch bestimmte Erfahrung, um Resultate zu erzielen, die man heute tatsächlich mit Staunen und Befriedigung ansehen kann.

Als Originale für die Klischee-Herstellung können die gleichen dienen wie bei Gummi-Klischees, also Satz, Ätzungen, Gravuren, doch achte man darauf, daß bildmäßige Darstellungen möglichst offen gehalten und auch etwas tiefer als sonst geätzt werden; bei Rastern sollte man über 36er, allerhöchstens 40er, nicht hinausgehen. Die Klischees müssen sehr sorgfältig in der Schärfe und absolut gleichmäßig in der Stärke (egalisieren bzw. schleifen!) sein, um einwandfreien, sauberen Druck zu bekommen. Dem Farbauftrag ist besondere Beachtung zu schenken, er muß möglichst mit einer gerasterten Metallwalze geschehen. Die Druckspannung darf nur eine ganz leichte sein, um ein Wegdrücken der dünnflüssigen Farben nach den Rändern hin zu vermeiden. Die Druckabwicklung muß unbedingt eine sehr präzise sein, d. h. die Klischees müssen sich genauestens im sogenannten Teilkreis (Rollkreis) abwickeln, um Schmitz oder Radieren nicht aufkommen zu lassen. Bei den Druckmaschinen sollten die Farbwerke mit Farbwalzen ausgerüstet sein, die bei Stillstand der Maschine weiterlaufen, damit sich besonders sogenannte Pigment-Farben nicht gleich beim Stillstand auf den Walzen und den Druckformen festsetzen.

Druckgeschwindigkeiten von 70—100 m pro Minute dürften das Normale darstellen, wenn man sauberen, scharfen Druck erzielen will.

Daß trotz der ungemein rasch trocknenden Farben zwischen den einzelnen Farbwerken eine Trockenvorrichtung in Form von Luft- oder auch bestimmter Licht-Bestrahlungen vorhanden sein soll, sei nur beiläufig erwähnt, weil es nicht unsere Aufgabe sein kann, hier auch noch die Maschinen konstruktionstechnisch zu beschreiben.

Farben sind von den bekannten Farbenfabriken meist in bereits gebrauchsfertiger Mischung zu haben, ebenso die entsprechenden Verdünnungsmittel. Das Verdünnen mit Wasser ist beim Druck auf Zellglas mit dafür passenden Spezialfarben in keiner Weise zu raten.

Eine ausgezeichnete Wirkung erreicht man mit Broncefarben und auch dafür liefern die Farbenfabriken das Broncepulver mit geeignetem Firnis getrennt, wobei der Drucker das Mischungsverhältnis beachten muß, um nicht Mißerfolge zu haben.

Wird wetterfestes Zellglas verarbeitet, so muß die Bahn nach dem Druck um einen geheizten Zylinder (etwa 75 Grad) geleitet werden, damit sich die Farbe mit der Lackschicht fest verbindet.

Tatsache ist, daß die anfänglichen Schwierigkeiten, die sich beim Bedrucken von Zellglas oft recht hindernd in den Weg stellten, dank der außerordentlichen Entwicklung, sowohl der Druckformen als auch vor allem der Farben, heute praktisch als überwunden bezeichnet werden können.

Durch sehr häufiges Waschen der Farbwalzen und Farbwerke kann man diesem Überstande aber vorbeugen. Solches Waschen macht sich auch vor allen Dingen vor den nächtlichen Stillständen der Druckmaschinen unbedingt erforderlich und wird immer auch vor größeren Pausen, wie Mittagspause usw., zu empfehlen sein. Die bei schnell trocknenden Farben für das Bedrucken von Papier sonst angewendeten Mittel wie Druckpasten oder gar Aufspritzen von Petroleum auf die Walzen, sind beim Zellglasdruck vollkommen unzulässig, denn dadurch würde auch ein Trocknen der Farbe auf dem Zellophan unmöglich werden, weil sie hier ja nicht, wie beim Papier und beim Karton, in die Oberfläche des Druckträgers eindringen kann. Drucktechnisch ist man in der Lage, die vielseitigsten Effekte zu erzielen, wie man sie besonders für die Luxuspackungen wünscht. Eine wichtige Maßnahme, die beim Bedrucken von Zellglas erforderlich wird, besteht darin, daß man stets ein rauhes Zwischenlagepapier einschieben muß. Es ist auch nicht zulässig, daß man die bedruckten Zellglasbogen in hohen Stapeln aufsetzt, weil die verwendeten Farben verhältnismäßig langsam trocknen und zwei bis drei Tage dazu brauchen.

Man kann in besonders eiligen Fällen die Trocknung etwas beschleunigen, indem man Spezialtrockenmaschinen verwendet, wird aber immer besser tun, eine normale Trocknung durchzuführen. Zellglas läßt sich im allgemeinen sowohl im Hochdruck als auch im Tiefdruck einwandfrei bedrucken. Man muß allerdings berücksichtigen, daß Zellglas eine *absolut geschlossene Oberfläche* hat, so daß die sogenannten Anilinfarben nicht wie bei Kautschukarten, die immer porös sind, etwas eindringen und bei leichtem Druck wieder abgegeben werden. Es muß also stets mit Spezialfarben gearbeitet werden, die ziemlich konsistent sind und die nach dem Trocknen gewissermaßen auf dem Zellglas einen filmartigen Aufdruck bilden, der keinesfalls spröde oder gar klebrig sein darf. Diese Spezialfarben enthalten ziemlich viel Trockenstoff, was bei ihrer Verarbeitung und bei ihrer Aufbewahrung beachtet werden muß.

Bei auch nur kurzem Stillstand der Maschine bildet sich auf den Farbwalzen und der Druckform eine dünne harte Haut, die beim Wiederanlauf sich sehr störend bemerkbar macht. Die neueren Konstruktionen der Flexographie- (Anilindruck-) Maschinen sind daher mit weiterlaufenden Farbwerken bei Stillstand der Papierbahn ausgerüstet. Bei *längerem* Stillstand müssen dieWalzen unbedingt gewaschen werden, ebenso natürlich auch die Druckformen. Ein Beifügen von Druckpasten oder gar ein Aufspritzen von Petroleum ist bei Zellglasdruck gänzlich unzulässig, denn dadurch würde auch ein Trocknen auf der Zellglasbahn unmöglich werden.

Nach dem Gesagten ist es auch nicht zulässig, beim Arbeiten von der laufenden Rolle auf Bogen die Stapel zu hoch machen zu wollen, weil eben die Farben schwer trocknen und zum Kleben auf den Rückseiten Anlaß geben könnten. Man nimmt als Zwischenlagen ein rauhes Einschußpapier oder eine entsprechende Bestäubung. Die Bogen erst durch eine Trocknungsmaschine laufen zu lassen, kann man sich heute, wo alles auf rationellste, wirtschaftlichste Fertigung ankommt, nicht mehr leisten.

*Spezialfolien*

Kaschierte Folien, Stanniol- und Aluminiumfolien kommen für die Verpackungsindustrie in glänzender und matter Ausführung zur Anwendung. Die porenfreie, luftdichte Folie eignet sich besonders für aromadichte Packungen. Bedruckte Tabakhüllen, Butter-und Käse-Einwickler, Kaffee-, Tee-, Gewürz- und Fleischextrakt-Beutel sind hierbei Anwendungsgebiete für den Anilindruck. Bei der Auswahl der Folien sind lackierte Folien zu bevorzugen, weil diese einen scheuerfesten Aufdruck zulassen. Es läßt sich nicht vermeiden, daß beim Kalandrieren der unlackierten Folien auf der Metalloberfläche geringe Spuren von Paraffin oder ähnlichen Fetten haften bleiben, wodurch die Bindung der Farbe mit der Metallschicht erschwert wird.

Geprägte Folien werden in den meisten Fällen in der Folienfabrik vor dem Prägen bedruckt. Will man geprägte Folien mit Anilinfarben bedrucken, so gelangt die Farbe infolge der geringen Druckspannung nur selten bis in die tiefen Stellen der Prägung. Die aufgedruckte Farbe liegt dadurch nicht in geschlossener Fläche auf, die Zeichnung erscheint nur flau. Auch die Scheuerfestigkeit der Farbe ist nicht sehr groß, da die Folie nur an den hochgeprägten Stellen angefärbt ist und so keinen festen Farbfilm bilden kann.

*Gute Wirkung lasierender Farben*

Auf den hochglänzenden Metallfolien haben lasierende Anilinfarben die beste Wirkung. Hervorragende Druckergebnisse werden auch erzielt, wenn ein Teil der Folie mit einer gut deckenden Pigmentfarbe abgedeckt und dann mit lasierender Farbe überdruckt wird. Trifft die lasierende Farbe neben dem Vordruck auch noch Teile der unbedruckten Folie, dann kommen überraschende mehrfarbige Wirkungen zustande. Bei der Auswahl der Anilinfarben sind die Spezialfarben zum Bedrucken von Metallfolien zu beachten, die allen Anforderungen bezüglich der Scheuerfestigkeit und der guten Verdruckbarkeit entsprechen. Für Schaupackungen und ähnliche Arbeiten müssen lichtechte Farben verwendet werden, die sowohl als Lasurfarben wie auch als deckende Pigmentfarben geliefert werden.

*Verdrucken von Deckweiß*

Druckt man auf Goldfolie Deckweiß, so kommt es häufig vor, daß die mit Nitrolack angefärbte Goldfolie das Deckweiß zu einem Cremeton umfärbt. Um dies zu vermeiden, muß versucht werden, eine nicht umfärbende Folie zu erhalten oder diese Folie mit einem Neutralisationslack vorzulackieren. Trockenschwierigkeiten bei schnellaufenden Maschinen können beseitigt werden, wenn zum Nachverdünnen die Spezial-Verdünnungsmittel der Farbenfabriken verwendet werden. Außerdem ist für ausreichenden Luftwechsel zwischen den einzelnen Farbwerken zu sorgen. Besonders komplizierte Folien passieren zur Erzielung einer absoluten Scheuerfestigkeit eine abschwenkbare Heizplatte bei einer Temperatur von etwa 150° C zum Einbrennen der Farben. Anschließend läuft die Folie über eine Kühltrommel, so daß keine Schwierigkeiten bei der Weiterverarbeitung der Packungen eintreten können. Geschweißte Flachbeutel aus Metallfolien für Suppen- und Fleischextrakte sind auf der Innenseite mit einem Speziallack überzogen, der aber auf die Bedruckbarkeit der Folie keinen nachteiligen Einfluß hat.

Ein nachträgliches Lackieren der Folien, um diesen einen gleichmäßigen Glanz und eine größere Widerstandsfähigkeit zu verleihen, kann nur erfolgen, wenn für den Aufdruck lackechte Pigmentfarben verwendet wurden.

Herr Hans Robert Steinbauer, Bielefeld, von dem der vorstehend zum Abdruck gebrachte Artikel zum Teil stammt, hat im Polygraph-Verlag GmbH, Frankfurt a. M., ein in 3. Auflage erschienenes Fachbuch erscheinen lassen: „Der Anilindruck", Preis 8,60 DM. Die einzelnen Abschnitte werden an Hand zahlreicher Abbildungen erläutert und durch 13 ein- und mehrfarbige Druckproben veranschaulicht.

## Der Siebdruck*) — des 5. Druckverfahren

Die Macht, mit der der Siebdruck in den letzten Jahren sich Einfluß auf dem Markt eroberte und die Zähigkeit, mit der er sich trotz aller Vorurteile verbreitet, läßt vermuten, daß dieses Verfahren mehr als Mode geworden ist. Ein Druckverfahren kann sich nur dann auf die Dauer bewähren, wenn es gebraucht wird, d. h. wenn sich Möglichkeiten bieten, die auf andere Weise nicht erreicht werden können. Wir werden später sehen, daß das Siebdruckverfahren tatsächlich solche Vorteile im großen Maße bietet.

---

*) Diesen Beitrag stellte Herr Dr. Elmar Messerschmitt in München zur Verfügung.

Der Streit darum, ob es sich hier um ein Druckverfahren oder um ein Vervielfältigungsverfahren handelt, ist müßig. Schließlich kann jedes Verfahren, von der primitivsten Ausführungsart bis zur feinsten Spezialisten-Arbeit gesteigert werden. Wer das Siebdruckverfahren gesehen hat, weiß, wie weit auch hier das qualitative Niveau gestiegen ist und muß anerkennen, daß es sich längst nicht mehr um Versuche handelt, sondern ein gereiftes Druckverfahren vorliegt. Sicher gibt es noch viel zu verbessern und ganz bestimmt sind wir noch lange nicht am Ende der Entwicklung; jedoch wir sind soweit, daß wir dieses Verfahren ernst nehmen müssen. Der Siebdruck muß von der Druckersparte gepflegt werden, wenn nicht Dilettanten in deren ureigenes Gebiet eindringen sollen.

Der Siebdruck gehört dem vierten Druckverfahren an. Es sei kurz erinnert an den Hochdruck, bei dem die Einfärbung und der Druckabzug von derselben Seite erfolgt. Dasselbe gilt beim Flachdruck, wobei jedoch eine völlig ebene Druckform vorliegt. Beim Tiefdruck wird die Farbe aus der Druckform herausgesogen. Das Einfärben und der Druckabzug erfolgt aber wieder von der gleichen Seite.

Beim vierten Druckverfahren, dem Durchdruck, dagegen wird das Einfärben von der einen Seite der Druckform besorgt, während der Druckabzug, also das Heraussaugen der Farbe, von der anderen Seite geschieht. Wir sehen einen mit dem Tiefdruck sehr verwandten Vorgang.

Damit der Leser eine Anschauung des Prinzips erhält, möge er sich einen Bilderrahmen vorstellen, der mit einer feinen Gaze straff bespannt ist.

Durch irgendein Schablonenverfahren wird dieses Sieb nun teilweise dicht gemacht, während es an den Stellen, die später ausdrucken sollen, durchlässig bleibt. Drückt man nun mittels eines Gummiquetschers (Rakel) von der einen Seite Farbe in das Sieb, dann läßt sich durch enges Anpressen des Druckgutes von der anderen Seite die Farbe wieder heraussaugen, dies jedoch nur an den offenen Stellen der Schablone. Das Sieb stellt also nichts weiter dar, als ein Träger-Gewebe*) für die Schablonenteilchen, das so fein ist, daß es einen flächenhaften Farbauftrag nicht stören kann.

Die Schablonen-Herstellung ist die besondere Kunst des Siebdruckes. Man unterscheidet im wesentlichen zwei Grundverfahren: eine direkte Methode und eine indirekte Methode. Jede dieser Schablonen-Herstellungsarten hat wieder manuelle und fotografische Kopiermöglichkeiten.

Die direkte manuelle Methode ist die einfachste. Man malt oder zeichnet mit einem Abdecklack oder Abdeckkleber, der von der Farbe nicht ausgelöst werden kann, direkt auf das Sieb und verschließt so den

*) Lieferant: Vereinigte Seidenwebereien Dhünn / Wermelskirchen.

Teil, der nicht drucken soll. Ähnlich ist das Auswaschverfahren, bei dem erst mit fettlöslicher Tusche auf das Sieb gezeichnet wird, was drucken soll. Dann wird das ganze Sieb mit einer wasserlöslichen Schicht abgedeckt. Durch das Auswaschen mit einem Fettlösungsmittel wird das Sieb dann wieder an den Stellen der Tuschzeichnungen durchlässig gemacht.

Die indirekte manuelle Methode ist der üblichen Schablonen-Herstellung am nächsten verwandt. Wenn man nicht gerade das primitive Papierausschneiden und Aufkleben verwendet, dann wird man einen Schneidefilm[1]) benützen und die aus ihm herausgeschnittene Schablone auf das Sieb aufkleben. Schneidefilme sind meist leicht transparente Papiere mit einer dünnen aufgeklebten Papierschicht, auf der meist ein Schellackfilm aufgestrichen ist. Schneidet man nun mit einem feinen Messer in diesen Schellack Konturen, so lassen sich Flächen herausheben, so daß an diesen Stellen das Sieb farbdurchlässig bleiben muß, wenn der auf dem Trägerpapier befindliche Schellackfilm in das Sieb eingebügelt wird. Das Trägerpapier wird nach dem Aufbügeln entfernt, jedoch das Sieb ist durch den Schellack abgedeckt, soweit die ausgeschnittenen Teilchen nicht vorher abgehoben worden sind.

Auch unter dem fotografischen Verfahren ist die direkte Herstellung[2]) einer Schablone einfacher als die indirekte. Man stelle sich vor, daß das Sieb mit einer lichtempfindlichen Flüssigkeit getränkt wird, welche im Sieb eintrocknet und es völlig verschließt. Wenn nun auf das Sieb durch ein Diapositiv kopiert wird, dann härten sich die belichteten Flächen. Sie widerstehen dann beim Entwickeln mit warmem Wasser, während die unbelichteten Teilchen herausgewaschen werden. An diesen Stellen ist also das Sieb wieder farbdurchlässig. Besondere Randschärfe erreicht man, wenn die lichtempfindliche Schicht nicht im Sieb entsteht, sondern auf das Sieb in einem gleichmäßigen dünnen Film[3]) aufgetragen und aufgeklebt wird. Wieder werden die bei der Belichtung nicht ausgehärteten Stellen durch Auswaschen mit warmem Wasser durchlässig gemacht.

Das indirekte fotografische Verfahren[4]) ist vom Pigmentverfahren des Kupfertiefdruckes her bekannt. Auf einem Pigmentfilm wird das Bild kopiert und entwickelt, wobei sich die ungehärteten Pigmentteilchen von der Trägerfolie lösen. Nun wird das Bild auf das Sieb aufgeklebt und die Trägerfolie löst sich von dem Pigmentfilm, der am Sieb allein kleben bleibt. Er verdeckt das Sieb an den Stellen, die auf dem Diapositiv lichtdurchlässig waren.

Es gibt eine große Zahl von Handelsmarken auf dem Siebdruckschablonengebiet, die sich jedoch alle in die genannten Kategorien einfügen lassen, die aber auch von verschiedener Qualität und Einfachheit der Handhabung sind. Man kann sich nicht auf eine der Schablonenarten festlegen, sondern muß sich dabei nach der Höhe der Auflage, der Art des darzustellenden Bildes, der gewünschten Dicke des Druckes und der erforderlichen Randschärfe richten.

Der Siebdrucker ist also aus Kosten- und Qualitätsgründen jeweils vor die Frage gestellt, welche Art von Schablonen er wählen will und welche Schablonenmethoden er mischen kann. Hier zeigt sich, daß der Siebdrucker nicht nur die Verarbeitungsverfahren kennen muß, sondern auch das Auge des Fachmannes haben muß, um zu wissen, wie der Druck beschaffen sein muß, um den Qualitätsanforderungen zu entsprechen. Er muß außerdem eine kalkulatorische Schulung besitzen, um den richtigen Kompromiß zu treffen. Der gelernte Drucker, insbesondere der Tiefdrucker oder Flachdrucker, kommt am leichtesten mit den Problemen des Siebdruckes zurecht. Er wird auch beurteilen können, wo der Siebdruck am Platz ist und wo ein anderes Verfahren wirtschaftlicher erscheint.

Das Siebdruckverfahren verdrängt nicht die anderen Druckprozesse von ihren Aufgaben. Es ergänzt sie nur und erobert damit dem graphischen Gewerbe einen völlig neuen Markt, d. h. einen neuen Kundenkreis und neue graphische Effekte.

Lassen Sie uns diese Fragen, die über die Daseinsberechtigung des Siebdruckes entscheiden, untersuchen. Man könnte sich drei Hauptgesichtspunkte wählen, die das Anwendungsgebiet des Siebdruckes, soweit es eine Zukunft verspricht, erfassen. Diese sind: Farbauftrag, Druckform und Druckgut.

Die anspruchslose Art der Einfärbung läßt es offenkundig erscheinen, daß fast jedes pastenförmige oder dickflüssige Material in die Druckform gebracht werden kann. Es hängt daher mehr vom Druckgut ab, ob die Farbe von ihm angenommen wird oder nicht. Umgekehrt gesagt, die Druckfarbenherstellung*) hat mehr auf das Druckgut als auf die Druckform Rücksicht zu nehmen. Natürlich wird man auf eine bestimmte Länge, Konsistenz und Trockengeschwindigkeit der Farbe achten. Dies sind jedoch Eigenschaften sekundärer Art, die verhältnismäßig leichter einzustellen sind als die Haftfähigkeit am Druckgut.

Weiterhin ist es vorteilhaft, daß die Farbe sehr grobkörnig sein darf und eine feine Verreibung nicht so notwendig ist, wie bei anderen Druckverfahren. Von ganz besonderem Vorteil ist jedoch die Tatsache, daß die Dicke der Druckform und der von ihr gebildete Aufnahmeraum für die Farbe (Bereitstellungsraum) sehr stark variiert werden kann,

---

*) Siebdruckfarben werden von fast allen Druckfarbenfabriken geliefert.

so daß der Siebdruck ein geradezu idealer Dickdruckprozeß ist. Die Dicke des Farbauftrages kann zwischen den Möglichkeiten des Tiefdruckes und einer kräftigen Prägung variiert werden. Aus diesem Grunde hat sich das Verfahren bereits eine Reihe von neuen Gebieten erobert, so den Leuchtfarbendruck. Der Reliefdruck hat sich besonders in den nordischen Ländern durchgesetzt. Der Bronzedruck, das Drucken von Blindenschriften und das partielle Lackieren sind weitere Möglichkeiten. Während beim Abziehbilderdruck bisher eine Trägerschicht erst durch einen vielfachen Durchgang in der Schnellpresse (oft 20 mal) die tragende Farbschicht erzielt werden konnte, bringt der Siebdruck in einem Arbeitsgang das gewünschte Ergebnis.

Wenn der Siebdruck mit normalen Plakatfarben eingesetzt wird, bringt er einen eindrucksvollen pastellartigen Original-Effekt, dessen Wirkung sich die Graphiker gerne zunutze machen.

Wollen wir nun die Möglichkeiten des Siebdruckes vom Gesichtspunkt der Druckform her betrachten.

Wer die obigen Ausführungen aufmerksam gelesen hat, konnte feststellen, daß die Druckformherstellung wesentlich einfacher und billiger ist, als bei den anderen Druckverfahren. Daraus ergibt sich, daß der Handsiebdruck zwischen 50 und 1000 Drucken und der Maschinensiebdruck zwischen 500 und 10 000 Drucken besonders wirtschaftlich ist. Darüber hinaus wird man den Siebdruck nur um seiner besonderen Effekte willen wählen. Da die Seidengaze immer wieder verwendet werden kann und die Schablone nachträglich leicht zu ändern ist, kann der Siebdrucker die Druckformkosten sehr gut auf wenige Drucke umlegen und es ermöglichen, daß Aufträge von geringer Auflagenhöhe rentabel durchgeführt werden.

Ganz besondere Möglichkeiten erobert sich der Siebdruck von der Seite des Druckgutes her. Sowohl die Elastizität der Druckform als auch ihre Anspruchslosigkeit an die Farbe ermöglichen es, daß Gegenstände bedruckt werden, an denen kein anderes Verfahren einen qualitativ ausreichenden Erfolg zu erzielen vermochte.

Es ist verblüffend, den Siebdruck nicht nur auf Papier, Blech oder Kunststoff, sondern auch auf Sandpapier, Wellpappe, Holz, Glas, gepreßtem Stroh, auf runden, ebenen und sonstigen Körpern in erstaunlicher Schärfe und Leuchtkraft zu sehen. Auf Glas und Keramik jeder Form hat sich der Siebdruck bereits seit Jahrzehnten durchgesetzt. Beim Druck von Kunststoffen ist er überlegen. Das Bedrucken von Pappen, Holz und Blechkästen aller Art ließ im englisch sprechenden Ausland während des Krieges eine Siebdruckindustrie von beträchtlichem Ausmaß entstehen.

Wenn man alle diese Möglichkeiten des Siebdruckes sieht, möchte man sich fragen, warum dieses Druckverfahren sich erst heute durchzusetzen beginnt, wenn es doch bereits seit vielen Jahrzehnten im Prinzip bekannt ist. Der Hauptgrund dürfte sein, daß die Schablonierverfahren jener Zeit nicht genügend ausgereift waren. Weiterhin war die Technik des Siebdruckes nicht genügend entwickelt. Besonders aber auch waren die Kundenwünsche noch nie so differenziert und die Notwendigkeit, auf jedes beliebige Material zu drucken und Effekte zu erzielen, noch nie so groß wie heute.

Mehr denn je gilt es, dem Kunden etwas zu bieten und wirtschaftlich zu arbeiten, und deshalb ist es auch möglich, daß sich nicht nur im Ausland, sondern auch in Deutschland stets mehr Siebdruckereien entwickeln und wirtschaftlich festigen.

So ergibt sich die Frage, wie sich wohl der Siebdruck im Rahmen des graphischen Gewerbes einfügen wird. Die Spezialaufgaben, die der Siebdruck zu erfüllen in der Lage ist, werden einmal zu spezialisierten Siebdruckereien und zum anderen zu Ergänzungsabteilungen innerhalb normaler Druckereien führen. Der Buchdrucker wird eine einfache Siebdruckeinrichtung für seinen Plakatdruck und insbesondere Leuchtfarbendruck oder für die Herstellung von erhabenen Drucken von Zeit zu Zeit benützen, um dadurch nicht nur neue Kunden zu gewinnen, sondern auch die Werbung bereichern.

Die Großdruckerei wird mit ihrer Siebdruckabteilung, die eventuell sogar voll mechanisiert ist, ihre Drucksachen reichhaltiger gestalten. Die Industrie wird den Siebdruck für ihre speziellen Zwecke, sei es zur Beschriftung ihrer Produkte, wie z. B. Werkzeugkasten, Flaschen, Reklameartikel, Stoffe, Gummi, mehr und mehr benutzen.

Man hat sich bereits daran gewöhnt, daß Glasplakate, Flakons, Becher, Porzellan, Getränke-Flaschen, Textilien, Kunststoff, Decken, Gummiartikel im Siebdruck bedruckt sind. Die Markenartikel-Industrie greift nach den Leuchtfarbenplakaten, und die regionale Plakatwerbung nützt die Vorteile der Siebdruck-Kleinauflage.

Deshalb tritt an den Drucker über kurz oder lang die Frage heran eine Siebdruckeinrichtung anzuschaffen. Dabei ist es erfreulich, daß die Kosten dieser Anschaffung — nicht nur, weil ein guter Teil der bereits vorhandenen Druckereieinrichtung mit verwendet werden kann — relativ gering sind. Zwischen 500,— und 15 000,— DM liegen die Investitionsmöglichkeiten einer einfachen und einer leistungsfähigen Siebdruckerei für gewerbliche Zwecke.

Diese Einrichtung besteht im wesentlichen aus einem Drucktisch, wenn möglich mit Vakuumplatte, aus auswechselbarem Rahmen und Sieben, einer Waschanlage, eventuell einem Farbmischgerät und Trockenhorden*). Der Platzbedarf ergibt sich aus der Auslastung der Siebdruckerei und es ist möglich, auch in engen Räumen und mit Hilfe von Hilfskräften den Siebdruck wirtschaftlich zu betreiben.

Was das Siebdruckverfahren in erster Linie verlangt, das ist der fortschrittliche Unternehmer, der die Chancen des Verfahrens sieht und sie zu nützen weiß, der nicht wartet, bis die Kunden ihn zum Handeln treiben, sondern der sich den Markt erobert.

*) Diese Geräte liefern Gebr Messerschmitt G. m. b. H., München 2. Auf den Tafeln VI—VIII finden die interessierten Leser eine Reihe von Abbildungen der Siebdruckvorrichtungen dieser Firma.

## Beschreibung und Arbeitsweise der Siebdruckmaschine KAMMANN 10

Die Siebdruckmaschine K 10 ist eine Mehrzweckmaschine, die sich auf Grund ihrer vielseitigen Einsatzmöglichkeiten bereits viele zufriedene Abnehmer geschaffen hat. Durch ihre universalen Ausbaumöglichkeiten ist sie bei den variablen und oft bizarren Formen der Kunststoffverpackung die Maschine, die sich seit ihrem Erscheinen auf dem Markt in jeder Beziehung durchgesetzt hat. Im Baukastensystem kann sie ergänzt und für die Grundmaschine können alle Zusatzeinheiten nachbestellt werden. Außerdem erlaubt uns die große Erfahrung aus den uns bisher zum Druck vorgelegten Körpern zu sagen, daß wir alle Probleme mit dieser Maschine bisher gemeistert haben und auch in Zukunft alle Wünsche erfüllen können. (Tafel IX bis XII.)

Nachfolgend wollen wir einige Einsatzmöglichkeiten dieser Maschine herausstellen:

*Der Druck auf zylindrischen Körpern:*

Zu diesem Zweck werden die Körper in die Einspannungsvorrichtung gegeben, die durch eine automatische Öffnungs- und Schließeinrichtung ergänzt werden kann. Nach Betätigung des Fußschalters hebt sich das von der Zentrierspitze und Bodenaufnahme gehaltene Druckgut unter das Drucksieb an, welches über den Gegenstand streicht, wobei die herabgesenkte Rakel die Farbe durch die Schablone preßt und den Gegenstand mit einem kräftigen, deckenden Farbauftrag versieht. Nach diesem Druckvorgang senkt sich das Druckwerk automatisch ab. Nun kann aus der sich selbsttätig öffnenden automatischen Öffnungs- und Schließvorrichtung das Druckgut herausgenommen und durch das nächste Druckstück ersetzt werden. Nach gewisser Einarbeitung der

Bedienungsperson wird durch Umlegen eines kleinen Hebels dieser Vorgang automatisch geschaltet, so daß bei der Einstellung des stufenlos regulierbaren Getriebes auf die Leistungsfähigkeit der Bedienungsperson, die Betätigung des Fußschalters nicht mehr erforderlich ist.

*Druck auf konischen Gegenständen:*

Der Druckvorgang auf konischen Gegenständen spielt sich im Arbeitsablauf in der gleichen Weise wie oben beschrieben ab. Als Zusatzeinrichtung wird hier ein Gestänge verwandt, mit dessen Hilfe ein beliebiger Drehpunkt für die der Konizität des Artikels entsprechende Schwenkung des Siebes festgelegt werden kann. Diese Schwenkung ist erforderlich, um ein zerrfreies Druckbild zu erreichen.

*Revolverkopf für Tuben und konische Becher:*

Ähnlich dem Schalttisch arbeitet diese Zusatzeinrichtung in der Vertikalen. Tuben und Becher werden auf die speziellen Fomen aufgesteckt und können hiermit auch passergerecht im Mehrfarbendruck in aufeinanderfolgenden Arbeitsgängen dekoriert werden. Für konische Becher ist ein Spezial-Revolverkopf vorgesehen.

*Schaltteller für platte und würfelförmige Körper:*

Durch diese Zusatzeinrichtung ist eine rationelle den Druckprozeß beschleunigende Arbeitsweise gegeben. In 6 Auflagen werden die zu bedruckenden Schachteln oder andere flache Gegenstände dem Druckwerk zugeführt. Dadurch, daß nunmehr eine zweite Person den bedruckten Gegenstand von der Auflage abnehmen kann, ist eine Spitzenausnutzung der Druckgeschwindigkeit bei gut eingespielter Bedienung möglich.

*Flachdruck:*

Um flache Gegenstände, wie Metallplatten, Würfel, Schachteln, ballige Körper etc. zu bedrucken, wird die Runddruckeinrichtung der Maschine gegen den Flachdrucktisch ausgetauscht. Diese Arbeit ist in ca. 5—10 Minuten zu bewältigen. Ferner muß die Rakelhalterung und die Siebhalterung ausgetauscht werden, so daß mit stehendem Sieb und darüber streichender Rakel den Druckerfordernissen entsprechend gearbeitet werden kann.

*Luftunterstützung für Plastikartikel:*

Da die meisten Plastikartikel keine genügende Eigenstabilität haben, um dem Druckvorgang den nötigen Widerstand entgegenzusetzen, wird jede Maschine auf Wunsch mit einer Einrichtung ausgestattet, die das taktmäßige Einblasen von Luft in den Körper gestattet und mit einem Druckregulierventil ausgerüstet ist. Diese Einrichtung ist an eine vorhandene Preßluftleitung anzuschließen.

*Druck auf ovalen Artikeln:*

Für diese Druckart ist entsprechend dem zu bedruckenden Gegenstand eine Spezialaufnahme anzufertigen, die von uns bei Einsendung einiger Musterflaschen schnellstens im Werk hergestellt werden kann. Gerade bei diesen Formen sollte man auf eine gute Aufnahme Wert legen, da nur so ein ausgezeichnetes Druckbild zu erreichen ist. Mit dieser Spezialaufnahme ist ein einwandfreier Mehrfarbendruck möglich.

*Folien- und Papierdruck:*

Für diese Druckart statten wir unsere Maschine auf Wunsch mit einem Vakuumtisch für Formate DIN A 3 aus. (Auf Wunsch auch andere Formate.) Eine Vakuumanlage, die das leichte Druckmaterial während des Druckprozesses auf der Unterlage festhält, verhindert das Ankleben des Druckgutes am Sieb bei der Abhebung desselben nach dem Druckprozeß. Ein Umsteuerventil bewirkt bei abgesenktem Drucktisch die Aufhebung des Vakuums und ein leichtes Auswechseln des Druckgutes.

*Einrichtung für den thermoplastischen Druck:*

Auf Wunsch kann die Maschine mit einem Aufwärmbehälter für die Farbe und einer Siebbeheizung zum Verdrucken thermoplastischer Farbe für die Dekoration von Glas ausgerüstet werden.

*Automatische Mehrfarbenpassereinrichtung:*

Sofern die zu bedruckenden Gegenstände mit einem Bodenpasser oder einer seitlichen Passermarke (bei Glasflaschen) versehen sind, empfiehlt es sich, die Maschine mit einer automatischen Passereinrichtung auszurüsten. Diese wirkt durch einen Antriebsmotor über eine flexible Welle auf die Zentriespitze der Aufnahmeeinrichtung welche solange in Drehung gehalten wird, bis die Bodenmarke einen Kontaktstift auslöst, und die Flasche zum Stillstand kommt. Bei guter Bedienung wird ein Ausstoß von 1800—2200 Flaschen pro Stunde erreicht.

Zusammenfassend ist zu sagen, daß mit dieser Maschine alle Forderungen erfüllt werden können. Die Wartung ist äußerst unkompliziert und die Maschine garantiert eine störungsfreie Dauerproduktion in durchgehenden Tag- und Nachtschichten. Komplettierungen in der Zuführung und Abgabe werden den betrieblichen Verhältnissen angepaßt.

Der Mehrfarbendruck kann mit einer Passergenauigkeit von $^1/_{10}$ mm gebracht werden.

**PVC-Folien**

**PVC-Folien**

Dieser Kunststoff wird hergestellt aus Kohle, Kalk, Salzsäure. Es ist aber nicht so, als ob man diese Grundstoffe zusammenmixt, vielmehr finden bestimmte chemische Umsätze statt, bis aus diesen Grundstoffen das monomere Vinylchlorid und daraus in einer Polymerisation der fertige Kunststoff, das Polyvinylchlorid, gewonnen wird. Es fällt als weißes Pulver an und wird dann mit Weichmachern, Pigmenten, Stabilisatoren versetzt.

Natürlich sind die Rezepte von Fabrik zu Fabrik und auch von Qualität zu Qualität verschieden. Dem Laien diese Zusammenhänge klar zu machen, ist nicht ganz leicht. Wenn er es nicht versteht, sollte er nicht die Fabrikanten schelten. Es muß eindeutig unterschieden werden zwischen Hartfolie und den weichen Folien. Die erste wird geliefert in

Tafeln 1050 × 1100 mm
in den Stärken 0,3; 0,4; 0,5 mm.

Weiche Folie, die in der Flexibilität abgestuft ist, wird im allgemeinen in einer Stärke von 0,4 mm gebraucht, teilweise auch dünner, dann jedoch nur buchbinderisch durch Kleben verarbeitet. Die Rollen haben eine Breite von 1,20, eine Länge von 30 bis 50 m. Die Farben und die Prägungen sind „zwei Paar Stiefel". Die Farbenauswahl ist sehr groß, aber nicht eigentlich ungeheuer. Es ergibt sich ja aus der angegebenen Stärke, was verarbeitet wird und verarbeitet werden kann.

PVC-Folien werden im Kalander d. h. durch Walzen des fertigen, homogen durchgearbeiteten Rohstoffes hergestellt. Beim Abziehen vom Kalander wird die Folie mehr oder weniger gereckt. Dadurch bekommen die Moleküle eine ganz bestimmte Richtung. Sie sind in der Länge der Folie orientiert. Bei erhöhter Temperatur, d. h. ab etwa 60° C, versucht die Folie wieder etwas zurückzugehen. Die Moleküle versuchen die Spannung auszugleichen. Dadurch wird die Folie in der Länge etwas kürzer, in der Breite etwas breiter. Eine gute Folie soll bei einer Temperatur von 60° nicht viel mehr als 1 % schrumpfen. (Die „Verbreiterung" beträgt etwa 10 % vom Schrumpfwert.)

Aus der hier beschriebenen Art des Verhaltens erklären sich manche Dinge, die bei der Verarbeitung unangenehm auffallen, wenn man sie nicht kennt. Die nicht seltene Meinung, daß man Folien verschiedener Fabriken nicht zusammenverarbeiten kann, dürfte heute kaum mehr zutreffen, trotzdem ist zuzugeben, daß durch Weichmachergehalt etc. Unterschiede sein können, die zumindest Schwierigkeiten bei der Verarbeitung erklären. Es ist zu berücksichtigen, daß nach dem Gesagten das Material nicht kreuzweise verarbeitet werden darf, weil sonst die Schrumpfung in verschiedener Richtung vor sich geht.

Das Thema Regenerat-Folien ist heikel. Solange nämlich innerhalb der Fabrikation Abschnitte und Reste, die einwandfrei sauber sind, eingesetzt werden, besteht kein Grund ängstlich zu sein. Inwieweit man solche Folien ausgesprochen als Regenerat-Folien anspricht, hängt von den jeweiligen Gegebenheiten ab. Hier spielen geschäftliche Momente und sicherlich oft auch Konkurrenzgründe eine Rolle.

Bei erhöhter Temperatur, d.h. über 60° und bei Temperaturen unter 0° werden PVC-Folien nach der einen Richtung hin weicher, nach der anderen Richtung hin steifer, schließlich härter und sogar spröde. Für Bucheinbände kommen derartig extreme Temperaturen normalerweise nicht in Betracht, so daß man mit Recht sagen kann, daß die erwähnten Folien innerhalb der normalen Gebrauchstemperatur die nötige Weichheit und Geschmeidigkeit beibehalten.

## Die Plastik in der Buchbinderei *)

Vor ca. 8 Jahren hat sich der Kunststoff in der graphischen Welt und den Verlegerkreisen durchgesetzt. Diese ungeheure Umwälzung in der gesamten Fertigungsmethode hat aber so manche erneute Schwierigkeit mit sich gebracht, die erst Erfahrung und immerwährende Versuche zur heutigen Vollendung reifen ließen.

Die PVC-Folien sind in unseren Betrieben nicht mehr wegzudenken. Der Weg zur Anfertigung von Einbanddecken, Mappen und vieler Artikel der Schreibwarenbranche ist zum Verbraucher geöffnet worden.

Mit wahrem Eifer stürzten sich Verleger und Hersteller der industriellen Richtung auf diesen neuen Einbandstoff und stellten die Buchbinder mit ihren Wünschen vor immer neue Probleme, die der Lösung harrten.

Für den Verarbeitungszweig „Buchbinderei" kommen fast ausschließlich nur zwei Sorten der vielen Arten von PVC-Folien in Frage, teils hart teils weich.

Einmal die sogenannte „Hartfolie" als Versteifung von Deckeln, und zum anderen die „Weichfolie", geliefert auf Rollen als eigentliches Einbandmaterial. Die Maschinenfabriken entwickelten zum Verarbeiten dieser Weichfolien völlig neue Maschinen mit dem Namen „Hochfrequenzschweißmaschinen".

---

*) Die Abhandlungen „Die Plastik in der Buchbinderei" und „Die Prägung auf PVC-Folien" sind der Fachzeitschrift „Der Hersteller", Verlag G. Marx, Wiesbaden, mit Erlaubnis des Verlages entnommen.

Zugegeben, nicht jeder bibliophile Inhalt paßt in eine Plastikdecke, doch an der rechten Stelle angewandt ist es ein nützliches und äußerst praktisches Einbandmaterial. Nach viel Mühe und dauernder Überlegung ist es heute gelungen, diese Plastikeinbände gleichwertig neben dem althergebrachten Leinen- oder Lederband rangieren zu lassen. Trotz gänzlich veränderter Eigenschaften und völlig anders gearteter Zusammensetzung des Grundstoffes wurden die neuen Fertigungsmethoden zu einem Höchststand entwickelt, der die Schweißtechnik immer populärer machte. Was ist nun aber über diesen neuen Einbandstoff zu sagen? Woraus besteht er und welche Eigenschaften besitzt er in bezug auf Stabiliät, Veränderung und Aussehen?

Es sind uns die groben Grundstoffe Kalk, Säuren, Wasser und Farben bekannt; wir wissen, daß es ein Pulver ist, was nach Zusetzung vieler chemischer Produkte zu einem farbigen Brei angerührt wird, der über Kalander, ähnlich dem Papier, zu Bahnen ausgezogen wird, damit sind aber unsere Weisheiten über Polyvinylchlorid erschöpft. Kein Herstellungsbetrieb wird uns auch nur im entferntesten die genauen Mischungsverhältnisse und Zusammensetzungen wissen lassen. Alles unter dem Motto „Betriebsgeheimnis". Man schweigt sich darüber völlig aus.

Sagt uns wirklich ein Fabrikant etwas, dann sind es chemische Formeln, die am Ende ja doch nur böhmische Dörfer für den Buchbinder darstellen, mit denen wir absolut nichts beginnen können. Das Endprodukt ist für uns ausschlaggebend, und dieses liefern uns die Fabriken schweißfertig an.

Die uns zur Verarbeitung gelieferten sogenannten Täschnerfolien sind auf Rollen 1,20 m breit und 50 m lang in den verschiedenen Stärken von 0,1—0,7 mm, gerolltes, weiches und geschmeidiges Material.

Eine ungeheure Farbenauswahl sowie die verschiedenartigsten Narbungen, beginnend von Lackfolien über Blankleder, Haut, Saffian, Box bis zu groben Narbungen aller Art, lassen dem Hersteller ein freies Feld offen, all seine Wünsche in Farbe sowie in der Struktur der Oberfläche erfüllt zu sehen. Hauchdünne Gardinen oder gar Tischdeckenfolien werden von uns nicht verarbeitet. Ausgenommen davon sind transparente Klarsichtfolien zur Anfertigung von Klarsichttaschen und ähnlichen Artikeln. Decken und Mappen werden nur aus weichem, geschmeidigem und gut durchgefärbtem Material hergestellt.

Hier muß zugegeben werden, daß vor allem dünne Folien, also mit Dicken von 0,1—0,3 mm, Temperatureinflüssen unterworfen sind. Wenn auch Dehnung und Schrumpfung minimal sind, so müssen sie doch immer beobachtet werden. Wird diesen Tatsachen keine Rechnung getragen, so kann man unangenehme Überraschungen am Endprodukt erleben: wellige Decken, Decken mit Blasen usw. Abgesehen davon ist die Folie, sobald sie regeneratfrei, das heißt ohne Abfallprodukt ist, geeignet, höheren Ansprüchen zu genügen. Wichtig ist es, daß man Folien von verschiedenen Stärken bei einem Werkstück immer nur von einem Lieferanten bezieht, da die Weichmacher der Masse unterschiedlich beim Schweißprozeß arbeiten und unter Temperatureinflüssen gewisse Abwanderungen gezeigt haben. Jedes Lieferungswerk hat am Ende ihr eigenes Mischungsverhältnis, das bei der gleichen Sorte PVC-Folien gleich arbeitet; deshalb für jedes Endprodukt den Lieferanten nicht wechseln. Es wurde dabei schon so manche bittere Erkenntnis getroffen, die dem Buchbinder ungeheuren Schaden zufügen können und eine Qualitätsverminderung darstellen.

Die Folien bleiben nach wie vor trotz Wärme und Kälte weich und geschmeidig. Sind die Mappen oder Decken starker Hitze oder strenger Kälte ausgesetzt, kann selbst vom Lieferanten keine Garantie auf Haltbarkeit gegeben werden. Diese extremen Temperaturunterschiede kommen aber kaum mit dieser Art von Erzeugnissen in Berührung. Alle Fabriken liefern sogenannte Standardfarben, die schon meist dem Verleger oder Hersteller in der Vielfalt der Auswahl genügen. Spezialwünsche aber, die in Farbe und Narbe abweichen, können nur bei größerer Mengenabnahme angefertigt werden. Ebenso groß wie die Farbscala ist auch die Auswahl der Oberflächennarbungen. Bei dieser Riesenauswahl ist bestimmt für jeden Geschmack etwas passendes zu finden.

Beratend wird dem Hersteller jederzeit der Buchbinder zur Seite stehen, der ja am Ende den Wunsch in die Tat umsetzen soll, um das Endprodukt, die Einbanddecke oder die Mappe, dem Kunden präsentieren zu können.

Deshalb wie früher die Bitte des Buchbinders an den Verleger: Lassen Sie sich beim Einband oder vielmehr bei der Einbanddecke und bei der Mappe vom Fachmann beraten. Nicht alles, was im Musterbuch des Materiallieferanten schön aussieht, läßt sich in der Werkstatt glatt und reibungslos verarbeiten.

Die gesamte Technik der Plastikverarbeitung ist verhältnismäßig jung, und nur durch mühevolle Kleinarbeit sind die heutigen Ergebnisse in ihrer Vollendung als schön zu bezeichnen.

Es ist aber wie überall: Zwischen Theorie und Praxis ist ein weiter und mühevoller Weg zu überwinden.

Hartfolien werden, wie schon erwähnt, in großen Platten mit völlig glatter Oberfläche geliefert; sie dienen fast ausschließlich in unserem Falle der Verstärkung.

Vorerst wollen wir uns mit der Weich- oder Täschnerfolie beschäftigen, die in der Buchbinderei am häufigsten, wenn nicht ausschließlich, verarbeitet wird. Hat sich der Hersteller nach allen ihm zur Verfügung stehenden Mustern für eine Farbe und eine Narbung entschieden, kann der Buchbinder die Bestellung beim Lieferwerk aufgeben und nach Erhalt den Zuschnitt beginnen.

Da die Folien genau den Leinenrollen gleichen, ist der Zuschnitt üblich dem Leinenzuschnitt vorzunehmen. Die einfachste Ausführung ist die völlig flexible Decke.

Ein etwas stärkerer Folienutzen wird mit oder ohne Hartfolieversteifung zugeschnitten. Vierseitig rahmengeschweißt, mit mehreren Schweißnähten an den Fälzen versehen, eventuell noch mit Farbfolienprägung verschönt, und schon ist die Einbanddecke fertig.

So einfach ist es aber nun doch nicht. Es taucht da der Begriff „Schweißen" auf und dies ist die Schwierigkeit. Wir alle kennen den Begriff „Schweißen". Schon aus der Metallindustrie ist er uns geläufig. Dort heißt es, ein Metall mit einem anderen Metall nahtlos verschweißen *).

Das nahtlose Verbinden beim Schweißen ist auch der Grundbegriff der Hochfrequenzschweißung für Polyvinylchloridfolie. Zum Unterschied der Metallindustrie wird hierbei mit Hochfrequenzströmen gearbeitet. Es ist das gleiche System. Verflüssigung von Folien zur nahtlosen Verbindung. Stellen wir uns zwei Pole vor, eine Anode und eine Katode. Zwischen beiden Polen liegt unsere PVC-Folie. Diese beiden Pole werden durch Wechselstrom, der über Generatoren hochgespannt ist, geschlossen. Die Folge davon ist eine große Hitzeentwicklung, die die Folie zum Fließen bringt und nahtlos miteinander zusammengefügt, also „schweißt".

Dies dürfte in groben Zügen das Prinzip darstellen. Leicht aufgeschrieben, aber schwer und kompliziert auszuführen.

So liegt das Grundprinzip der Schweißung in der Verflüssigung des Materials mittels elektrischer Hitze. Wir wollen uns die Technik einmal

---

*) Mit Bezug auf das Elektroschweißen von Metallen gab mir ein Fachmann einen Hinweis zu diesem Thema, den ich nachstehend zum Abdruck bringe: Das Elektroschweißen von Metallen ist nur möglich auf Grund der Leitfähigkeit des Metalls. Es entsteht aber durch den elektrischen Widerstand eine Erwärmung, die zu einer Verbindung des Metalls führt. Beim Schweißen von Kunststoff werden Hochfrequenzströme angewandt, also Ströme, die sehr schnell ihre Richtung wechseln. Die sogenannten Dipole der PVC-Moleküle müssen mit jedem Wechsel des Stromes auch ihre eigene Richtung ändern. Durch diese schnelle Bewegung der Elektronen entsteht eine Reibungswärme, die dazu führt, daß der Kunststoff von innen heraus warm wird, und zwar so warm, daß unter dem Druck der Elektroden zwei Platten miteinander sich verbinden.

genauer betrachten, um etwas mehr von diesem nicht alltäglichen Verarbeitungsprinzip kennenzulernen. Jeder Hersteller soll ja wissen, wo liegt das Ende unseres jetzigen Könnens.

Hochfrequenzschweißungen werden für Kunststoffe mit ausreichend hohen dielektrischen Verlusten, insbesondere weichgestelltes Polyvinylchlorid, gebraucht. Dazu werden sogenannte Anlegepressen mit feststehenden Elektroden mit Hebeldruck zur hinreichenden Annäherung verwendet.

Die Elektroden tragen eine vorstehende Profilierung, die dem Verlauf der Verbindungsnähte im Werkstück entsprechen. Beim Aufdrücken des Profils auf die passend aufeinandergelegten Zuschnitte erwärmt das Hochfrequenzfeld den Stoff im Inneren in wenigen Sekunden auf die gewünschte Schweißtemperatur. Die Nähte erscheinen an der Oberfläche als Prägung, die durch entsprechende Gestaltung der Elektrode Zierformen aufweisen können.

Bei Randschweißungen verbindet man noch die Schweißelektrode mit einer Schneidlinie, um nach dem Schweißgang das dünn zusammengepreßte Material bequem abreißen zu können.

Die Plastikverarbeiter verfügen über vielerlei Typen von Maschinen, die mit höchster Präzision eine Druckleistung vom kleinsten Druck bis zu 3 Tonnen ausüben. Man unterscheidet darin 2,5-kW-, 5-kW- oder 10-kW-Maschinen, die von Generatoren mit Strom beschickt werden, je nach Verwendung mit Einstufendruck hydraulisch oder aber mit Zweistufendruck, andere sind nur pneumatisch ausgerüstet.

Der Hub der Pressen ist verstellbar. Die Konstrukteure bieten außerdem die Möglichkeit, die Schweißgeschwindigkeit zu verändern und den Druck kontinuierlich zu regeln. Man unterscheidet außerdem zwischen Ein- und Zweiphasen-Schweißungen.

In der ersten Phase wird das Material bei geringem Druck bis zum Schmelzpunkt erwärmt, worauf sich die Hochfrequenz automatisch abschaltet und die Druckleistung bis zum Höchstdruck arbeitet. Bei Verwendung von Spezialelektroden mit angebauter Schneidkante wird dadurch ein mechanisches Abstanzen der Trennaht erreicht.

Soviel erst einmal zum mechanischen Teil des Schweißens. Vorerst müssen aber noch einige Erkenntnisse des Elektrodenbaus angeführt werden. Unterlagen für die Elektroden bestehen fast durchschnittlich aus Pertinaxplatten oder aus Aluminiumplatten. Hochkant befestigt man mit Schrauben und Schellen ein ca. 2 cm breites und 20—30 mm hohes Hartmessingband, das die Form des abzuschweißenden Gegenstandes besitzt.

Die Oberkanten dieses Messingbandes sind stumpf und völlig fehlerfrei, ohne Scharten oder Kratzer. Andernfalls kann man natürlich auch eine Zierlinie einsetzen, die sich auf der Vorderseite des Werkstückes abzeichnet. Bei Decken oder Mappen verwendet man die Linien aber glatt und blank poliert.

Ca. 1 mm neben dieser stumpfen Messinglinie, die die eigentliche Schweißlinie darstellt, steht die sogenannte Schneidlinie, die ca. 0,5 mm höher hervorsteht und scharf angeschliffen ist. Durch den nun erfolgenden Schweißgang bauscht sich das Schweißmaterial auf und wird von der Schneidlinie an der äußeren Kante leicht angeschnitten, um nach Beendigung des Arbeitsganges eine Trennung durch Ausreißen ohne Schwierigkeiten vornehmen zu können. Diese Elektroden sind dem Werkstück an der Außenkante der Decke oder Mappe je nach Größe und Form angepaßt. Innere Linien, also Bundstege oder Abschweißungen haben selbstverständlich nur Schweißlinien.

Hat der Auftraggeber sich über Größe und Aussehen völlig Klarheit verschafft, kann der Bau der Elektrode beginnen. Hier ist es notwendig zu erwähnen, den Kunden im voraus davon zu verständigen, daß eine Veränderung der Elektrode, selbst nur um Bruchteile von Millimetern, unmöglich ist. Ändert man das Format oder die Gestalt, wird sich stets eine neue Anfertigung einer Elektrode als notwendig erweisen.

Diese Kosten sind bei mittleren Auflagen nur gesondert in Rechnung zu stellen, da in der Gesamtkalkulation eine Auffangmöglichkeit nicht vorhanden ist. Die Elektrode ist für das Schweißaggregat der Stromleiter des Hochfrequenzstromes.

Die Verschweißung selbst erfolgt zwischen den beiden Kondensatorenplatten der Presse. Die obere Platte wird durch die gebaute Schweißelektrode, die untere durch den Maschinentisch dargestellt. In einer sinnreichen Anlage, ähnlich der der Prägepresse mit Anlegeklötzen und Pertinaxunterlage, oder in einem vorher außerhalb der Presse gebauten Anlegerahmen werden Außenfolie, Deckel, Rückeneinlage und Unterfolie genauestens aufgelegt und manuell oder maschinell der Maschine zugeführt.

Die Presse wird unter einem vorher bestimmten Druck geschlossen und die hochfrequenten Wechselströme eingeschaltet. Das nun dazwischenliegende Folienmaterial wird der Einwirkung eines elektrischen Feldes ausgesetzt. Durch diese Stromverbindung ergibt sich eine molekulare Verschiebung in der Struktur der Folie. Die Frequenz reibt die Moleküle untereinander und es wird dadurch über das ganze Volumen eine gleichmäßige Erwärmung des zu verschweißenden Materials erreicht. Bei dem Schweißvorgang muß so viel elektrische Energie als Bewegungsenergie den Molekülen zugeführt werden, daß die Temperatur den Schmelzpunkt der Folie erreicht, sonst entsteht keine Verschweißung, sondern nur eine Erwärmung der Folie. Ist die

Energie zu groß, bilden sich Blasen und die Folie wird porös und untauglich.

Daß der Elektrodenbau einer feinmechanischen Werkstatt gleicht, hätten wir Buchbinder uns niemals träumen lassen. Schon hundertstel Millimeter Schwankungen der Elektrode genügen, um nicht voll durchzuschweißen. Deshalb sind Planparallelität, Abstandsbegrenzung und Höhenausgleich Voraussetzung für eine einwandfreie Verschweißung.

Natürlich ist für die Größe des Werkstückes die Leistung der Schweißpresse sowie des Generators maßgeblich. Eine 500-Watt-Presse kann eben nicht mehr als 40 $mm^2$ arbeitsmäßig verkraften. Verlangt das Werkstück eine höhere Leistung, so muß eine dementsprechend stärkere Presse Verwendung finden.

Durchschnittlich soll die Schweißung selbst nicht länger als 3 bis 5 Sekunden anhalten. Kleinere Aggregate benötigen unter Umständen auch Zeiten von 20 Sekunden. Jede Überforderung der Maschine bringt Schäden am Generator, der ja durch sein kompliziertes Röhrensystem bei Ausfall teure Reparaturen verlangt.

Die Unterlagen in der Presse bestehen meist aus dünnen Pertinaxplatten, es lassen sich auch Pergamentpapier oder Graphitplatten verwenden; dieses Material hat sich aber nicht recht bewährt, und allgemein wird Pertinax bevorzugt. Um einwandfrei zu schweißen, müssen Elektrode und Matrizen genauestens aufeinander abgestimmt sein. Der Ausgleich der Unterlagen, der die mehreren Folienlagen abstimmt, die ja drei- und vierfach übereinander liegen, muß recht sorgfältig vorgenommen werden.

Oft ergibt sich der Fall, daß Foliennutzen nur halb verschweißt werden bei Ecktaschen oder Schlaufen. Ist man deshalb beim Bau unvorsichtig, kann es leicht zu Verbrennungen und Blindschweißungen führen. Also abschließend darf man sagen: Je sorgfältiger diese rein feinmechanische Werkstätte arbeitet, um so sauberer sieht das Endprodukt aus.

Wie ja immer in der Buchbinderei: Auf die Vorarbeiten kommt es an.

Ist die Elektrode am oberen Pressenteil gut befestigt und die Anlage am unteren Pressenteil genauestens ausjustiert, ist es erforderlich, die Schweißzeit zu regulieren. Die vorhandenen Amperemeter zeigen genau an, welche Stromstärke benötigt wird und wieviel Stromreserven noch vorhanden sind. Es ist ein Unding, eine 500-Watt-Maschine voll auszulasten, man behält mindestens 100 Watt in der Reserve. Diese Regel entspricht auch den dementsprechend stärkeren Maschinen. Die Amperemeter zeigen die jeweilige Spannung genau an, so daß eine Einstellung relativ vorgenommen werden kann. Es ist gewissermaßen ein Einpendeln der richtigen Einstellung.

Ebenso ist es mit der Pressung. Ein plötzliches Aufheben der Pressung ist unbedingt zu vermeiden. Nur ganz allmählich die Pressung zurücknehmen. Große Maschinen arbeiten in diesem Raum automatisch. Die Druckregelung erfolgt ohne menschlichen Einfluß. Kleinere Maschinen werden auch heute noch halbautomatisch gesteuert und da ist Gefühl maßgeblich. Um möglich wenig Luft zwischen die Folien und die Pappe zu bekommen, arbeitet man Schaumgummipolster in die Elektroden ein. Dieser Gummi preßt schon vor dem Schweißgang die Luft heraus und ist völlig neutral.

Verleger sowie Hersteller dürfen erwarten, daß zur Hebung der Qualität alles Erdenkliche ersonnen wird.

## Die Prägung auf PVC-Folien

In der voraufgegangenen Abhandlung wurde die Schweißung von Decken, Mappen und anderen Werkstücken aus Plastikfolie ausführlich beschrieben. Als weiterer Arbeitsgang in der Verarbeitung werden nun die einzelnen Stücke mit der Prägung versehen. Hiermit beginnt für den Verarbeiter von PVC-Folien eine der schwierigsten Arbeiten.

Im Laufe der Entwicklung haben sich sehr viele Arten von Ausstattungsmöglichkeiten ergeben. Neben der normalen Prägung wird heute die sogenannte HF-Prägung (Hochfrequenzprägung) in der Hauptsache angewandt. Außerdem finden Siebdrucke, Applikationen und nicht zuletzt die Drucküberschweißung Anwendung.

Wir wollen uns nun die einzelnen Verfahren in technischer und verarbeitungsmäßiger Hinsicht näher ansehen. Jeder Hersteller sollte wissen, welche Möglichkeiten die Prägetechnik bietet und welche Art der Prägung sich für seinen speziellen Fall am besten eignet. Behandelt und erläutert wurde bereits die Prägung des gewöhnlichen Einbandes; ähnlich, jedoch wesentlich komplizierter ist die Prägung der Plastikfolie.

Plastik ist ein Material, das alle bisherigen Voraussetzungen umstößt. Man hat umfangreiche Versuche machen müssen — man macht sie noch heute — um die Heißprägung so weit zu vervollkommnen, um den Wünschen der Hersteller an Haltbarkeit und Sauberkeit gerecht zu werden. Die verschiedenen Wünsche waren es, die die Fertigung vor recht umfangreiche Probleme stellte. Trotz großer Anfangsschwierigkeiten sind sie bisher alle erfüllt worden.

Wie in der Buchbinderei werden auch bei der Plastikprägung Farb- und Metallfolien verwendet*).

Im Falle der Kunststoffprägung werden im Prinzip die gleichen Folien verwendet. Lediglich sind die Zusammensetzungen der Grundiermittel verschieden, außerdem sind völlig andere Prägetemperaturen, die vom Lieferanten angegeben werden, erforderlich. Es werden deshalb, bevor die Auflage in die Maschine genommen wird, Prägeversuche mit der vom Lieferanten angegebenen Temperatur vorgenommen, um unliebsame Überraschungen während der Verarbeitung auszuschalten. Selbst die angegebenen Temperaturen zeigen Schwankungen, die nur durch Erprobung ausgeglichen werden können, um Erfahrungswerte zu sammeln. Selbstverständlich verwendet man bei Metallfolien immer Antioxydfolien; durch die chemische Zusammensetzung der Weichplastik würde bei normaler Folie in kurzer Zeit eine Oxydation auftreten.

### *Heißprägung*

Die Heißprägung ist kaum vom Prägevorgang einer Leinendecke zu unterscheiden. Die geschweißte Decke oder Mappe wird in der bekannten Kniehebelpresse mit Hitze und Druck nach vorhandener Prägeplatte geprägt. Dieser Vorgang ist aber nur dann möglich, wenn es die Oberflächenbeschaffenheit der Plastikfolie zuläßt. Die Oberfläche muß glatt und fast ohne Narbung sein. Treffen diese Voraussetzungen nicht zu, kann eine Prägung mit der Kniehebelpresse oder halbautomatischen Prägepresse nicht ausgeführt werden. Den eigentlichen Arbeitsvorgang kennen wir aus den vorhergegangenen Erläuterungen über Pressen beim Leineneinband. Im Falle der Plastik ist die Temperatur der Maschine jedoch in den meisten Fällen erheblich höher. Ist die Oberflächenbeschaffenheit des Materials für eine normale Heißprägung nicht geschaffen, findet die Hochfrequenzprägung (HF-Prägung) Anwendung.

### *HF-Prägung*

Zuerst müssen wir uns den Prägeplatten für die HF-Prägung zuwenden. Es bestehen merkliche Abweichungen von den gewohnten Platten der Heißprägung. Die Platten sollen vom Graveur speziell angefertigt werden, da dieser die erforderlichen Abweichungen aus der Praxis kennt. Die Stempelflächen, so wünscht es sich der Buchbinder, sollen mit der ganzen Fläche auf dem Plastikmaterial aufsitzen. Diese

*) In dem Beitrag: „Dar Arbeiten auf Oeser-Folien" finden die Leser im letzten Abschnitt (4) eine autorisierte Gebrauchsanweisung über das Prägen von Plastik im Hochfrequenz-Schweißverfahren.

Vorbedingungen erfüllen nur neu angefertigte Messingstempel. Eine scharfe, einwandfreie Prägung kann durch abgequetschte Stempel selbstverständlich nicht erzielt werden. Bei einem ungenauen Aufsetzen können Fehlschweißungen vorkommen oder aber, was noch unliebsamer wäre, es entstehen Funkenentladungen zwischen Stempel und Platte, die die genarbte Oberfläche der Weichfolie völlig verschmoren würden. Weiterhin können unangenehme Blindströme entstehen, die schließlich zu Maschinenschäden oder gar zum gänzlichen Ausfall des Generators führen können.

Bei der HF-Prägung wird, ganz zum Unterschied zu der Heißprägung, bei der nur Hitze und Druck Verwendung finden, mit Hochspannung gearbeitet. Es muß deshalb an dieser Stelle davor gewarnt werden, alte und verarbeitete Prägeplatten, die bereits Tausende von Leinendecken geprägt haben, für eine HF-Prägung zu verwenden. Nur Platten mit völlig senkrecht geschnittenen Wänden und Konturen sowie scharf geschnittenen Kanten führen zu einwandfreien Prägungen, ohne Maschinen- und sonstige Schäden zu verursachen.

Die Verwendung von Galvanos ist nicht möglich, da Hitze und Druck das dünne Metall sofort vernichten würden. Die Prägung, wenn man von einer solchen überhaupt sprechen kann, ergäbe einen Farbklecks, dem jegliche Schärfe und Kontur fehlen würde. Auch Zinkos und heute oft angebotene Spezialgalvanos sind für eine HF-Prägung nicht geeignet. Es ist empfehlenswert, sich vor der Herstellung von Prägestempeln mit der Buchbinderei, die die Prägung vornehmen soll, in Verbindung zu setzen, um sich vor unliebsamen Überraschungen zu schützen.

Ein genaues Justieren der Unterlage ist bei der Prägung unerläßlich. Oft wird gerade hier an Genauigkeit viel versäumt; nur durch mühevolle Kleinarbeit sind dann entstandene Fehler zu beseitigen. Kleine Ungenauigkeiten lassen sich durch Aluminiumfolie ausgleichen, die man unter die Pertinaxplatte schiebt. Es besteht auch die Möglichkeit, einen mit Kunststoff beschichteten Papierstreifen über die gesamte Fläche zu legen, um anschließend mit dem heißen Prägestempel den Ausgleich zu erzielen, indem man die Kunststoffschicht mit Hilfe der Hitze wegschmilzt.

In vielen Fällen ist eine Heißprägung wohl möglich. Wir können aber in der Prägepresse höchstens 100 bis 150 Grad Hitze erzeugen und damit ließe sich eine Plastikoberfläche nicht schmelzen.

Im Hochfrequenz-Prägeverfahren verwenden wir Stromimpulse, die vom Generator aus mit 300 bis 2000 Watt beschickt werden. Diese Stromleistung wird benötigt, um das Plastikmaterial ohne Druck und

Abstandsbegrenzung nur mit einem kurzen Schlag auf 150 bis 200 Grad Hitze zu bringen. Durch diesen Schlag und die große Hitze wird die Oberflächennarbe der Folie sofort flüssig und erscheint dem Auge wie eine Blindprägung. Die Fachwelt spricht von einer sogenannten HF-Vorprägung. Diese Technik ist einleuchtend, denn eine Haut oder Schweinsledernarbe besitzt eben nicht die geeignete Oberfläche, auf die man, ohne vorher die entsprechende Stelle glatt und porenfrei zu machen, eine Linie einprägen kann.

Diese Vorprägung entspricht im Prinzip der Handvergoldung auf echtem Leder. Auch in diesem Fall wäre ohne die blinde Vorprägung eine Goldprägung nicht ausführbar.

Ist diese Vorprägung bendet, wird in der gleichen Stellung der Presse und des Werkstückes die Farb- oder Metallprägung durchgeführt.

Die Tiefe der Vorprägung bei einer Folieprägung ist so zu wählen, daß die Konturen der Oberflächennarbe völlig verschwinden. Ein zu langes Verweilen mit dem heißen Prägestempel und geringe Generatorenleistung würden ein zu schnelles Schmelzen der Oberflächenschicht verursachen; deshalb ist der kurze Stoß der Presse von größter Wichtigkeit. Eine Gratbildung an den Außenkonturen der Schrift, erzeugt durch den Schmelzvorgang, beinträchtigt die Schönheit der nachfolgenden Folieprägung.

Auch der eigentliche Prägevorgang ist nur ein kurzer Schlag. Dieser Moment genügt bereits, um eine Verflüssigung des Grundiermittels der Farb- oder Metallfolie zu bewirken. Zur Gegenüberstellung beider Prägeverfahren wäre zu erwähnen, daß ausschließlich die Materialeigenschaft für das gewünschte Endprodukt maßgebend ist. Die Heißprägung ist preislich gesehen billiger, wiederum aber nicht in allen Fällen verwendbar.

Der Verleger sollte lieber den kleinen Mehrpreis einer HF-Prägung in seine Endkalkulation mit einbeziehen. Die Hochfrequenzprägung ist in der Qualität, wie bereits erwähnt, wesentlich konturenschärfer, was ja schließlich auch für das Aussehen und damit für den Verkaufserfolg entscheidend ist.

Ist man gezwungen, auf einem bereits geschweißten Artikel, z. B. einer Kalenderdecke oder einer geschweißten Mappe, eine nachträgliche Prägung anzubringen, ist größte Vorsicht am Platze. Ein etwas zu starker Druck genügt schon, um das Material durchzuschweißen. Der Präger schützt sich hiervor, indem er eine kleine Metallplatte zwischen beide Folien legt, die den Druck auffängt und die Gefahr des Durchbrennens verhindert.

Die Schweiß- und Prägetechnik wurde im Laufe der letzten Jahre wesentlich erweitert; es wurden völlig neuartige Fertigungsmethoden in bezug auf Ausstattung und Oberflächenbehandlung entwickelt, um den vielseitigen Anforderungen seitens der Verlage gerecht zu werden. Eines dieser neuen Verfahren ist die „Applikation“ auf PVC-Decken oder -Mappen.

*Applikation*

Das Wort „Applikation“ stammt aus der Textilbranche. Beim Prägeverfahren beschreitet man fast die gleichen Wege in der Herstellung, jedoch sind die technischen Voraussetzungen völlig andere. Im Falle der Weich- oder Täschnerfolien schweißt man Folie auf Folie. Anders ausgedrückt, man bringt auf der eigentlichen Oberflächenfolie eine andersfarbige Weichfolie an.

Für Verlagshersteller, Werbeleute u. a. erschließt sich ein weites Feld verschiedenartiger Möglichkeiten, den Wert und die Schönheit von Buch oder Mappe um ein Vielfaches zu steigern.

Wir kennen nun bereits den üblichen Prägestempel oder die Prägeplatte, die aus Hartmessing vom Graveur geschnitten wird. Auch dieses Mal ist der Graveur derjenige, von dem das Gelingen einer schönen Applikation abhängt. Das technische Verfahren ist mit wenigen Worten gesagt. Es handelt sich um eine Überschweißung des Grundmaterials. Diese Überschweißung kann nur gelingen, wenn eine Messinggravur zur Verfügung steht, die konkav oder besser hohlgeschliffen ist. Die zu applizierende Folie wird zwischen Grundfolie und Platte gelegt. Beim Prägevorgang schweißen dann die beiden Außenkanten das Oberflächenmaterial zusammen.

Erste Bedingung ist eine gut geschnittene Prägeplatte, die dem Graveur eine Präzision und große Sachkenntnis abverlangt.

Die Einrichtung der Hochfrequenz-Prägepresse ist die gleiche wie bei einer Prägung von Farb- oder Metallfolien. Nur legt man bei der Applikation zwischen die Oberfläche und den Prägestempel eine 0,2 mm starke Applikationsfolie.

Beim Schließen der Prägepresse fließt der Stromimpuls durch Platte und Unterplatte und verflüssigt das Plastikmaterial an der Stelle, an der die Platte auf der Oberschicht des Grundstoffes aufsitzt. Durch den Hohlschliff geht an den Außenkanten und danach in der Hohlkehle die Schweißung vor sich.

Der Weichmacher des Materials wandert und verbindet sich nahtlos mit dem darunterliegenden Material. Ist der Arbeitsprozeß, der nur Sekunden dauert, beendet, öffnet sich die Presse und das Werkstück kann der Maschine entnommen werden. Nach kurzer Abkühlung ist es möglich, den Überhang der Folie von den geschweißten Nähten abzulösen. Es bleibt die farbige Form und Struktur der Platte fest mit der Oberfläche verbunden. Das fertige Produkt erscheint danach erhöht und plastisch auf dem farbigen Grund der Decke oder Mappe.

Ungeahnte Möglichkeiten in Farbe und Form werden dem Verleger durch diese Applikation gegeben. Gerade die Industrie läßt oft die kompliziertesten Applikationen auf Ring- oder sonstige Werbemappen anbringen, um alle Möglichkeiten der Werbung auszuschöpfen.

Viel Mühe und mancher Verdruß hat sich mit der Applikation beim Prägen ergeben. Versuch auf Versuch mußte unternommen werden, um das Verfahren auf den neuesten Stand der Technik zu bringen.

*Plastettendruck*

Die Papiere können wir — grob gesehen — mit einem Abziehbild vergleichen. Wir kennen mehrfarbige Firmenzeichen oder Wappen; von diesen eine Messinggravur zu schneiden, wäre nicht möglich oder würde beim Prägen nur als Farbkleckes erscheinen. Aus dieser Erwägung heraus druckt man im Druckverfahren auf eine Cellophanschicht ein Wappen oder sonstiges Signet. Da es sich in den meisten Fällen nur um kleine Flächen handelt, ist keine komplizierte Einrichtung der Hochfrequenz-Presse nötig.

Es ist erforderlich, daß zuerst die gesamte Fläche der Plastette blind geprägt wird; wie beim Metallfoliendruck muß die Oberflächennarbe völlig verschwunden sein. Dieser Arbeitsgang ist nicht zu umgehen. Danach wird mit einem kurzen Schlag der Grundplatte die beschichtete Klarsichtfolie übertragen. Nach Beendigung des Prägevorganges läßt sich die Cellophanschicht leicht abziehen und die Farbschicht haftet auf der Oberfläche der Decke.

Das Plastettenprägen wird selten angewandt, da die Fläche verhältnismäßig klein ist. Doch ist das Verfahren gerade für spezielle Prägungen, Wappen, Firmensignets u. ä. am besten geeignet.

Ein weiteres Dekorationsverfahren, das sich bereits den Markt eroberte, ist der Siebdruck.

*Siebdruck*

Wir kennen den Siebdruck bereits von der Plakatwerbung, von der Werbung der pharmazeutischen Industrie (Verpackungen, Tuben etc.). Auch in der Buchbinderei erfreut sich der Siebdruck dank seiner großen Variationsmöglichkeiten immer größerer Beliebtheit.

Es ist möglich, auf einer glatten Oberfläche — das ist Voraussetzung — Motive jeglicher Gestalt anzubringen. Ein wesentlicher Punkt für die immer größer werdende Beliebtheit des Siebdruck-Verfahrens ist wohl der Preis, der gegenüber der Anfertigung von Hartmessingstempeln niedriger liegt. Die Gestaltung und die Zusammenstellung der Farben ist bei diesem Verfahren ausschlaggebend.

Wohl in den meisten Fällen wird der Siebdruck vom Buchbinder nicht selber hergestellt. Spezialanstalten haben sich entwickelt, die über eine genaue Fachkenntnis verfügen. Es gehört aber in den Themenkreis des Druckens bzw. Prägens auf Plastikmaterial, zumal es heute einen großen Interessentenkreis findet und der Buchbinder täglich mit den Wünschen der Kundschaft in dieser Richtung rechnen muß.

Als nächstes Verfahren wäre die „Drucküberschweißung" zu nennen.

### *Drucküberschweißung*

Die Drucküberschweißung ist ein völlig unabhängiger und zusätzlicher Schweißgang. Auf eine unbedruckte fertige Decke oder Mappe wird plano auf beide Deckelseiten und den Rücken ein mehrfarbig bedrucktes Kunststoffblatt gelegt. Die ganze Decke erhält als Überzug eine 0,1 oder 0,2 mm dicke Klarsichtfolie als Schutzhülle, die mit den Außenkanten der Decke verschweißt wird. Auch ist es möglich, die gesamte Fläche des Werkstückes mit einem Blatt zu belegen und zu überschweißen. Bei dieser Verarbeitungsart spart man die Prägung ein und als zweites einen unter Umständen teuren Schutzumschlag.

Graphisch kann der Hersteller in Verbindung mit dem Buchbinder alle Möglichkeiten der Gestaltung ausschöpfen. Neben farblicher Wirkung lassen sich auch andere Werbeeffekte erzielen, die — wir wissen es — heute nicht hoch genug eingeschätzt werden können.

Durch den Klarsichtfolienüberzug ist der darunterliegende Kunstdruck gegen äußere Einflüsse und Beschädigungen geschützt.

# NEUZEITLICHE HOCHLEISTUNGS-DRUCK- UND VERARBEITUNGSMASCHINEN

## Polyäthylen-Druckmaschine der Spezialmaschinenfabrik J. Heinrich Spoerl, Düsseldorf

Die ständig steigende Verwendung von Kunststoffen, insbesondere für Verpackungszwecke, stellt immer höhere Anforderungen an die Maschinen zum Bedrucken der hier verwendeten Kunststoff-Folien.

Das Hauptproblem hierbei ist die nicht absorbierende geschlossene Oberfläche der Kunststoffe, von der die Annahme, die Haftung und die Trocknung der Druckfarben weitgehend abhängig ist.

Die Haftung kann verbessert bzw. überhaupt erst ermöglicht werden durch entsprechende Oberflächenbehandlung, entweder durch chemische Bäder oder durch Hitzebehandlung oder durch Elektronenbeschuß. Man erreicht dadurch eine Oxydation der Oberfläche und damit eine verbesserte Haftungsmöglichkeit der Farben.

Eine weitere Möglichkeit die Haftung zu verbessern liegt in der Zusammensetzung der Farben. Die Druckfarben-Industrie hat Spezialfarben entwickelt, die sorgfältig auf die einzelnen Kunststoffsorten abgestimmt sind.

Die hauptsächlichsten Kunststoff-Folien für die Verpackung sind:

Niederdruck- und Hochdruck-Polyäthylen,
Polyvinylchlorid-Folien,
Polyvinylidenchlorid-Folien,
Polyamidfolien,
Polystyrol-Folien,
Zelluloseazetat-Folien,
Zellglas und
Verbundfolien.

Die jeweils erforderliche Folie richtet sich nach der Art des Gutes, das verpackt werden soll. Jede dieser Kunststoff-Folien hat natürlich besondere Eigenschaften, die bei der Zusammensetzung der Farben berücksichtigt werden müssen.

Als Druckverfahren eignen sich hauptsächlich Tiefdruck- und Anilin-Gummidruck, insbesondere auch deswegen, weil hier geringe Anpreßdrücke verwandt werden und eine feinfühlige Einstellung erfolgen kann, so daß die dünnen Folien nicht durchgeprägt werden können.

Während der Tiefdruck bisher hauptsächlich bei Massenproduktion in Frage kam, setzt sich neuerdings auch der Gummidruck immer mehr durch, zumal Maschinen hierfür auf den Markt gekommen sind, die speziell für das Bedrucken von Kunststoff-Folien konstruiert sind und höchstens Ansprüchen gerecht werden.

Drei Hauptpunkte bestimmen das Aussehen dieser Spezial-Druckmaschine:

1. Spannungs- und Verzugsfreies führen des Materials von Farbwerk zu Farbwerk.
2. Schnelle, intensive Trocknung.
3. Spannungsfreie, automatische Wiederaufwicklung.

Um dem ersten Punkt zu genügen muß eine Folien-Druckmaschine mit einem gemeinsamen Gegendruckzylinder versehen sein, der das Material unverrückbar festhält, während es von Farbwerk zu Farbwerk transportiert wird. Besonders wichtig ist eine möglichst universelle Trocknungseinrichtung. Während einige Kunststoffe eine intensive Hitze unmittelbar nach dem Druck und anschließende Abkühlung durch Kaltluft oder Kühlzylinder erfordern, ist bei anderen Materialien die Gefahr der Schrumpfung und Versprödung bei zu hoher Hitze gegeben und diese erfordern für die Trocknung mehr Kalt- und Warmluft.

Eine moderne Foliendruckmaschine ist meist mit Infrarotstahlern, Heiß- und Kaltluftgebläsen und oft auch mit Kühlzylindern ausgerüstet, die wahlweise zu- und abgeschaltet werden können.

Für die Wiederaufwicklung verwendet man im allgemeinen, mit Ausnahme von Zellglas, die Wickelwellen, angetrieben durch ein Spezialgetriebe, das auf eine bestimmte Spannung eingestellt werden kann und diese über den ganzen Rollendurchmesser automatisch konstant hält.

Eine Druckmaschine mit den vorstehend beschriebenen Eigenschaften ist auf den Tafeln IV u. V abgebildet. Es handelt sich hier um eine Vierfarben-Maschine in einer sehr übersichtlichen, äußerst stabilen Bauart. Die vier Farbwerke sind um einen gemeinsamen Gegendruckzylinder angeordnet. Diese Farbwerke bestehen aus einem Farbkasten mit gummiüberzogener Tauchwalze, gerasterter Farbenübertragungswalze und an den beiden inneren Farbwerken zusätzlich eine Farben-Abstreifwalze. Eine Abstellung der Farbwerke bei Stillstand der Maschine und gleichzeitige Abhebung der Strahlerbahn, um einerseits Ankleben des Materials an die Klischees und andererseits zu große Erwärmung des Materials zu vermeiden sind selbstverständlich.

Die Geschwindigkeit kann stufenlos und verlustfrei geregelt und dem jeweiligen Material angepaßt werden. Es können zwei Aufwicklungen und zwei Abwicklungen vorgesehen werden, um die Stillstände beim Rollenwechsel zu verringern. Eine dritte Abwicklung und Aufwicklung dient hauptsächlich für die Verarbeitung von Papier und Zellglas.

Derartige Spezial-Druckmaschinen waren bisher überwiegend in Arbeitsbreiten unter 1.— m im Handel. Neuerdings werden mehr und mehr breitere Maschinen verlangt, nachdem man in der Lage ist, auch breitere Folien herzustellen.

In dieser kurzen Abhandlung konnten selbstverständlich nur die wichtigsten Punkte, die beim Bedrucken von Folien Berücksichtigung finden müssen, genannt werden.

Die Entwicklung ist auch hier noch sehr im Fluß und man kann annehmen, daß sowohl von den Folienherstellern als auch von den Druckfarbenfabriken sowie den Maschinenfabriken in aller Kürze weitere wesentliche Verbesserungen herausgebracht werden.

## Hochleistungs-Anilindruckmaschine, Modell „WU 153"

(Mitgeteilt von der Maschinenfabrik Max Kroenert, Hamburg-Bahrenfeld)

Diese Hochleistungs-Anilindruckmaschine ist eine vielseitig bewährte und erprobte Druckmaschine für höchste Dauerleistungen. Sie eignet sich dank ihrer überaus kräftigen Konstruktion vorzüglich zum Bedrucken von leichten bis schweren Papiersorten. Eine sinnvolle Anordnung von Infrarotstrahlungsheizungen in Verbindung mit reichlich dimensionierten Gebläseeinrichtungen gewährleisten auch beim Verdrucken von schwer trocknenden Pigmentfarben auf nicht oder nur wenig saugfähigen Materialien, wie Zellglas, hart-PVC und kaschierter Metallfolie, hohe Arbeitsgeschwindigkeiten.

Die einzelnen Konstruktionselemente der Maschine sind so gehalten, daß das Ein- und Ausheben der Ballen sowie der Ein- und Ausbau der Muster- und Farbwalzen schnell und mit geringem Arbeitsaufwand geschehen kann. Es ist daher auch möglich, kleine Auflagen wirtschaftlich zu verarbeiten.

Durch die fast ausschließliche Verwendung von Schrägzahnrädern ist eine sehr gute Laufruhe der Maschine gegeben. Alle Wellen, wie Ballenwellen und Druckspindeln sind ohne Längs- oder Quernuten ausgeführt, wodurch die Stabilität und Vibrationsfestigkeit gesteigert wurden.

Die Dessinspindel ist in kräftigen, nicht verstellbaren Gußböcken auf Nadellagern gelagert. Sämtliche Wellen, Walzen und Spindeln außer den Ballenspindeln sind in Wälzlagern gelagert, so daß bei leichtem Lauf nur geringe Wartung nötig ist.

Es wurde bei der Konstruktion großer Wert darauf gelegt, alle Bedienungsorgane der Maschine übersichtlich und zugänglich anzubringen.

Die Maschine besitzt eine Einhebelbedienung, d. h. mit der Bewegung des Schalthebels wird die Hauptkupplung der Maschine betätigt, der Gegendruckzylinder und die Farbwalzen von der Klischeewalze abgehoben oder angestellt. Gleichzeitig wird auch die Heizung der Luftduschen geschaltet.

Die elektrischen Heizungen werden über Statotherm verlustlos geregelt.

An den Luftduschen befinden sich einstellbare Abblasstutzen, durch die ein Teil der Umluft abgeblasen werden kann.

Beim Abschalten der elektrischen Heizungen über den Schalthebel laufen die Gebläse weiter, um ein Verbrennen der Bahn durch die Infrarot-Stäbe zu verhindern.

Die Einstellung der Farbgebung an die Klischeewalze und des Druckes geschieht über Zentralstellungswellen von der Bedienungsseite der Maschine aus.

Die Registerverstellung in Bahnrichtung geschieht je nach Wunsch entweder durch Bremsschalenregulatoren, die eine Verstellung der Musterwalze um 360° gestatten oder durch Schrägzahnradverstellung.

Die Druckwerke sind so eingerichtet, daß entweder mit 2 Gummiwalzen, Gummiwalze und Rasterwalze oder mit Rasterwalze und Rakel gearbeitet werden kann. Die Rakel wird durch Schneckentrieb angestellt. Durch die besondere Anordnung der Farbwalzen (Farbwalze und Übertragungswalze laufen beide in der Farbschale) ist ein extrem kurzer Weg in der Farbgebung gefunden worden. Dieses ermöglicht das Verdrucken von sehr schnell trocknenden Spezialfarben.

Die Farbabstreifbleche sind so ausgebildet, daß bei Geschwindigkeiten von 300 m/min. kein Spritzen auftritt. Die Maschine wird mit Farbumwälzeinrichtungen geliefert. Dadurch wird ein gleichbleibendes Farbgemisch während der gesamten Druckzeit gewährleistet. Das Nachfüllen von Farbe und Lösungsmitteln kann bequem in die außerhalb der Maschine befindlichen Behälter geschehen.

Die Farbwalzen sind mit Sebstlaufeinrichtungen ausgestattet. Während des Maschinenstillstandes laufen die Farbwalzen weiter, um ein Austrocknen der Farben zu vermeiden.

Eine Balleneinhebevorrichtung ermöglicht das mühelose Einheben von Ballen bis max. 1,5 t und einem Durchmesser bis 1000 mm. Der Ballen wird durch Drehen einer Handkurbel mit Kettenraduntersetzung von 2 in Zahnsegmenten sitzenden Klauen eingehoben.

Um während des gesamten Druckvorganges eine absolut gleichmäßige Bahnspannung zu erreichen, können auf Wunsch die „WU 153" Druckmaschinen mit Tension-Kontrolle ausgerüstet werden. Die Ware wird dann über ein regelbares Getriebe vom Ballen abgezogen und über eine gewichtsbelastete Tänzerwalze geführt. Dann wird sie über eine mit einer Federwaage verbundenen Schwenkwalze in die Maschine geleitet. An der Federwaage ist die Bahnspannung direkt abzulesen. Eine Veränderung des Bahnzuges kann durch Abnahme oder Hinzufügen von Gewichten geschehen.

Die Maschine kann mit Tiefdruckeinrichtungen versehen werden. Auch hier ist durch eine entsprechende Konstruktion dafür gesorgt, daß während des Stillstandes der Maschine der Tiefdruckzylinder weiterläuft.

Die Maschine wird mit Tragwalzenaufrollung, direkter Aufrollung oder kombinierter Aufwicklung geliefert. Durch einfache Handgriffe kann die Drehrichtung der Aufwicklungen umgekehrt werden. Zusätzlich kann an der Aufrollung eine Besäum- und Trenneinrichtung angebracht werden.

Vor der Aufrollung ist eine gut dimensionierte Kühlwalze angebracht, die gewährleistet, daß die bedruckte Bahn abgekühlt aufgerollt wird.

Einige Leitwalzen sind mit Exzenterschnellverstellung versehen, um eine Justierung schiefer Papierbahnen zu ermöglichen.

Die Abwickelbremse ist eine Friktionsbremse, die eine zügige und gleichmäßige Bremsung des Ballens gewährleistet. Die Aufwickelfriktion arbeitet im hohen Drehzahlbereich und garantiert durch die große Untersetzung einen klanghart gewickelten Ballen.

### Rotationstiefdruckmaschine, Modell „Corona"

Seit mehreren Jahrzehnten sind wir auf dem Gebiete der Herstellung von Folienveredelungsmaschinen und Druckmaschinen tätig, so daß wir bei der Konstruktion unserer Folientiefdruckmaschinen auf ausgedehnte Erfahrungen zurückgreifen konnten.

Es hatte sich nämlich gezeigt, daß die bisher üblichen Verfahren zum Bedrucken von Papier im Tiefdruckverfahren nicht zu übertragen sind auf den Tiefdruck auf Folien. Die bisher üblichen Maschinen arbeiten mit einem beweglichen Gegenpresseur und einer feststehenden Tiefdruckwalze. D. h. beim Abstoppen der Maschine wird der Gegenpresseur vom Tiefdruckzylinder abgehoben. Dieses Verfahren läßt sich beim Folientiefdruck nicht anwenden, da hierbei eine Veränderung der

Bahnlänge und damit der Bahnspannung in der Maschine eintritt. Im Hinblick auf diese Tatsache wird bei unserer Maschine der Tiefdruckzylinder vom Gegenpresseur abgehoben, während der Gegenpresseur und alle an der Bahnführung beteiligten Walzen fest in ihrer Lage bleiben. Auf diese Weise ist sichergestellt, daß die Bahn ständig die gleiche Länge und Spannung behält, gleichgültig ob der Druckzylinder angepreßt oder abgehoben ist. Beim Druck wird der Druckzylinder mit konstanten einstellbaren Druck pneumatisch an den Gegenpresseur gedrückt. (Tafel XIV.)

Der Anpreßdruck des Druckzylinders wird durch zwei voneinander unabhängig feinstens einregelbare Druckluftzylinder erzeugt. Dadurch ist es möglich, auch bei leicht taumelnden oder unrunden Tiefdruckzylindern noch einen einwandfreien Druck zu erzielen.

Bei Bahnriß oder anderen Störungen kann der Druck sofort unterbrochen werden durch die Schnellabsenkung der Tiefdruckzylinder.

Damit ist aber noch nicht alles getan, um beim Drucken die Bahnspannung auch konstant zu halten. Dies wurde erreicht durch ein präzise arbeitendes Tänzerwalzensystem, das durch seine Konstruktion den Vorteil hat, daß ein Nachregeln während des Durchlaufs eines Ballens nicht erforderlich ist. Dadurch erhält die Maschine eine sehr große Laufruhe.

Die Regelung des Passers wird durch Registerwalzen bewirkt, deren Verstellhandräder durch körpergerechte Anbringung ermöglichen vom Beobachtungsfenster aus das Register einzuregulieren. Selbstverständlich kann die Verstellung auch durch Servomotoren erfolgen, die Regelimpulse von einer Fotosteuerung in sehr kleine Bewegungen der Schwenkwalze umsetzen. Durch Anbringung einer entsprechenden Schaltung kann die Verstellung dann wahlweise auf Automatik- oder Handbetrieb umgestellt werden.

Ein besonders wichtiger Punkt beim Tiefdruck auf Folie ist die Trocknung des Druckes. Während beim Druck auf Papier die Farbe die Möglichkeit hat bis zu einem gewissen Grade die Lösungsmittel ins Papier abzugeben, entfällt beim Druck auf Folie diese Hilfe. Diesem Umstand wurde bei unserer Maschine in vollem Maße Rechnung getragen. Eine intensive Trocknung oberhalb jedes Farbwerkes stellt sicher, daß die aufgedruckte Farbe bis zum Einlauf in das nächste Farbwerk vollständig trocken ist. Die Führung der Folie in der Trockenkammer übernimmt eine freilaufende Leichtbau-Trommel. Durch ein reichlich dimensioniertes Gebläse wird die Trockenkammer gut mit Warmluft durchströmt, welche durch das Innere der Trommel abgesaugt wird. Auf diese Weise ist die Entfernung der Lösungsmittel aus dem

Aufdruck gewährleistet. Die Heizung der Trockenkammer ist nach modernen Gesichtspunkten ausgelegt und ergibt eine erhebliche Energieersparnis durch Umluftbetrieb.

Durch extrem kurze Bahnwege haben wir sichergestellt, daß die Aluminiumfolie faltenfrei durch die Maschine läuft. Um die Wärmedehnung der Ware zu kompensieren läuft die Bahn nach jedem Passieren der Trockenkammer über eine Kühlwalze.

Sinnvoll konstruierte Folienwickeleinrichtungen sorgen für faltenfreies Ab- und Aufwickeln der Waren. Dessen ungeachtet, kann die Maschine auch mit anderen Auf- und Abwickeleinrichtungen ausgestattet werden.

Eine Maschine, die nackte Aluminiumfolie verarbeiten kann, eignet sich selbstverständlich auch für die Verarbeitung von Papier und Transparenten. So ist es ohne Schwierigkeiten möglich, Papier auf unserer Maschine zu bedrucken. Aus diesem Grunde haben wir die Möglichkeit zur Anbringung der notwendigen Papierab- und -aufrollung offen gelassen. Die Maschine wird meist mit einer doppelten Schwenkabrollung ausgestattet. Diese Einrichtung gestattet fliegenden Rollenwechsel.

Zur Bedienung der Maschine ist zu sagen, daß wir bei Auslegung und Anordnung der Schaltung der Maschine die äußerste Sorgfalt beobachtet haben, daß das Bedienungspersonal an der Stelle die Schaltknöpfe und -hebel vorfindet, wo sie zur bequemen und schnellen Bedienung der Maschine erforderlich sind.

So besitzt jedes Farbwerk ein Schaltpult auf dem alle Bedienungselemente zur Bedienung des Farbwerkes und der gesamten Maschine in Griffnähe angeordnet sind. Durch sinnvoll angebrachte, große Beobachtungsfenster kann der Druck beim Einrichten gut überwacht und einreguliert werden.

Die Farbgebung auf dem Tiefdruckzylinder ist so reichlich ausgelegt, daß selbst bei schnell trocknenden Farben und bei jeder Geschwindigkeit eine gleichmäßige Einfärbung des Druckzylinders gewährleistet ist. Trotz der Geschlossenheit des Farbwerkes beim Drucken läßt sich in sehr kurzer Zeit ein Zylinder- und Farbwechsel durchführen, da alle Teile des Farbwerkes, die mit Farbe in Berührung kommen schnell ausgewechselt werden können. Besondere Sorgfalt haben wir außerdem darauf verwendet, daß die ausgewechselten Teile schnell und mühelos gereinigt werden können.

Eine reichlich dimensionierte Farbumlaufanlage, die im übrigen vollkommen abgeschlossen ist, sorgt für gleichmäßige Durchmischung und ständige Bewegung der Farbe. Durch eine einfache, aber sinnvolle Konstruktion der Farbwerkteile kann nirgendwo im Farbumlauf ein Sumpf entstehen.

## Folien-Verarbeitungs-Maschinen der Firma Gottlieb Wiedemann KG, Fellbach b. Stuttgart

Unter Metallfolien versteht man sogenannte Aluminium-Folien, einfach oder kaschiert mit Aluminium. Die Metallfolien werden seit einigen Jahren immer mehr von sogenannten thermoplastischen Folien verdrängt.

Bei den thermoplastischen Folien ragt für Verpackungszwecke in erster Linie die Polyäthylenfolie hervor. Diese wird, wenn man den gesamten Verbrauch für Verpackung an thermoplastischen Folien ins Auge faßt, zu etwa 97 bis 98 % verwendet. Andere thermoplastische Folien mit den verschiedensten Namen sind also, von dem Gesamtverbrauch ausgehend, unbedeutend, weil sie nur zu bestimmten Verpackungszwecken verwendet werden, die besondere Anforderungen stellen, also mit anderen Worten, bei den Polyäthylen nicht ausreicht.

*Thermoplastische Folien für die Verpackung, insbesondere Polyäthylen*

Je nach Art der thermoplastischen Folie, muß sie einen besonderen Herstellungsweg gehen. Hier soll zunächst einmal die Verpackungsfolie besprochen werden. Verpackungsfolien, insbesondere Polyäthylen, werden von sogenannten Extrudern geblasen, und zwar entweder in Schlauchform oder aber neuerdings auch in Blattstrangform.

Von der Herstellungsmaschine (Extruder) kommen die Folien in Rollen auf die Folienverarbeitungsmaschinen. Man unterscheidet hier bei diesen zwei Haupttypen, und zwar

1. Beutel- und Sack-Herstellungsautomaten,
2. Beutel- und Sack-Verschließmaschinen.

Bei der Herstellung hat man bis heute 3 verschiedene Verfahren angewendet. In erster Linie wird das Patent der sogenannten Impuls-Schweißung verwendet. Das Patent ist im Besitz der Firma Gottlieb Wiedmann KG., Maschinenfabrik, Fellbach. Die Impulsschweißung gilt bis heute noch als die sicherste und zuverlässigste Polyäthylenverschweißung.

Zu Nr. 2 verwendet man insbesondere bei Massenherstellung von Polyäthylenbeuteln für die Textilindustrie das sogenannte Trennschweißverfahren (1. auf dem Kontinent gebauter Automat Typ S 140 von der Firma Gottlieb Wiedmann KG.).

Als weiteres Schweißverfahren nimmt man die sogenannte Wärmeschweißung mit Wärmestempeln.

Der Automat Typ S 137 stellt Polyäthylenbeutel aus der Schlauchfolie durch das sogenannte Impulsschweißverfahren her, mit einer

Leistung die bis heute auf dem Wege der Elektro-Wärme-Impulsschweißung noch nicht erreicht wurde. (Tafel XV.)

Der Trennschweißautomat Typ S 140 liegt auf dem Weltmarkt heute ebenfalls an der Spitze, sowohl in seiner Leistung als in der Zuverlässigkeit der Arbeit und der Vielseitigkeit der Anwendung. (Tafel XVI.)

Zum Herstellen insbesondere *großer Säcke* aus Polyäthylenschläuchen ist der Typ 1165 als Halb- und Vollautomat konstruiert. (Tafel XVII/1.)

Die Maschine hat sich vielfach im In- und Ausland bewährt. Der Halbautomat dient zur Herstellung kleinerer Serien, da bei dem Halbautomaten die Folie von Hand bis zu einem Anschlag vorgezogen werden muß.

Der Vollautomat arbeitet in derselben Weise wie Typ S 137 also vollautomatisch. Die großen Säcke werden insbesondere in großen chemischen Fabriken massenweise gebraucht und sie haben sich im Laufe der letzten Jahre bestens bewährt.

Beide Automaten 1165, sowohl der Halb- als auch der Vollautomat, arbeiten ebenfalls nach dem Elektro-Wärme-Impulsverfahren. (Tafel XVII.)

In kleinerem Maß kann man auch Verpackungsbeutel herstellen mit dem Apparat Typ 1155/3. Man muß die Folie allerdings von Hand durchziehen, aber viele bedeutende Beutelherstellungsfirmen haben mit diesem Apparat die Arbeit begonnen. (Tafel XVII/2.)

Für das Schließen der gefüllten Beutel gibt es je nach der Größe und dem Inhalt der Beutel und der gewollten Leistung eine Anzahl Geräte und Maschinen. Sie folgen der Reihe nach:

Bei Typ 1155/3 handelt es sich um einen Verschließautomaten der einmal eingestellt automatisch weiterläuft. Die Bedienungsperson muß sich hier nach dem Tempo der Maschine richten.

Für kleinere Schweißleistungen kommt die Maschine Typ 1155/1 für Fußbetrieb in Betracht. Ebenfalls Impuls-Schweißung.

Die Impuls-Schweißzange LORETTE nimmt man insbesondere für Spezialverschweißungen oder aber zum Zuschweißen großer Säcke, zum Zusammenschweißen von Planen usw. (Tafel XVIII/1.)

Für Sonderzwecke nimmt man den Schweißplatz UNIWIPS 35. (Tafel XVIII/2.)

Die kleinen Schweißgeräte Typ 69, Typ 70 und 71 sind zum Verschließen kleinerer Beutel gedacht. Sie haben sich im Laufe der Jahre tausendfach bewährt. (Tafel XIX/XX.)

*Plastbeutel-Herstellautomat Typ S 137*

zur gleichzeitigen Verarbeitung von einer oder von zwei Schlauchrollen thermoplastischer Folie, arbeitend nach dem sicheren Elektro-Impuls-Schweißverfahren mit modernster erschütterungs- und geräuscharmer Mechanik, mit langjährig erprobter elektrostatischer Entladung der durchlaufenden Folien an mehreren Stellen,

mit bewährter Fotozellensteuerung für das Verarbeiten vorbedruckter Folien,

Abstand zwischen Schweißnaht und Schnitt auch während des Laufs der Maschine verstellbar,

die geschweißten und auf genaue Länge geschnittenen Beutel werden automatisch in sauberen Stapeln ausgelegt,

mit Voreinstellzähler, der von der eingestellten Auftragsstückzahl rückwärts zählt, nach jeweils 50 Schweißungen ein akustisches Signal gibt und nach Erledigung des Auftrags die Maschine stillsetzt,

stufenlos einstellbar für Beutellängen zwischen 30 und 750 mm ohne Wechselräder,

für Beutelbreiten bis zu 450 mm,

in Normalausführung für Polyäthylenstärken bis zu 2 × 0,15 mm oder PVC bis zu 2 × 0,08 mm, Rilsan usw.

mit Steuerschrank,

Stärke und Dauer der Schweißimpulse bequem einstellbar mit neuestem Präzisionsinstrument,

mit Drehstrom-Motor 220/380 Volt, 50 Hz.

*GWF-Elektro-Impuls-Schweißapparat Typ 1155*

zum Verschweißen der bekanntesten thermoplastischen Folien für Verpackungszwecke,

der Apparat ist stets arbeitsbereit, er benötigt keine Anheizzeit,

bei Polyäthylen verschweißt er Folienstärken bis 2 × 0,15 mm,

bei Polyvinylchlorid (PVC) bis 2 × 0,08 mm,

mit Spezialwasserkühlung der Schweißstempel,

mit bewährten und exakt arbeitenden neuesten elektrischen Apparaten ausgerüstet,

mit Momenteinstellung für die verschiedenen Folienstärken,

mit einer in der Höhe verstellbaren Beutelauflage, gerade oder nach rechts oder links abfallend, je nach Wahl.

*Typ 1155/1*

Tischmodelle in stabiler Ausführung aber ohne Verkleidung, vorgesehen nur für Beutelschließungen, mit Fußpedal, ohne Tisch, sonst gemäß anliegendem Prospekt.

Anschluß an 220 Volt Wechselstrom, Hz. 50.

Schweißstempelbreite 300 mm, Foliendurchgang 250 mm
Schweißstempelbreite 400 mm, Foliendurchgang 320 mm

*Wärme-Impuls-Schweißzange LORETTE*

Die LORETTE ist ein tragbares Kleinschweißgerät zur Verarbeitung thermoplastischer Folien nach dem Wärmeimpulsverfahren. Mit dem Arbeitsprinzip „Aufheizen und Abkühlen unter Druck" wird eine schnelle und saubere Schweißung erzielt. Die Schweißnähte sind luft- und wasserdicht.

Die LORETTE kann bei der Arbeit bequem in der Hand gehalten oder aber am Arbeitstisch befestigt und durch Fußdruck betätigt werden.

Die LORETTE besteht aus dem Stromversorgungsgerät W 150 und der Schweißzange WZ 150. Auf beiden Backen der Zange ist je ein 3 mm breites Duplo-Heizband isoliert aufgespannt. Wenn die Zange zusammengedrückt ist, wird bei einem bestimmten Druck automatisch der vom Stromversorgungsgerät gelieferte Strom eingeschaltet, und dieser erhitzt die beiden Heizbänder. Dabei werden die eingelegten Kunststoff-Folien unter Druck verschweißt. Die Schweißzeit ist stufenlos einstellbar. Der Impulsstrom wird nachdem die Schweißzeit erreicht ist, wieder automatisch abgeschaltet.

*Wärme-Impuls-Schweißanlage Typ UNIWIPS 35*

max. Nutzlänge 350 mm, zweiseitige Beheizung bestehend aus:

1 Stromversorgungsgerät WING 500 mit Regelwiderstand,
1 Schweißpresse WP 35 G einschließlich Unterstempel WIST 35 mit Heizband und Bezug aus Teflonglasseide,
1 Oberstempel WIST 35 mit Heizband und Bezug aus Teflonglasseide.

*Plastbeutel-Herstellungsautomat Typ S 137*

zur gleichzeitigen Verarbeitung von einer oder von zwei Schlauchrollen thermoplastischer Folie, arbeitend nach dem sicheren

*ELEKTRO-IMPULS-SCHWEISSVERFAHREN*

mit modernster erschütterungs- und geräuscharmer Mechanik,
mit langjährig-erprobter elektrostatischer Entladung der durchlaufenden Folien an mehreren Stellen,

mit bewährter Fotozellensteuerung für das Verarbeiten vorbedruckter Folien,

Abstand zwischen Schweißnaht und Schnitt auch während des Laufs der Maschine verstellbar,

die geschweißten und auf genaue Länge geschnittenen Beutel werden automatisch in sauberen Stapeln ausgelegt,

mit Voreinstellzähler, der von der eingestellten Auftragsstückzahl rückwärts zählt, nach jeweils 50 Schweißungen ein akustisches Signal gibt und nach Erledigung des Auftrags die Maschine stillsetzt,

stufenlos einstellbar für Beutellängen zwischen 30 und 750 mm ohne Wechselräder,

für Beutelbreiten bis zu 450 mm,

in Normalausführung für Polyäthylenstärken bis zu 2 × 0,15 mm oder PVC bis zu 2 × 0,88 mm, Rilsan usw.,

mit Steuerschrank (siehe Abbildung),

Stärke und Dauer der Schweißimpulse bequem einstellbar,

mit neuestem Präzisionsinstrument,

mit Drehstrom-Motor 220/380 Volt, 50 Hz.

**Schweißgeräte für Hand- und Fußbedienung**

*Neigbares Waagrecht-Impuls-Schweißgerät Typ 69*

für thermoplastische Folien, zum Verschweißen von Polyäthylen bis 2 × 0,1 mm oder von Weich-PVC bis 2 × 0,05 mm,

Tischmodell, etwa 30° neigbar,

mit Netzschalter und Netzkontrollampe, die anzeigt, ob Spannung am Gerät liegt,

mit eingebautem Wärme-Impuls-Netzgerät und elektronischem Impulszeitgerät und Kontrollampe,

Zeitregler stufenlos einstellbar zwischen 0,2 und 1,1 sec,
Schweißlänge 200 mm, zweiseitig beheizt
o d e r 300 mm, einseitig impulsbeheizt,

mit 2,5 m langem Kabel und Schutzkontaktstecker zum Anschluß an 220 Volt Wechselstrom.

*Foliensiegelapparat Typ 70*

für die Verarbeitung von heißsiegelfähigem Zellglas, Verbundfolie und insbesondere von dicken, kaschierten Folien und Kraftpapieren. Auf gefälligem Stahlrohrtisch aufmontiert mit Fußschwinghebel und Einrichtung zum Schrägstellen des Schweißgerätes. Mit Thermostat zur Regelung der Siegeltemperatur und Kontrollampe. Schweißstempel beidseitig beheizt, Schweißlänge 200 mm. Die Schweißstempel sind in folgenden Ausführungen lieferbar:

mit Längsrillung, Querrillung, Längswellung oder einfache glatte Ausführung.

*Folienschweißapparat Typ 71*

für die Verarbeitung von thermoplastischen Folien wie Polyäthylen, PVC usw. mit dauerbeheizten Schweißstempeln und Thermostat zur Regelung der Schweißtemperatur im Bereich zwischen 50 und 250° C, sowie Kontrollampe, Schweißlänge 200 mm.

*Trennschweißautomat Typ S 140*

geeignet zum Herstellen von Polyäthylenbeuteln mit seitlicher Perlnaht aus Schlauch- und Blattfolie.

Größte Beutellänge (Schweißnahtlänge) 800 mm,
größte Beutelbreite (größter Vorschub) 500 mm.

Bis Beutellänge 400 mm kann mehrbahnig von der Schlauchrollenfolie gearbeitet werden.

Die Maschine ist mit Fotozellensteuerung zum Verarbeiten bedruckter Folien ausgerüstet und besitzt ein wirksames Entladegerät mit 4 Entladeröhren.

Die Temperatursteuerung für den Heizstempel ist vollautomatisch.

In Verbindung mit einer Schneideinrichtung können vom Schlauch aus Beutel mit und ohne Klappe (Textilbeutel) sowie Beutel mit Bodenfalte (Breitbodenbeutel) hergestellt werden.

Solide Bauweise und beste Facharbeit garantieren einen einwandfreien Lauf der Maschine. Sämtliche Wellen sind kräftig dimensioniert und in Wälzlagern gelagert.

Der Antrieb der Maschine erfolgt über ein stufenloses Regelgetriebe, das zwischen 50 und 120 Schweißungen pro Minute einreguliert werden kann. Die Ablegeeinrichtung wird durch einen besonderen Motor angetrieben.

*Elektro-Impuls-Schweißmaschine Typ 1165*

ausgestattet mit den modernsten elektrischen Instrumenten,
für waagerechten Durchgang der thermoplastischen Folien,
zur Herstellung von Plastsäcken in verschiedenen Breiten und zum

waagerechten Einschweißen größerer Gegenstände in flachgefüllte Säcke, mit stabilem Stahlunterbau, in welchen der Motor und die Mechanik eingebaut sind.

*Typ 1155/3*

Tischmodell, modern verkleidet, automatisiert durch einen eingebauten Drehstrom-Getriebe-Motor, Anschluß an 220/380 Volt Wechselstrom, 50 Hz, mit Fußkontaktschalter für Einzelschließungen oder automatischen Betrieb. Maschine zum Verschließen gefüllter Plastikbeutel in großen Mengen. Schweißstempelbreite 300 mm, Foliendurchgang 250 mm, Schweißstempelbreite 400 mm, Foliendurchgang 320 mm.

**Hochleistungs-Kaschiermaschine für Papier, Aluminiumfolie u. a. m.**

Mitgeteilt von der Fa. Erwin Kampf, Maschinenfabrik, Bielstein-Mühlen (Rhld.)

*Hochleistungs-Kaschiermaschine Modell GM-1000-Super*

Die GM-1000-Super ist eine Hochleistungs-Produktions-Maschine zum Kaschieren, Lackieren und Beschichten als Universalmaschine für jeden Verarbeiter.

Ihre Konstruktion, nach dem Baukasten-Prinzip erlaubt, daß sie sehr leicht besonderen Anforderungen des Kunden angepaßt werden kann. Nahezu 90 % aller normalen Kaschierungen für die Verpackungs-Industrie können auf dieser Anlage hergestellt werden. Die Qualität der Kaschierungen ist hervorragend.

Die GM-1000-Super erlaubt neben der normalen Kaschierung von Papier und Aluminium-Folie das Lackieren bzw. Färben der Folie im gleichen Arbeitsgang und bei höchster Geschwindigkeit. Ebenfalls ist sie ausgezeichnet einzusetzen für thermoplastische Kaschierungen, zwischen Folie und Film und anderen Kombinationen unter Verwendung von lösungsmittelhaltigem Klebstoff. Durch den Einbau einer Luftbürsten-Einrichtung ist sie für Beschichtungen mit wässrigen Dispersionen einzusetzen.

Die Übersichtlichkeit sowie die sehr einfache Bedienung gewährleistet ein Minimum an Abfall.

Standard-Arbeitsbreiten in 800, 1050 und 1250 mm. Spezial-Konstruktionen bis zu 2000 mm Breite sind möglich. (Tafel XXIII/1.)

*Hochleistungs-Rollenschneid- und Wickelmaschine Modell K. S. 7.-Automatic*

Diese Maschine ist auf Grund neuester Erfahrungen auf dem Gebiet der Verarbeitung von empfindlichen und dünnen Papieren, Zellglas, Kunststoff-Folien, Wachspapier, Kinofilm usw. entwickelt worden. Bei der Verarbeitung dieser Materialien ist man jetzt nicht mehr auf die Geschicklichkeit des Bedienungsmannes angewiesen, da diese neue Maschine das Friktionsproblem vollautomatisch löst. Die bisher ständig erforderliche Nachregulierung der Einzelfriktions-Spannung erfolgt nunmehr automatisch. Dieses bedeutet für jeden Betrieb der stärkeunterschiedliche Materialien zu verarbeiten hat, eine umwälzende Neuerung. Die Bedienungsperson hat lediglich die Aufgabe, die Maschine anzufahren und die gewünschte, oder dem zu verarbeitenden Material angepaßte Arbeitsgeschwindigkeit einzustellen. Alle übrigen Steuervorgänge werden vollautomatisch geregelt, so daß eine vollständig automatische Spannungsregelung, eingeschlossen die automatische Regelung der Aufwickelspindel-Drehzahlen bei zunehmendem Wickel-Ø gewährleistet ist.

Hervorstechende Merkmale der K. S. 7.-Automatic sind:

1. Separatantrieb jeder Wickelspindel über Gleichstrom-Motore,
2. automatische Spannungskontrolle der Einzelfriktionen während des Wickelvorganges,
3. automatische Bremsspannung vermittels Tänzerwalze. (Tafel XXIII/2.)

Technische Daten:

Arbeitsbreite normal bis 1600 mm, Sonderausführung bis 2500 mm,
Schnittbreite ab 20 mm, Originalrollen-Ø 1000 mm,
Fertigrollen-Ø normal bis 500 mm, Sonderausführung bis 800 mm,
Arbeitsgeschwindigkeit bis 500 m/min.

*Hochleistungs-Rollenschneid- und Wickelmaschine Modell Universal 2*

Diese Maschine ist geeignet zum Schneiden von folgenden Materialien:

1. Cellulose-Acetat-Folien aller Arten und Stärken bis 100 mü.
2. Kunststoff-Folien, einschl. PVC, Polyäthylen und
3. Aluminiumfolien von 9—60 mü stark, je nach Arbeitsbreite der Maschine.

4. Alle vorkommenden Kaschierungen bis 200 gr/qm.
5. Alle Papierarten, speziell Wachspapier und verschiedene stärkeunterschiedliche Papiere.

Da auf dieser Maschine die verschiedenartigsten Materialien verarbeitet werden sollen, sind sowohl die Materialführung als auch die Aufwickelvorrichtung entsprechend vorgesehen. Die Wicklung kann sowohl anliegend an einer Tragwalze — z. B. bei stärkengleichen Materialien — als auch freitragend — bei stärkeunterschiedlichen Materialien — erfolgen. Bei der freitragenden Wicklung besteht die Möglichkeit, die Wickelspindeln entsprechend dem während des Wickelvorganges größerwerdendem Rollen-Ø von den Tragwalzen abzustellen.

Des weiteren ist die Maschine mit einer Einrichtung für die Rückregulierung der Aufwickelspindel-Drehzahlen bei größerwerdendem Fertigrollen-Ø ausgerüstet. Diese Potentiometersteuerung gewährt eine konstante Voreilung der Aufwickelspindeln während des gesamten Wickelvorganges, wodurch die Friktionen besonders bei hohen Arbeitsgeschwindigkeiten stark entlastet werden. Auf Wunsch kann die Maschine auch mit einer Automatic, die das Spannungsproblem während des Wickelvorganges automatisch regelt, vorgesehen werden. (Tafel XXIV/1.)

*Spezial-Rollenschneid- und Wickelmaschine Modell D. F. 2. B.*

Diese Maschine wurde speziell für die Verarbeitung von dehnungsempfindlichen Materialien, insbesondere Polyäthylen konstruiert. So wurde hierbei an der Abrollvorrichtung eine angetriebene Abzugswalze angeordnet, die das Material von der Originalrolle abzieht. Hierdurch wird ein weitgehendst spannungsfreies Abrollen der dehnungsempfindlichen Materialien gewährleistet. Die Transportpartie, die aus mehreren angetriebenen gummierten Walzen besteht, ist so ausgelegt, daß Spannungen im Material während des Durchlaufs durch die Maschine vermieden werden.

Im übrigen ist die Arbeitsweise der Maschine mit der des Modells Universal 2 identisch.

Die oben beschriebenen Maschinen sind normalerweise mit einer Präzisions-Scherenschnitt-Schneidpartie ausgerüstet.

Ebenso ist die Anbringung einer automatischen Seitensteuerung auf fotoelektrischer Basis an den Maschinen vorgesehen. (Tafel XXIV/2.)

## Berichtigung

zu dem Beitrag: „Die Oberflächenbehandlung der Papiere zur Erhöhung ihrer Widerstandsfähigkeit."

*Bitte streichen Sie auf Seite 127, Abschnitt 3, 4 und 5, auf Seite 128, Abschnitt 1 und die ersten 3 Zeilen des 2. Abschnittes bis zu dem Wort „Lackierungen".*

*Auf Wunsch des Herrn Verfassers folgt nachstehend ein abgeänderter, leider verspätet eingegangener Text als Ergänzung obiger Streichungen im Interesse einer sachlich richtigen Darstellung des behandelten Themas.*

„Neben der seit Jahren bewährten Heißkalandrierung scheint man in letzter Zeit das Kaschieren mit Folien wieder vorzuziehen, insbesondere in Fällen, in denen höchsterreichbare Oberflächenfestigkeit der Druckerzeugnisse erforderlich ist. Diese Tendenz ist nicht zuletzt auf wesentliche Verbesserungen auf dem Foliengebiet, durch Entwicklung verbesserter Kleber und Kaschierkalander zurückzuführen; auch die preisliche Gestaltung hat ihren Beitrag dazu geleistet.

Durch die Verarbeitung der genannten Materialien ist auch die Gefahr einer Schrumpfung der Folie auf ein Minimum herabgesetzt, doch ist es erforderlich, Kleber und Drucksache sachgemäß aufeinander abzustimmen, um dadurch gute Haftung und Nutzstabilität zu erreichen, wozu einige Erfahrung gehört. Gerade die einwandfreie Haftung der Folie auf manchen Druckfarben, die entweder höhere Anteile an ungeeigneten Zusätzen enthalten (vaselinehaltige Druckhilfsmittel, Scheuerschutzpasten, Mineralöle usw.) oder zu hart und „speckig" getrocknet sind, ruft oft Schwierigkeiten hervor. Rücksprache mit dem Druckfarbenlieferanten ist daher vor dem Druck zu empfehlen, damit der Drucker durch Verwendung geeigneter Farben und Hilfsmittel derartige Unannehmlichkeiten von vornherein vermeidet.

Das Kaschieren mit Klarsichtfolie erhöht nicht nur die mechanische Festigkeit einer Drucksache, sondern auch ihre Feuchtigkeitsresistenz in wesentlich höherem Maße als die Lackierung. Wo gerade auf diese Eigenschaften größerer Wert gelegt wird, ist man auch meist bereit, die etwas höheren Kosten der Kaschierung zu tragen. Dies trifft besonders auf dem Gebiet der Bucheinbände und Schallplattenhüllen zu, doch treten mitunter Schwierigkeiten auf, die mit der Kreideschicht der meist zur Verwendung kommenden Kunstdruckpapiere und -kartons in Zusammenhang stehen. Bei nur schwach gebundener Kreideschicht (Matt-Kunstdruckpapier) kann sich die Folie meist schon nach kurzer Zeit am Rande der Drucksache lösen. Bei gewaltsamem Abziehen der Folie löst sich der Strich des Papiers meist vollständig ab. Diese Schwierigkeit wird bei stärker geleimten Strich (glänzende Kunstdruckpapiere) und bei

Naturpapieren meist nicht beobachtet. Von Seiten des Druckers oder Folienkaschierers läßt sich nicht viel gegen diese Gefahr unternehmen — sie muß durch Verwendung guter Kunstdruckpapiere oder Kartonqualitäten von vornherein vermieden werden.

Beim Kalandrierverfahren bestehen keine derartigen Schwierigkeiten. Man kann daher auf dieses Verfahren zurückgreifen, falls sich das erwähnte Ablösen bemerkbar machen sollte. Um möglichst frühzeitig entscheiden zu können, welches Verfahren den günstigsten Effekt bringt und zu geringsten Schwierigkeiten führt, sollten Drucker und Lackierer grundsätzlich Vorversuche mit dem zur Verwendung kommenden Papier vornehmen und die Festigkeit der Kreideschicht prüfen.

Man spricht in Fachkreisen fälschlicherweise meist von „Cellophanierung" und meint dabei das Kaschieren mit Azetatfolie. Cellophan (ein umgewandeltes Naturerzeugnis, auch Hydratzellulose genannt) wird aus verschiedenen Gründen für das Folienkaschieren nicht verwendet. Es wird meist zur Herstellung von Klarsichthüllen (Verpackungsmaterial) verwendet, wo es mit Polyäthylen in Konkurrenz steht. Neuerdings kommen aber auch zum Kaschieren verschiedene Kunststoff-Folien zur Anwendung. Auch hier spielen rein synthetische Folien (Polyäthylen, Polycarbonatfolie usw.) eine zunehmend wichtigere Rolle, da sich dadurch noch bessere Oberflächenfestigkeit erzielen läßt und auch andere Eigenschaften wie Fett- und Feuchtigkeitsresistenz verbessert werden."

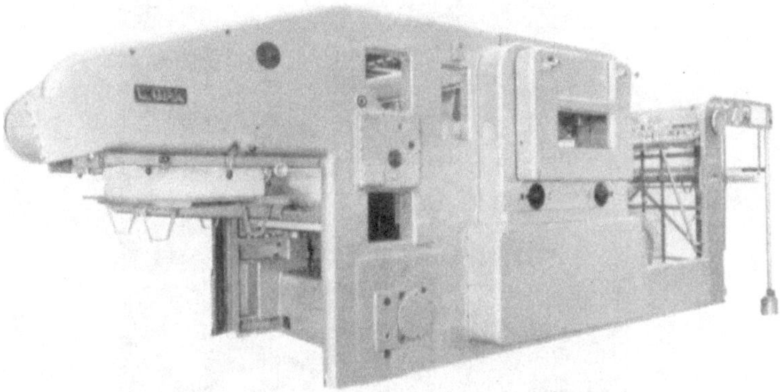

WUPA Präge- und Stanzautomat PSB 1 Format DIN A0

Ausschnitt aus der Werkzeuganordnung für das Ausbrechen von 300 Abfallstücken je Bogen. Ebenso wie in der Stanzstation werden die Bogen in der Ausbrechstation passerhaltig auf der ruhenden Ausbrechform abgelegt.

2 Werkfotos der Firma WUPA-MASCHINEN Aktiengesellschaft, Düsseldorf.

Mit vollständiger Sicherheit werden die Abfallstücke zwischen Ober- und Unterwerkzeug eingespannt und nach unten gezogen.

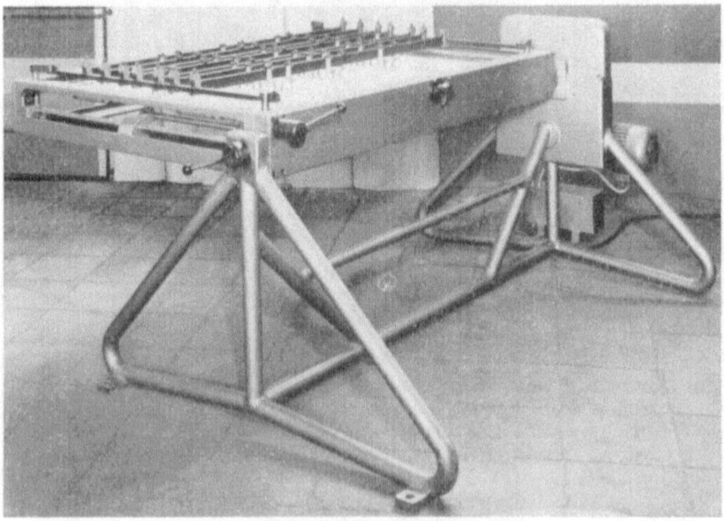

Zurichtetisch zum Ausbrecher.
Das Zurichten der Ausbrechwerkzeuge erfolgt außerhalb der Maschine auf diesem Spezial-Zurichtetisch. Die Stanzform wird im Tisch befestigt und die Ausbrechwerkzeuge direkt nach den Messern gesetzt. Daher ist kein gestanzter Bogen für diese Zurichtung erforderlich.

2 Werkfotos der Firma WUPA-MASCHINEN Aktiengesellschaft, Düsseldorf.

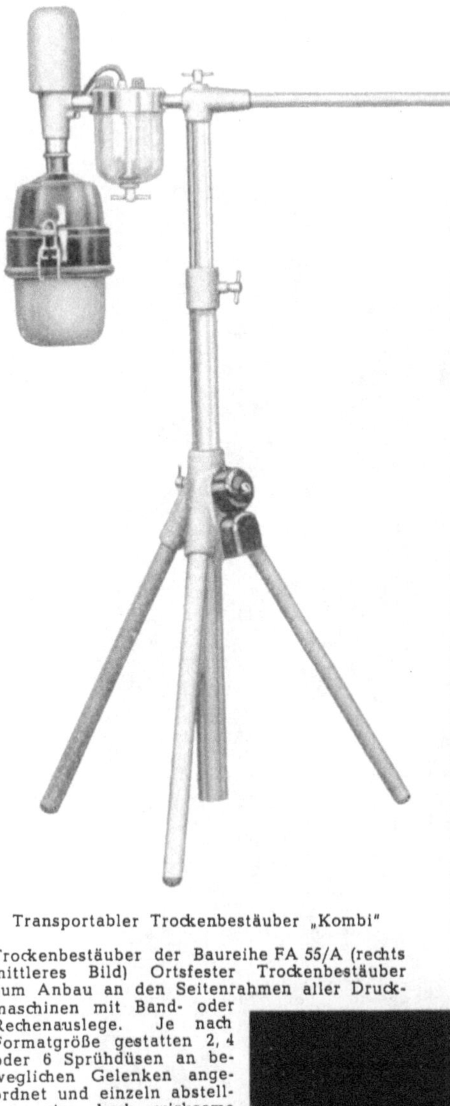

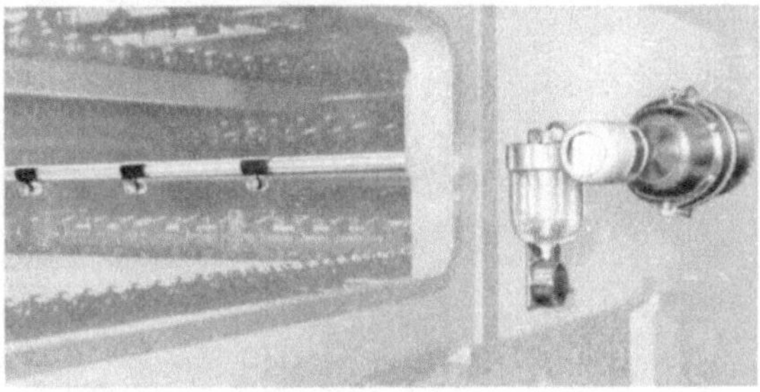

Transportabler Trockenbestäuber „Kombi"

Modell FA 55/A mit 6 Sprühdüsen angebaut an Bandauslegermaschine.

Trockenbestäuber der Baureihe FA 55/A (rechts mittleres Bild) Ortsfester Trockenbestäuber zum Anbau an den Seitenrahmen aller Druckmaschinen mit Band- oder Rechenauslege. Je nach Formatgröße gestatten 2, 4 oder 6 Sprühdüsen an beweglichen Gelenken angeordnet und einzeln abstellbar, eine hoch wirksame und sparsame Bestäubung der Druckbogen auf dem Auslagestapel. Aufbaurohr, nach Höhe und Seite verstellbar, ermöglicht ein Anpassen des Bestäubers an alle Gegebenheiten der Druckmaschine. Blaslufterzeugung durch Spezialgebläse für All- und Drehstrom - oder durch Anschluß an einen Kompressor.

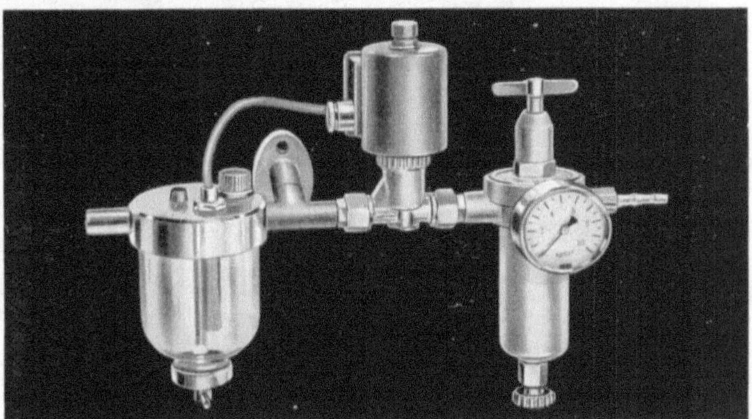

Armatur zum Anschluß an einen Kompressor

4 Werkfotos der Firma Weitmann & Konrad, Echterdingen/ Stuttgart.

Tafel IV

Polyäthylen-Druckmaschine mit 4 Farben und gemeinsamen Gegendruckzylinder — Ansicht von der Farbwerkseite —

Werkfoto: J. Heinrich Spoerl, Düsseldorf

Polyäthylen-Druckmaschine mit 4 Farben und gemeinsamen Gegendruckzylinder — Ansicht von der Aufwicklungsseite —

Werkfoto: J. Heinrich Spoerl, Düsseldorf

Messerschmitt-Banddrucker für den Siebdruck von Rolle auf Rolle.

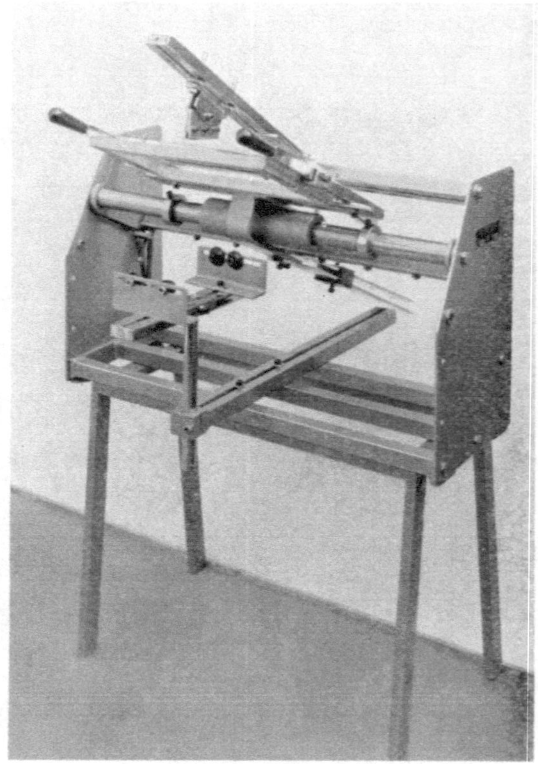

Messerschmitt-Rondomat für den Druck auf runde, zylindrische und flache Körper.

Beide Bilder Werkfotos der Firma Gebr. Messerschmitt GmbH., München.

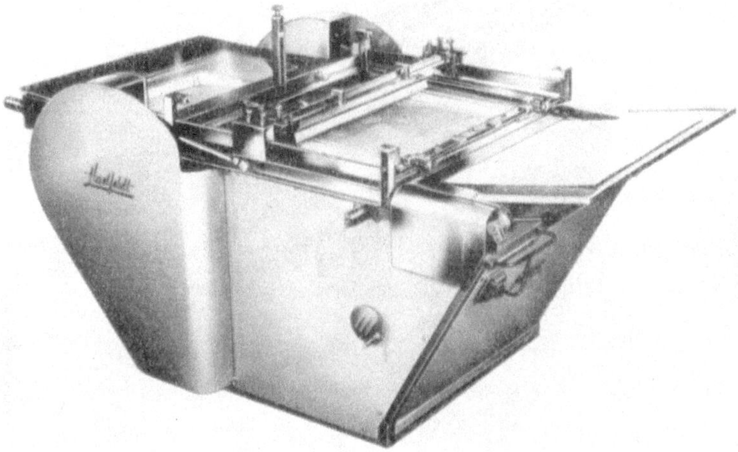

Hartfeldt-Siebdruck-Vollautomat für den Druck auf Bogen.

Messerschmitt-Tablomat-Handmaschine für den Druck auf Zuschnitte.

Beide Bilder Werkfotos der Firma Gebr. Messerschmitt GmbH., München.

Tafel VIII

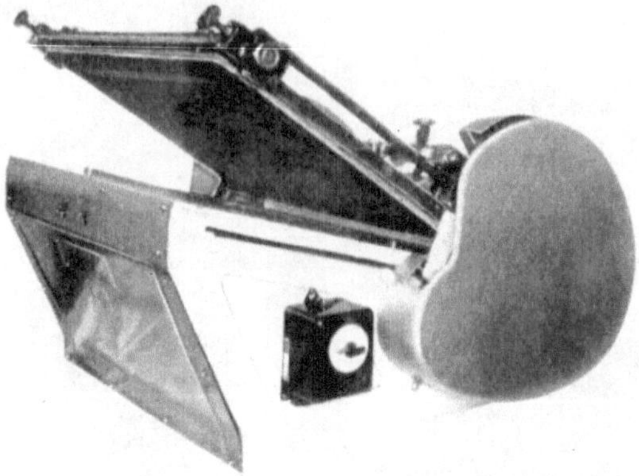

McCormick „Bench Model"

Messerschmitt Trockenschrank

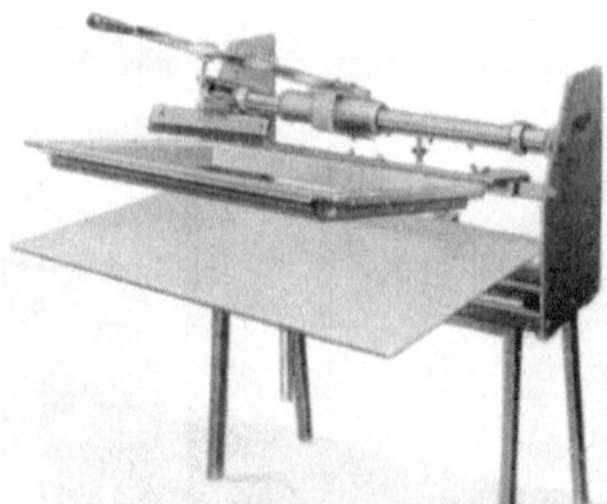

Rondomat mit Flachdruckvorrichtung

3 Werkfotos der Firma Gebr. Messerschmitt GmbH., München.

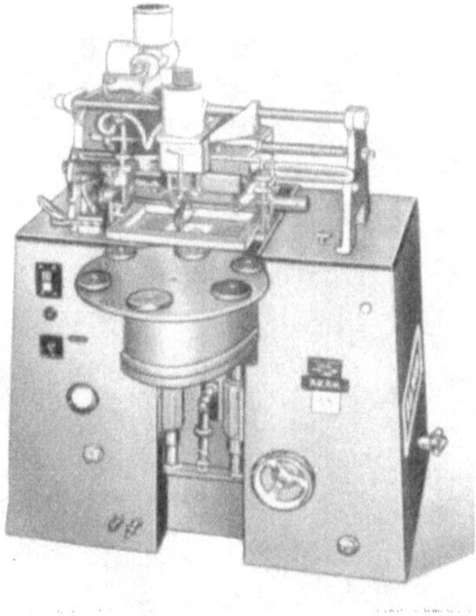

Schaltteller K 10.

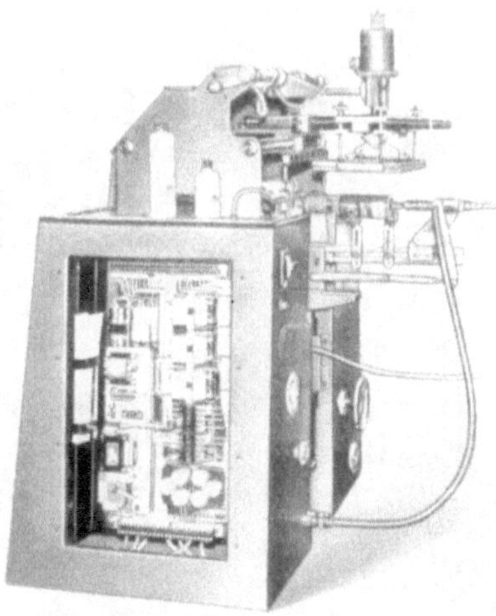

Runddruckeinrichtung K 10.

2 Werkfotos der Firma Werner Kammann, Maschinenfabrik, Bünde i. Westf.

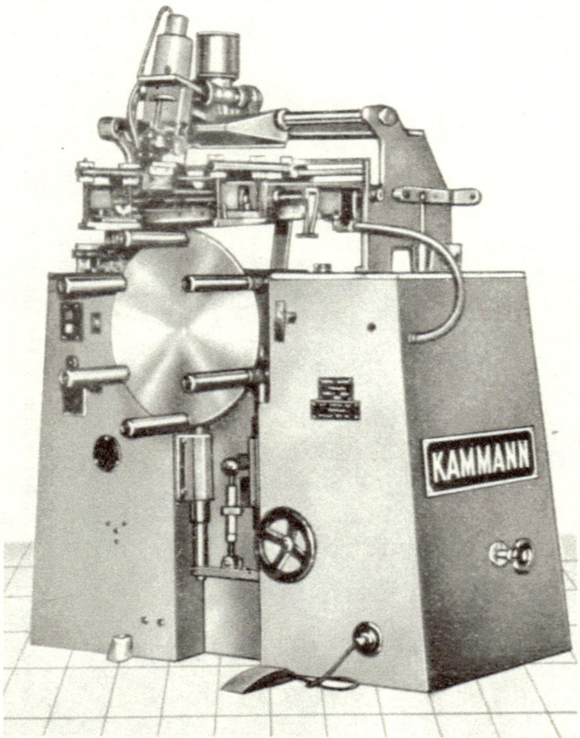


Revolverkopf K 10.

Flachtisch K 10.

2 Werkfotos der Firma Werner Kammann, Maschinenfabrik, Bünde i. Westf.

Beutelbedruckmaschine K 9 B.

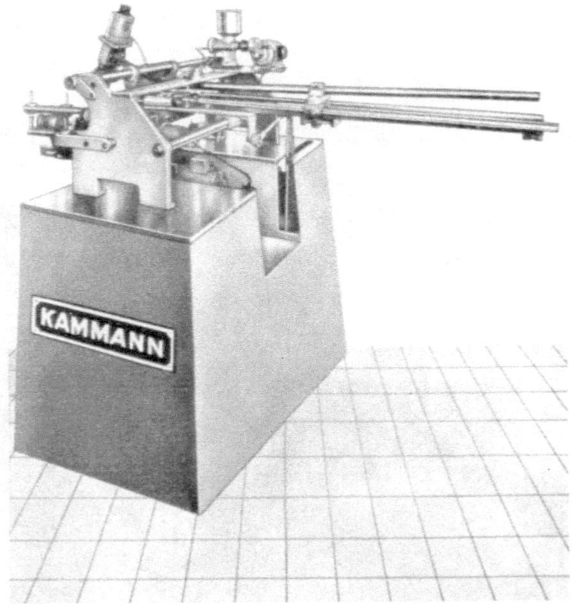


Konusdruckeinrichtung K 10.

2 Werkfotos der Firma Werner Kammann, Maschinenfabrik, Bünde i. Westf.

Tafel XII

K 5 B zum Bedrucken zylindrischer und konischer Körper.

Werkfoto der Firma Werner Kammann, Maschinenfabrik, Bünde i. Westf.

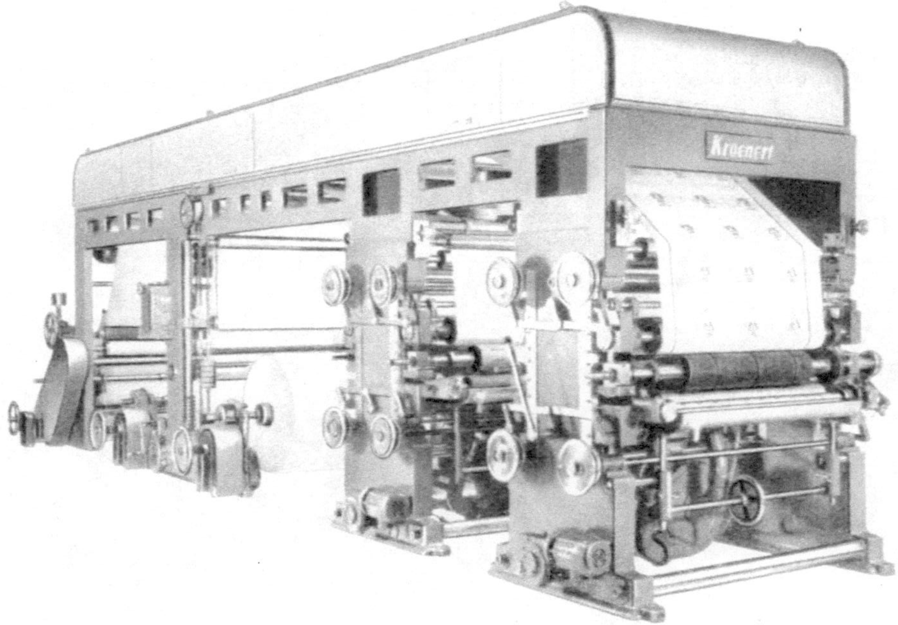


Hochleistungs-Anilindruckmaschine W U 153, für den Druck auf Papier, Karton, Zellophan und kaschierte Aluminium-Folie. 2 bis 6-Farbendruck bis 300 M/Min.

Werkfoto der Fa. Max Kroenert, Maschinenfabrik, Hamburg-Bahrenfeld

Tafel XIV

Rotations-Tiefdruckmaschine, Modell „Corona"
für den Druck auf alle Verpackungsmaterialien wie Zellglas, kaschierte Alufolien, Papier bis Leichtkarton als auch unkaschierte Alufolie und Polyäthylen. Mehrfarbentiefdruck bis zu 200 m/min.

Werkfoto der Fa. Max Kroenert, Maschinenfabrik, Hamburg-Bahrenfeld

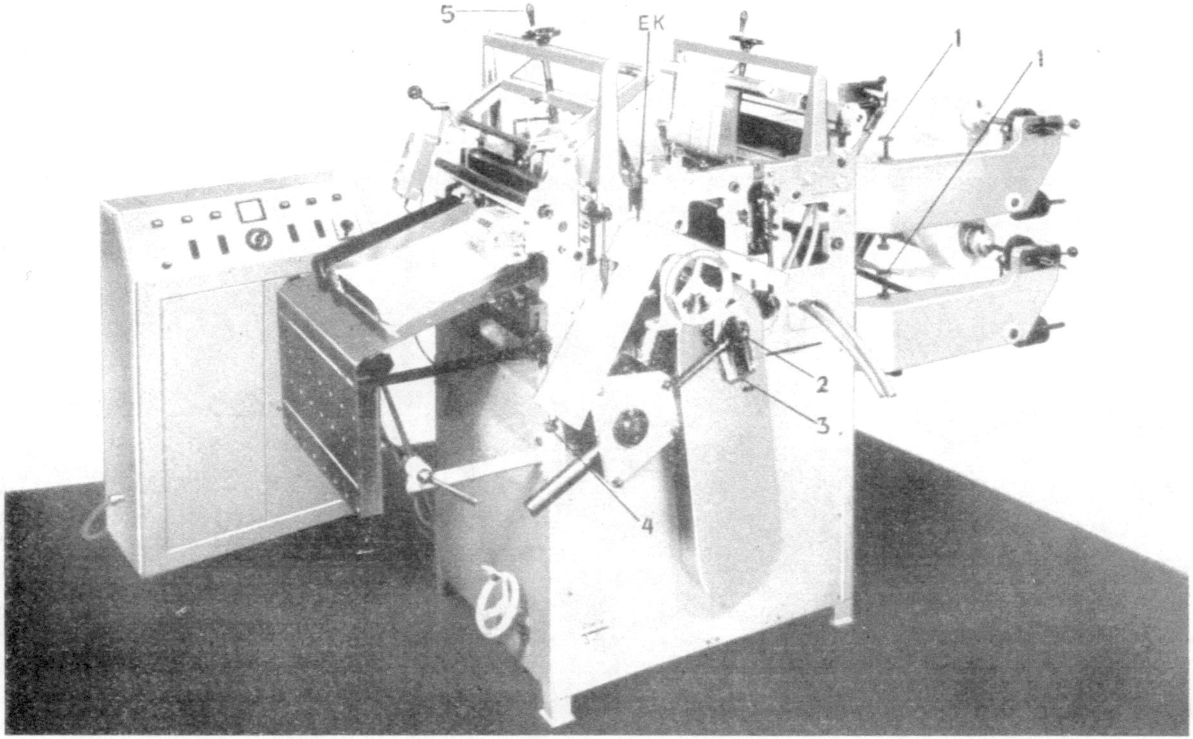


Beutel-Automat Typ S 137 zur Verarbeitung von Polyäthylen und anderen thermoplastischen Schlauchfolien.

Werkfoto der Fa. Gottlieb Wiedmann KG., Maschinenfabrik, Fellbach bei Stuttgart

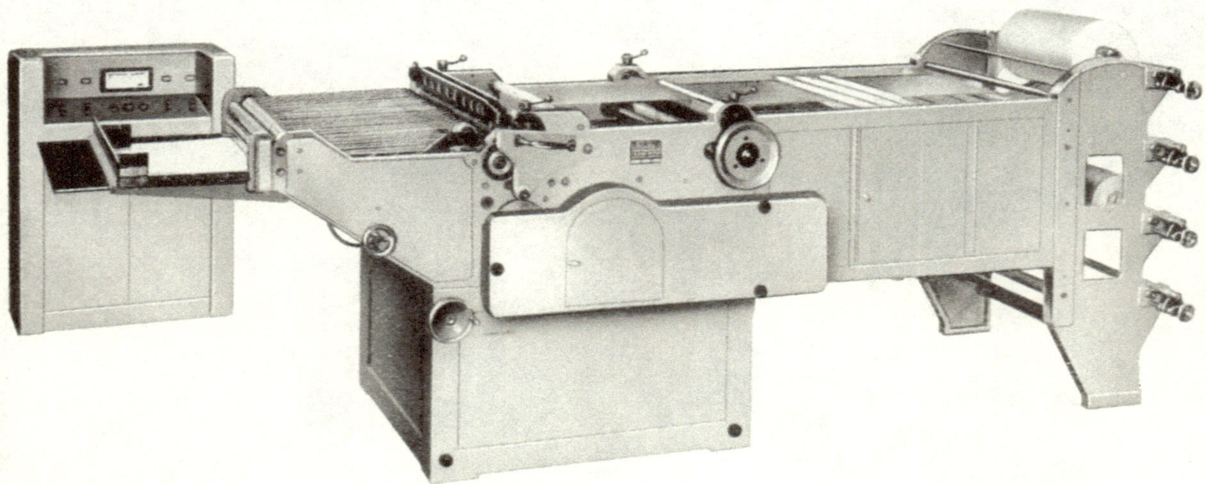

Beutel-Automat S 140 mit Trennschweißung. Eine in allen Teilen gelungene Neukonstruktion zum Herstellen von Folienbeuteln nach dem Trennschweiß-Verfahren.

Werkfoto der Fa. Gottlieb Wiedmann KG., Maschinenfabrik, Fellbach bei Stuttgart

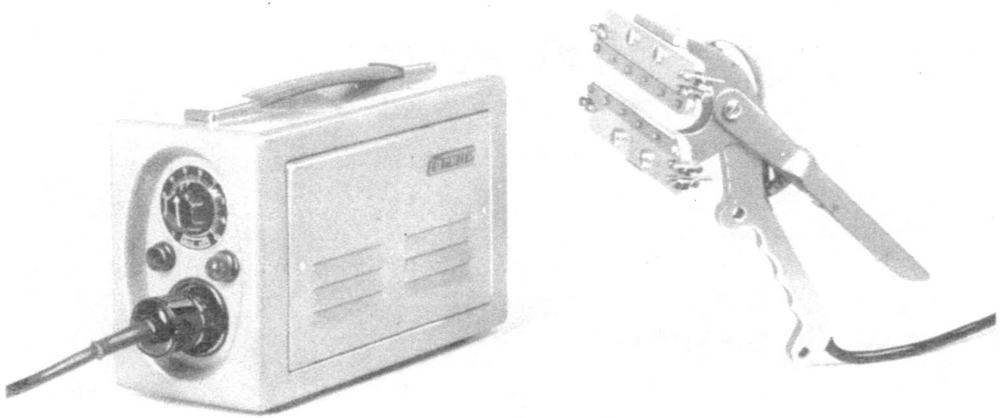

Impulsschweißzange „LORETTE"

Werkfoto der Firma Gottlieb Wiedmann KG., Maschinenfabrik, Fellbach bei Stuttgart.

Tafel XVIII

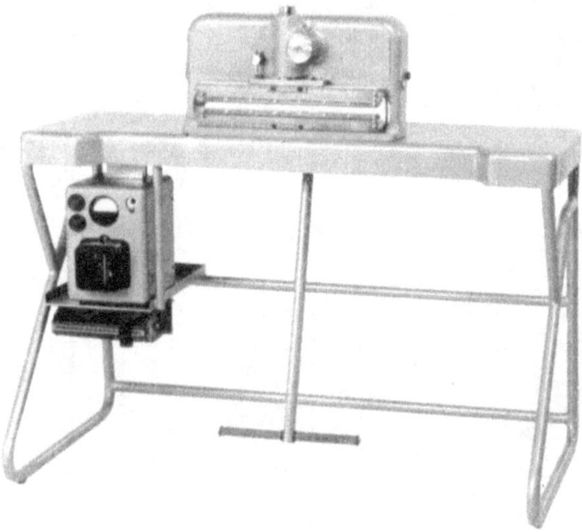

Schweißplatz Uniwips 35

Werkfoto der Firma Gottlieb Wiedmann KG., Maschinenfabrik, Fellbach bei Stuttgart.

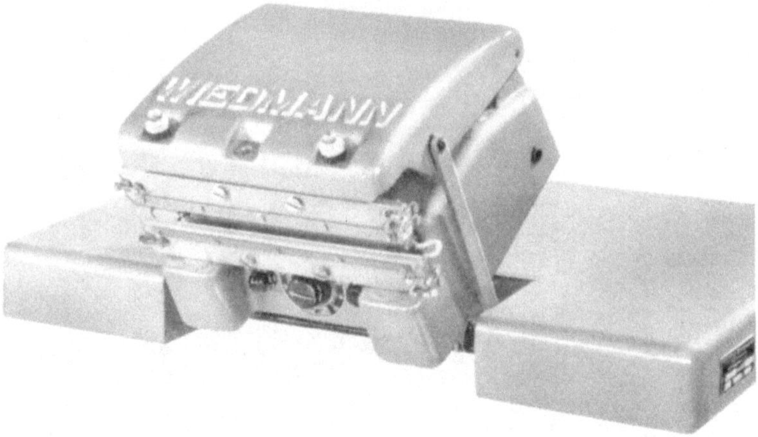


Impulsschweißgerät Typ 69

Arbeitstisch für die Schweißgeräte Typ 69, 70, 71.

2 Werkfotos der Firma Gottlieb Wiedmann KG., Maschinenfabrik Fellbach bei Stuttgart.

Tafel XX

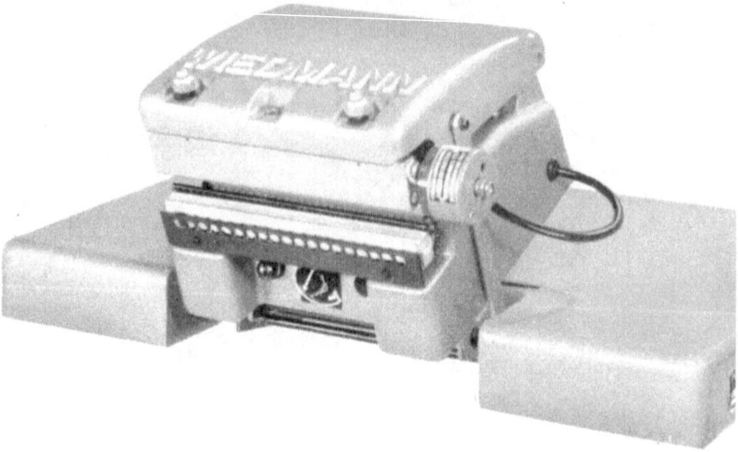

Wärmesiegelgerät Typ 70

Wärmeschweißgerät Typ 71

2 Werkfotos der Firma Gottlieb Wiedmann KG., Maschinenfabrik, Fellbach bei Stuttgart.

Zylinder-Druckautomat
Automatic Frontex-A
Papierformat 28 × 38 cm
Geschwindigkeit
5000 Druck je Stunde

Zylinder-Druckautomat
Automatic Frontex-BS-Export
Papierformat 40 × 56 cm

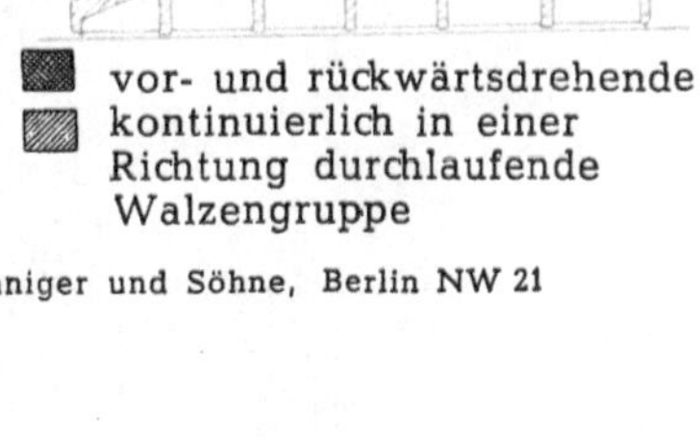

Schema des patentierten 2-Gruppen-Farbwerks der Frontex-BS und Frontex-BS-Export. Auftragwalzendurchmesser 95 mm

vor- und rückwärtsdrehende
kontinuierlich in einer Richtung durchlaufende Walzengruppe

3 Werkfotos der Druckmaschinenfabrik Dr. W. Hinniger und Söhne, Berlin NW 21

Tafel XXII

Variable Rollen-
schnellpresse
UDM VII mit
4 Druckwerken
Arbeitsbreite 48 cm

**Maschinen für Endlosformulare, Scheck- und Billettdruck**

Druckwerkepartie
der variablen
Rotation VR I
Arbeitsbreite 52 cm

2 Werkfotos der Druckmaschinenfabrik Dr. W. Hinniger und Söhne, Berlin NW 21

Hochleistungs-Kaschiermaschine Modell GM 1000 Super

Hochleistungs-Rollenschneid- u. Wickelmaschine K. S. 7. - Automatik

2 Werkfotos der Maschinenfabrik Erwin Kampf, Bielstein-Mühlen

Modell Universal 2 (Frontansicht)
Hochleistungs-Rollenschneid- und Wickelmaschine

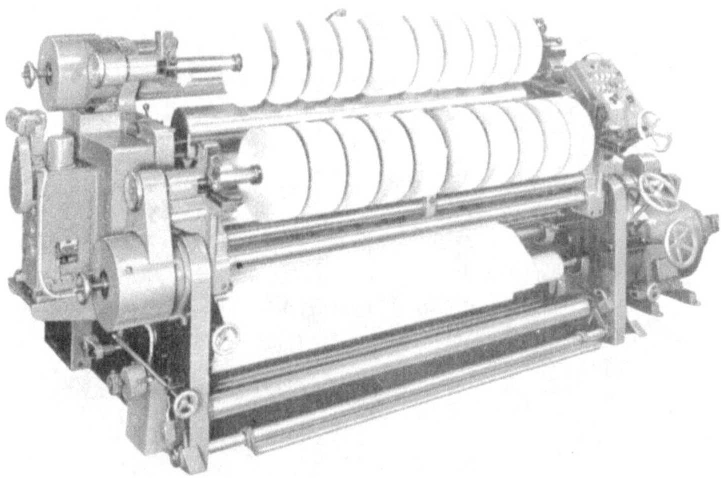

Modell D F 2 B
Spezial-Rollenschneid- und Wickelmaschine

2 Werkfotos der Maschinenfabrik Erwin Kampf, Bielstein-Mühlen

Selbstfahrender Vorschub-Gabelstapler Werkfoto der Steinbock GmbH., Moosburg/Obb.

Elektro-Gabelstapler

Werkfoto der Steinbock GmbH., Moosburg/Obb.

# ANZEIGEN

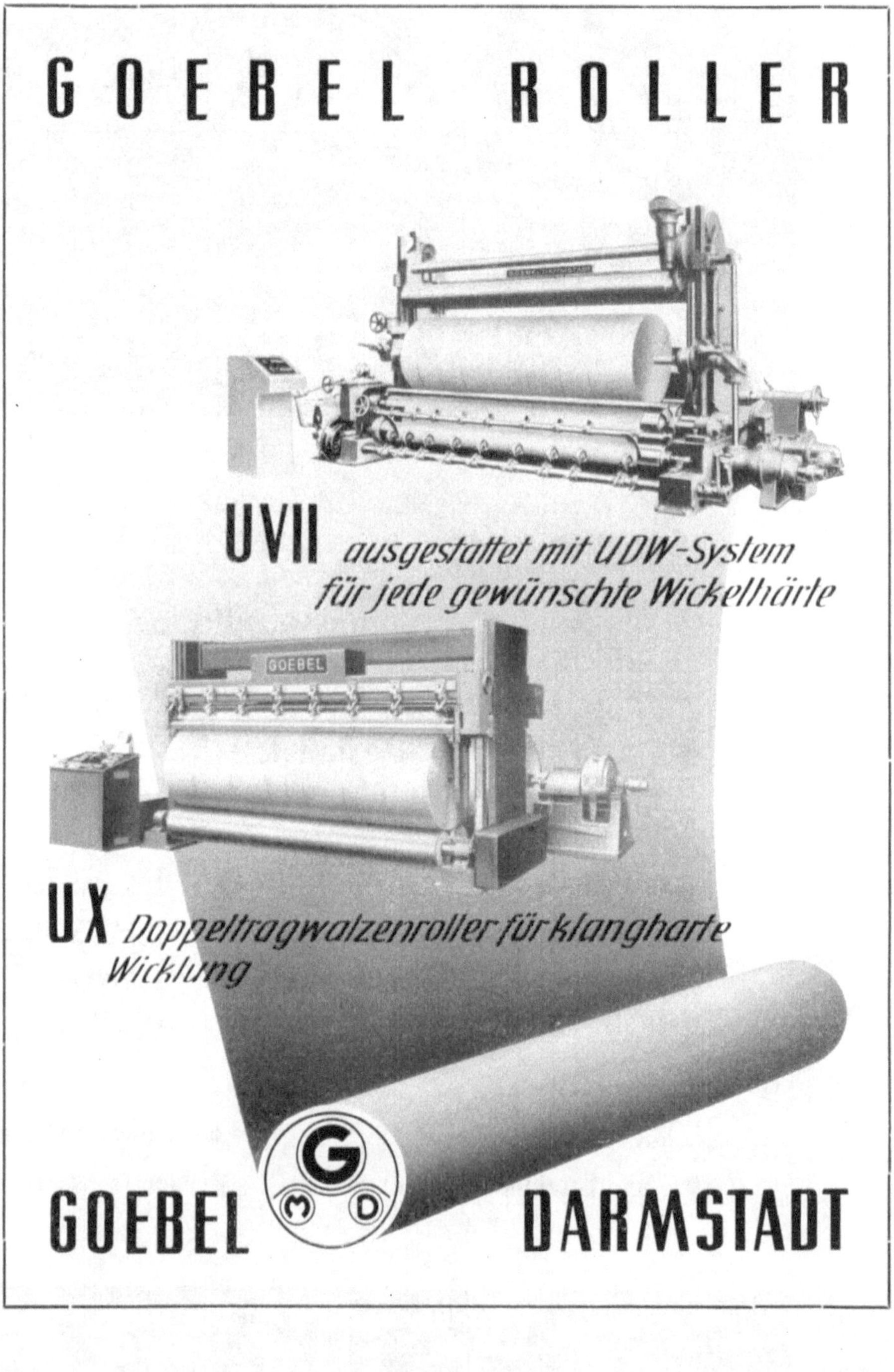
GOEBEL ROLLER
GOEBEL
UVII ausgestattet mit UDW-System
für jede gewünschte Wickelhärte
UX Doppeltragwalzenroller für klangharte
Wicklung
GOEBEL DARMSTADT

GLANZ-
HOCHGLANZ
BILLHÖFER

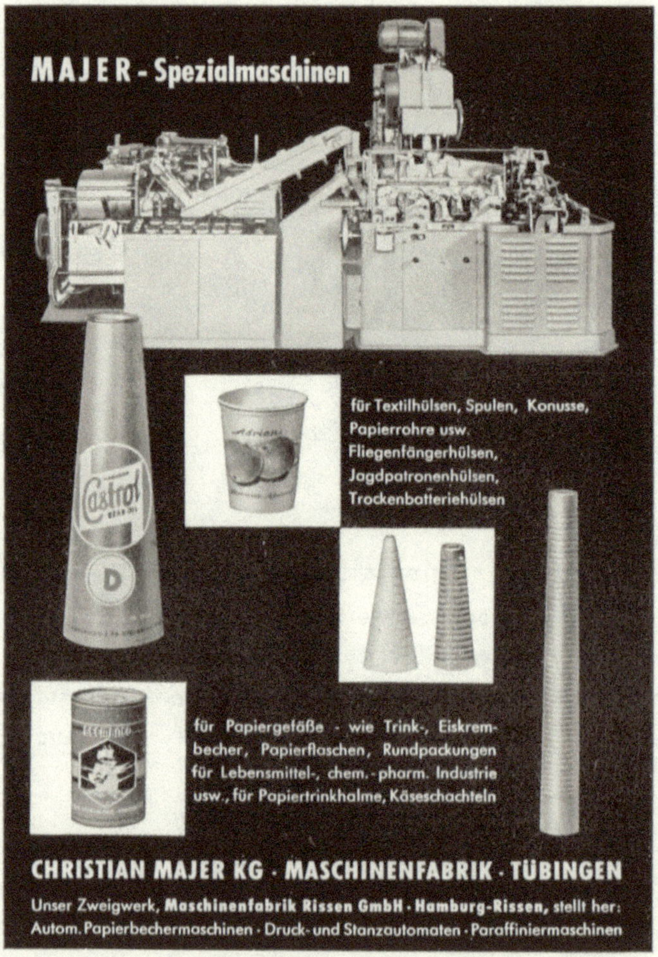
MAJER - Spezialmaschinen
für Textilhülsen, Spulen, Konusse, Papierrohre usw. Fliegenfängerhülsen, Jagdpatronenhülsen, Trockenbatteriehülsen
für Papiergefäße - wie Trink-, Eiskrembecher, Papierflaschen, Rundpackungen für Lebensmittel-, chem.-pharm. Industrie usw., für Papiertrinkhalme, Käseschachteln
CHRISTIAN MAJER KG · MASCHINENFABRIK · TÜBINGEN
Unser Zweigwerk, Maschinenfabrik Rissen GmbH · Hamburg-Rissen, stellt her:
Autom. Papierbechermaschinen · Druck- und Stanzautomaten · Paraffiniermaschinen

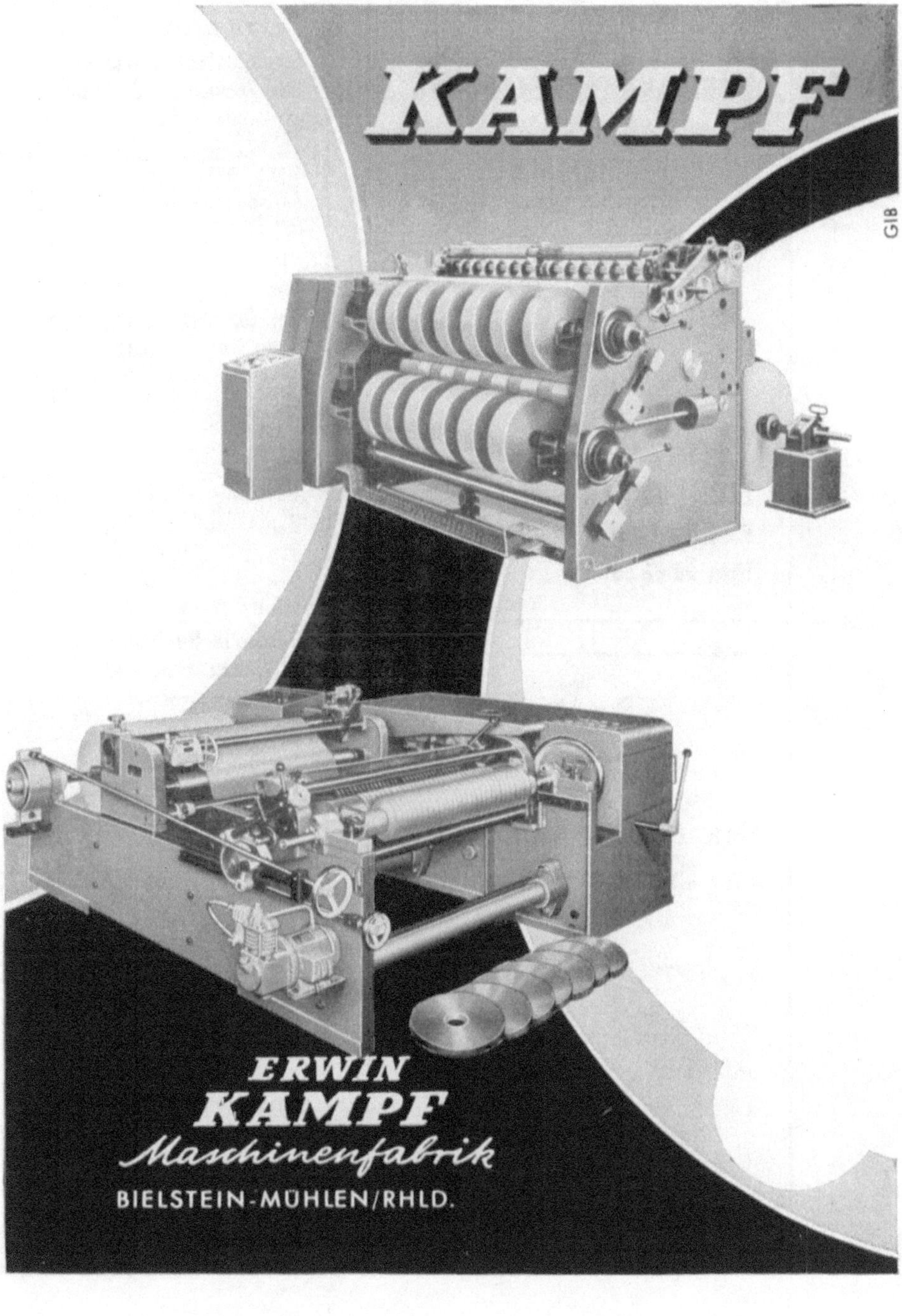
KAMPF
GIB
ERWIN
KAMPF
Maschinenfabrik
BIELSTEIN-MÜHLEN/RHLD.